无机化学基本原理及其应用研究

席竹梅　赵丹萍　孙志琴◎著

武汉理工大学出版社
·武汉·

图书在版编目（CIP）数据

无机化学基本原理及其应用研究 / 席竹梅，赵丹萍，孙志琴著 . -- 武汉：武汉理工大学出版社，2025.4.
ISBN 978-7-5629-7412-3

I. O61

中国国家版本馆 CIP 数据核字第 2025556ZC4 号

责任编辑：严　曾
责任校对：尹珊珊　　　　　　　排　版：任盼盼
出版发行：武汉理工大学出版社
社　　址：武汉市洪山区珞狮路 122 号
邮　　编：430070
网　　址：http://www.wutp.com.cn
经　　销：各地新华书店
印　　刷：北京亚吉飞数码科技有限公司
开　　本：710×1000　　1/16
印　　张：19
字　　数：321 千字
版　　次：2025 年 4 月第 1 版
印　　次：2025 年 4 月第 1 次印刷
定　　价：115.00 元

凡购本书，如有缺页、倒页、脱页等印装质量问题，请向出版社发行部调换。
本社购书热线电话：027-87391631　87664138　87523148

·版权所有，盗版必究·

前　言

随着工业化、环境保护及能源开发等领域的迅速发展，无机化学作为一门基础科学，其理论与实践相结合显得尤为重要。无机化学不仅在科学研究中占据着基础性地位，还在材料科学、药物开发、环境保护及生命科学等多个领域中发挥着不可或缺的作用。无机化学的研究涵盖元素的性质、反应机理、化学键合、结构分析等核心内容，这些知识为人们理解自然界和人工合成的物质提供理论支持。无机化学不仅仅局限于传统的化学领域，还跨越多个学科，为各行各业的发展提供技术支持和理论依据。随着科技不断进步和社会需求的动态演变，无机化学的研究方向和应用领域将继续拓展，涉及的学科交叉性也将愈加明显。无机化学在未来的科研创新和产业应用中，必将继续发挥其独特的基础性作用，并推动新技术、新材料的创新与发展。因此，深入研究无机化学的基本原理及其应用，已成为当今科学研究和技术开发的重要课题。

本书围绕无机化学的基本原理与实际应用展开论述，致力于为读者提供一份全面、深入的学术研究参考。第一章从宏观角度出发，论述无机化学的基本概念及其与社会发展的紧密关系，探讨无机化学的研究内容和未来的发展趋势，阐明其在推动科技创新与社会进步中的关键作用。第二章至第四章依次对化学反应理论、反应速率与化学平衡、酸碱平衡与缓冲溶液配制等核心内容进行详细阐述，为理解无机化学的基本原理奠定理论基础。第五章至第七章集中讨论氧化还原反应与电化学、化学原子结构与分子结构、配位化合物及其应用等重要课题，并结合现代技术与实验进展，深入分析这些理论在实际应用中的作用与发展。随着生物医学、环境治理等领域的发展，化学元素在药物中的应用日益成为研究热点。第八章详细探究不同化学元素及其在药物中的应用。第九章探讨生物无机化学领域的最新发展，分析生命过程中无机元素的生物功能，并提出生物配体模型及其实际应用的前景。第十章和第十一章从环保和材料科学的角度，探讨水环境中的无机污染物及其去除技术，并分析无机材料的创新发展，着眼于材料科学中无机化学的应用。

本书不仅聚焦无机化学的理论构建，还关注其在实际应用中的发展前景，尤其是在新材料、医药和环境保护等领域的创新发展。通过对本书的学习，读者可以全面了解无机化学的基本原理，并深入探索其在各行各业中的实际应用场景，推动无机化学理论与实践的深度融合与持续创新。

本书的出版旨在为化学研究人员、教育工作者及相关领域的从业人员提供有价值的参考资料，助力无机化学进一步的研究与应用创新。同时，我们期待本书能够激发更多的学者和研究人员关注无机化学的前沿发展，推动其在更广泛领域的应用，为社会发展贡献新的力量。

席竹梅　赵丹萍　孙志琴
2025 年 1 月

目 录

第一章 无机化学概述 ... 1
第一节 化学与社会发展的关系 ... 1
第二节 无机化学的研究内容 ... 12
第三节 无机化学的应用发展前景 ... 14

第二章 化学反应理论基础 ... 18
第一节 物质聚集状态 ... 18
第二节 化学反应热力学 ... 22
第三节 化学反应的方向 ... 28

第三章 化学反应速率与化学平衡 ... 32
第一节 化学反应速率理论及表示方法 ... 32
第二节 化学反应速率的影响因素 ... 36
第三节 平衡常数与化学平衡的移动 ... 46

第四章 酸碱平衡与缓冲溶液配制 ... 55
第一节 溶液与稀溶液的依数性 ... 55
第二节 酸碱分类与酸碱指示剂 ... 64
第三节 缓冲溶液的缓冲机制及配制 ... 68

第五章 氧化还原反应与电化学 ... 72
第一节 氧化值与氧化还原电对 ... 72
第二节 原电池与电极电势的测定方法 ... 75
第三节 电极电势的主要影响因素及应用 ... 82

第六章 化学原子结构与分子结构 ... 90
第一节 电子运动规律与元素周期表 ... 90
第二节 共价键与离子键 ... 99
第三节 分子间的作用力及晶体结构分析 ... 115

/ 1

第七章 配位化合物及其应用 ·············125
第一节 配位化合物及其结构 ·············125
第二节 配位化合物的化学键理论 ·············132
第三节 配位化合物的配位平衡 ·············136
第四节 配位化合物的合成方法 ·············141
第五节 配位化合物在铂类抗癌药物中的应用 ·············144

第八章 化学元素及其在药物中的应用 ·············162
第一节 p区元素及其在药物中的应用 ·············162
第二节 s区元素及其在药物中的应用 ·············188
第三节 过渡元素及其在药物中的应用 ·············192

第九章 生物无机化学及其发展 ·············198
第一节 生物体中的主要元素 ·············198
第二节 生命元素的生物功能 ·············199
第三节 生物配体模型及其应用 ·············202
第四节 生物无机化学的发展趋势 ·············218

第十章 水环境中的污染物及去除技术 ·············225
第一节 水环境中的无机污染物分析 ·············225
第二节 水中无机污染物的检测方法 ·············240
第三节 水中无机污染物的去除技术 ·············246

第十一章 无机化学材料及其创新发展 ·············252
第一节 无机材料的结构与性能 ·············252
第二节 无机材料的合成及制备技术 ·············273
第三节 新型无机材料的特性及创新应用 ·············280

结束语 ·············294

参考文献 ·············295

第一章 无机化学概述

无机化学作为化学学科的一个重要组成部分，自古以来便与人类的生产、生活紧密相连，扮演着不可或缺的角色。从早期的陶瓷制作、金属冶炼，到现代半导体材料的研发、新能源的开发，无机化学的发展不仅见证了人类文明的进步历程，更为推动社会生产力的发展提供了强大的科学支撑。本章将探讨化学与社会发展的关系、无机化学的研究内容以及无机化学的应用发展前景。

第一节 化学与社会发展的关系

化学在人类的生存和社会发展中起着重要作用，化学的发展历经了古代化学、近代化学和现代化学三个时期。从古老的制陶、金属冶炼、造纸术、火药的使用，到现代人类的衣食住行、环境保护与改善、药品开发与应用、食品生产与加工、新型材料研究与使用，以及工农业生产、国防建设等方面，化学的发展与化学工业的进步密切相关。

无机化学是研究无机物的组成、结构、性质及应用的一门学科。无机化学的现代化始于 20 世纪初，源于原子结构和分子结构理论的建立，以及现代测试分析技术的应用，这一发展使无机化学的研究由宏观深入微观层面，将无机物的性质和化学反应特性与分子、原子结构联系起来。随着无机化学的发展，按照研究对象的不同，无机化学被划分为多个分支，包括元素化学、配位化学、金属有机化学、同位素化学、无机合成化学、无机高分子化学等。

化学是研究原子和分子及其凝聚态层次上物质的组成、性质、结构和变化规律的科学。化学无时无刻不存在于人类的生命和生活中，它是人类认识和改造物质世界、维护人体健康、创造美好生活的关键手段之一，为人类社会的发展作出了巨大的贡献。

一、化学与能源开发

化学在能源开发中扮演着至关重要的角色，在煤、石油和天然气等传统能源的利用及替代能源的开拓进程中，化学为能源的高效转化与应用提供了技术支持。煤的气化和液化、石油的炼制与石油化工产品的生产，均依赖于化学反应与化学工艺的精确操作。煤、石油和天然气不仅是化工产业的基础原料，也是目前人类主要的能量来源。然而，这些资源的储量有限，且过度开采带来的环境问题日益严峻。因此，迫切需要开发新的可再生能源，以保证社会持续发展。

核能和太阳能作为潜力巨大的替代能源，正日益受到重视。核能通过核裂变反应释放巨大的能量，已被多国用于发电并占据一定的能源供应份额。尽管核能存在一定的安全隐患，但随着科技的不断进步，核能的安全性和可靠性逐步提升，为能源结构的多元化提供了可能。

化学在太阳能转化的应用中也发挥着重要作用。电化学技术的进步使太阳能转化为电能变得更加可行和高效，电池板等装置如今能够广泛应用于居民生活、工农业生产及宇宙飞船等领域，推动了绿色能源的普及和应用。氢能源作为一种理想的清洁能源，由于其燃烧产物仅为水，因此对环境几乎无污染。近年来，储氢材料和储氢电池的研制进入实际应用阶段，进一步推动了氢能的商业化应用。

人工模拟光合作用的研究，为氢能的获取提供了一条新途径。科学家通过模拟植物的光合作用过程，有望实现水的光解反应，产生氢气。这种新型能源的开发将为未来能源的多样化与环保提供新的选择。因此，化学不仅推动了传统能源的高效利用，还为新能源的开发开辟了广阔的前景，对社会的可持续发展和能源结构的优化起到了不可替代的作用。

二、化学与现代化材料

材料科学的诞生是多学科交叉渗透的结果，化学作为了解和控制物质组成、结构和性质的基础学科，为材料科学的发展提供了理论支持和实践指导。化学家通过对物质的深入研究，具备了合成和控制物质组成的独特能力，使化学在材料制备中发挥了不可替代的作用。然而，这并不意味着化学独自承担了所有的任务，实际上，化学、物理学、工程学等多个学科共同协作，有力地推动了新材料的研究和发展。

从传统的钢铁、铝合金，到各种塑料、合成纤维和合成橡胶，再到具有光、电、磁、声、热、力学等特殊功能的先进材料,这些不同类型的材料已广泛应用于汽车、飞机、宇宙飞船、建筑、桥梁、衣物、电子产品等多个领域。可以说,化学为这些新材料的制备提供了创新的理论和方法,为人类社会的物质文明作出了重要贡献。材料不仅是物质的基础,还承载着能源传输和信息传递,因此,材料、能源和信息被认为是新时代产业革命的三大支柱。其中,具有特殊功能新材料的研究成为当前科学研究的热点课题之一。新材料的研制不仅能够满足现代社会日益增长的技术需求,还能推动新工业形式的出现。新工业的诞生与新材料的研发息息相关,这种互动关系促进了社会生产力的迅猛发展。例如,光电、磁性、超导等功能性材料的研发,催生了信息技术、能源技术、环境保护等一系列新兴产业,推动了社会经济的不断进步。

三、化学与人类生存环境

随着化学技术的进步,工业化生产不断扩展,给社会带来了前所未有的经济效益。然而,在这些发展成果背后,存在着严重的环境问题,主要表现为工业废气、废液、废渣的排放,这些污染物直接危害着生态系统和人类健康。

工业废气的排放是环境污染的主要来源之一。化学工业和能源产业在生产过程中,往往会释放大量有害气体,如二氧化硫、氮氧化物以及温室气体等,这些气体不仅加剧了大气污染,导致空气质量下降,还对全球气候变化产生了严重的影响。例如,温室气体的增加促使地球气温上升,引发一系列气候异常现象,影响农业生产和生态平衡。

工业废液和废渣的排放同样对水体和土壤构成严重威胁。化学生产中使用的许多化学物质,如果没有得到妥善处理,最终会以废水或废渣的形式进入自然环境。工业废液中可能含有有毒重金属和有害化学成分,这些污染物不仅破坏水体生态系统,危及水生生物的生存繁衍,也污染人类的饮用水源。此外,废渣处理不当会污染土地,破坏土壤的结构和功能,进而影响农业生产和生物多样性。

工业生产中燃烧矿物燃料所产生的废气和废渣也是环境污染的重要来源。煤、石油等矿物燃料燃烧过程中,释放出的大量二氧化碳不仅加剧了空气污染,还加剧了温室效应,进一步加重气候变化。与此同时,燃料燃烧产生的固体废渣在未得到合理处置时,可能对土地造成污染,影响周边环境的质量。

随着化学技术的持续进步,要求我们更加重视环保措施的有效落实,通过技术创新和严格的环保监管，减少工业活动对环境的负面影响。只有实现经济发展与环境保护的协调共生，才能确保人类的可持续生存与发展。

四、化学与人类文化发展

化学作为科学文化的重要组成部分，对人类文化的发展产生了极为深远的影响。化学不仅涉及化学物质和化学变化等具体内容，还包括诸如化学组织、化学活动、化学方法、化学语言、化学理论和化学思想等多个方面。化学文化的价值，体现在其科学精神和应用过程中的合理性上。化学通过科学的探索和实践，不仅丰富了人类的知识体系，还通过其创新性应用推动了社会的文明进程。

化学与人们的日常生活息息相关，几乎每个人都在不知不觉中接触到化学物质和化学变化。没有化学知识的普及，社会极易受到迷信的影响。例如，许多人可能在日常生活中使用化学制品，若缺乏基本的化学常识，就可能误用某些产品，甚至危害自身健康。因此，化学教育的普及不仅能提升人们的科学素养，还能提高整个社会的文明程度。

化学的应用特性对社会行为准则提出了新的要求和挑战。尤其是在化学工业的快速发展过程中，经济效益和社会效益之间的平衡问题尤为重要。虽然化学工业可以为社会带来巨大的物质财富，但如果企业在追求经济利益时忽视环境保护，肆意排放"三废"（废水、废气、废渣），不但会对生态环境造成破坏，也会对社会伦理道德造成严重冲击。因此，化学的应用不仅需要技术的合理性，还需要遵循伦理道德，以确保其对社会产生积极的影响，而非负面后果。

生命与人类的起源问题，一直是人文文化和化学文化共同关注的重要课题。尽管这一问题尚未得到完全地解答，但随着科学研究的不断深入，生命化学领域的探索正逐步揭开生命的奥秘。

未来，化学的研究将为人类文化发展写下重要篇章，帮助人类更好地探寻自身的起源和生命的本质。正因如此，化学不仅是自然科学的重要领域，也是人类文明和文化不断发展的重要推动力。

五、化学与药物

随着时代的进步以及人类生活水平的提高，化学与药物的关系越发紧密，在医学和药物开发中的作用也愈加突出。无机化学与人类健康的关联已成为现代科技研究的重点,特别是在药物开发领域,随着科技进步,人们逐渐认识到化学在促进人类健康方面具有重要作用,尤其是通过研究人体生命活动的化学机制来推动药物研发和优化,取得了显著成果。

现代医学的发展离不开化学和生物学的深度结合。生命活动的复杂性需要通过化学的视角来研究生物体内的各种反应及机制。药物研发依赖于化学家、医药学家和生理学家的紧密合作,他们通过化学原理研究药物如何在分子水平上作用于人体,研发了抗生素、抗病毒药物、抗癌药物、酶抑制剂、激素、维生素等药物,显著改善了人类的健康水平。随着对药物作用机制的深入了解,化学为保障人类健康提供了重要的科学依据。

在近现代医学的发展过程中,无论是合成药物的研发、天然药物的提取,还是药物的剂型设计与药理研究,都离不开化学的支持。化学的各个分支学科,特别是无机化学和有机化学,为药物合成提供了理论和方法。而物理化学则用于研究药物的稳定性、生物利用度以及药物代谢过程,从而优化药物的使用效果。此外,化学的原理和方法还广泛应用于药理学、病理学和毒理学的研究,帮助人们理解药物对人体的影响,并提出科学的解决方案。

六、化学与人体生命元素

随着时代的进步以及人类生活水平的提高,研究无机化学与人类健康的相互关系,对人类高质量的健康生活具有重要意义。现在,人们希望在充分享受化学带来便利的同时,尽可能地减少其对人体健康的危害,科技及社会的发展使人们认识到无机化学对整个人类健康与发展的重要作用。

(一)人体必需元素与疾病防治

人类是大自然的产物,是由多种元素组成的生命体。人体内宏量元素包括氧、碳、氢、氮、钙、磷、钾、硫、钠、氯和镁。占人体总重0.01%以下的元素称为微量元素,人体必需的微量元素包括铁、锌、铜、钴、钼、锰、钒、锡、氟、碘、硅、硒、镍、锶等,人体非必需的微量元素有钡、硼、铬、银等,有害微量元素为铝、汞、铅、砷等。微量元素在人体内的含量不仅需要维持在适宜的浓度范围内,还需要保持各种微量元素浓度之间的相对平衡,这样才能维持人体正常的生理功能。在人的整个生命周期中,身体健康状况以及生命长短都会受到微量元素的种类和含量的影响,以下将具体列举微量元素对人体的影响。

1. 铁

铁是最早发现的必需微量元素,也是人体组织中含量最多的微量元素。一个健康成年男子全身组织中的铁含量为 4~5 g[①]。人体内的铁主要存在于血红蛋白和肌红蛋白内。血红蛋白的功能是将氧气从肺部运送到肌肉,同时将二氧化碳从肌肉运送至血液,再由血液运送至肺部排出。而肌红蛋白主要负责储存氧气,在肌肉运动时提供或补充氧气。此外,铁还是多种酶的活性中心。例如,铁是过氧化物酶和过氧化氢酶等铁依赖酶的核心成分。

铁的来源主要是食物,如富含铁的动物肝脏、肉类、蛋黄和豆类等。若膳食中长期缺乏铁、机体吸收利用不良或失铁过多(如大量出血),就会导致人体无法生成足够的血红蛋白和红细胞,从而引起缺铁性贫血,尤其对儿童伤害极大,可能影响其智力发育。适当补充二价铁盐,并与维生素 C 一起服用,可促进食物中三价铁转化为二价铁,从而提高铁的吸收率,效果较好。然而,铁的过量补充可能诱发肿瘤,因为铁可能是肿瘤细胞生长和增殖的限制性营养素。体内铁水平过高可刺激某些肿瘤细胞的生长和存活,从而成为临床上可检测到的肿瘤标志物之一。

2. 锌

锌是哺乳动物正常生长和发育所必需的微量元素,人体内正常的锌总量为 2.0~2.5 g。锌主要以结合状态(大分子配合物)存在于多种含锌酶中,分布于人体各组织,特别是在视网膜、脉络膜和前列腺中的含量最高。此外,肝脏、肾脏、骨骼等组织中锌的含量也较高。锌是一种多功能元素,其主要生理功能包括:作为酶的成分,并与 DNA 和 RNA 的合成有关;促进性器官发育;增强食欲;支持细胞的正常分化和发育;参与维生素 A 和视黄醇结合蛋白的合成,保护视力;在核酸合成中发挥重要作用,并参与机体的免疫功能。

由于锌在人体内储存量较少,因此一旦食物中锌的供应不足,便会很快出现缺锌症状。缺锌时,酶的活性下降,导致相关代谢体系紊乱,从而阻碍人体的正常生长和发育,可能引发侏儒症、动脉硬化、冠心病、贫血、糖尿病等疾病,特别是对儿童的影响最大,可能导致其生长发育迟缓、免疫功能

[①] 白艳红,武转玲. 无机化学基础反应及元素应用研究 [M]. 哈尔滨:东北林业大学出版社,2022:6.

下降等症状。富含锌的食物包括乳制品、动物肉类、肝脏、海产品、菠菜、黄豆和小麦等。常见的补锌药物有甘草酸锌和葡萄糖酸锌。然而，锌的过量摄入也可能带来健康风险，可能引发红细胞增多症、甲亢、高血压和多发性神经炎等问题。

3. 铜

铜是多种酶的活性中心，参与体内的氧化还原反应，尤其是参与将氧分子还原为水的反应。许多含铜的酶在人体中发挥重要的生理功能，如支持细胞能量代谢和免疫系统的正常运作。铜缺乏时，可能引发白癜风、关节炎等疾病。而铜在体内过量时，则可能诱发肝硬化、低蛋白血症、骨癌等疾病。癌症患者的血清中锌/铜（Zn/Cu）比值明显低于正常人，这一现象提示，铜在癌症的发生与发展中可能起着一定的作用。

4. 钴

人体内的钴主要通过消化道和呼吸道吸收，随后通过尿液和粪便排泄。钴具有促进造血的功能，主要通过其与维生素 B_{12} 结合的形式，参与核糖核酸（RNA）及造血过程中的代谢，尤其在红细胞的形成中起着至关重要的作用。缺乏钴及维生素 B_{12} 时，红细胞的生长发育可能受到抑制，导致出现巨幼细胞性贫血。维生素 B_{12} 还参与蛋白质的合成、叶酸的储存、硫酸酶的活化以及磷脂的形成。此外，钴与锌、铜、锰等微量元素具有协同作用。例如，锌是氨基酸和蛋白质代谢中不可或缺的元素，钴能够促进锌的吸收并改善其生物活性。钴与锌的协同作用还可能对抗衰老、延长寿命产生积极作用。

5. 钼

钼是人体内某些酶的重要组分，参与多种代谢过程，可能对动脉粥样硬化、癌症等疾病具有一定的预防作用。钼能够通过调节一些关键酶的活性，帮助维持心血管健康、减少炎症反应并发挥抗氧化作用。钼不足时，可能诱发一系列健康问题，如癌症、克山病、动脉硬化及冠心病等疾病，尤其是在长时间缺乏钼的情况下，可能会影响体内多种生理功能。而钼过量同样对健康有害，可能引发佝偻病、贫血、痛风等症状，尤其是当摄入量超过推荐值时，钼的毒性效应可能对骨骼和肾脏造成损害。因此，保持钼的适量摄入至关重要，以确保其在维持正常生理功能中的积极作用。

6. 锰

锰是构成正常骨骼所必需的微量元素，它对骨骼的正常生长和发育起着至关重要的作用。锰在人体内的作用不仅限于骨骼，还涉及多种生理过程，包括神经功能、免疫系统调节及能量代谢等。锰在脑下垂体中的含量较高，对维持正常脑功能起着关键作用。由于锰参与许多抗氧化酶的组成，如超氧化物歧化酶（SOD），因此它被认为具有抗衰老的效果，有人称锰为"益寿元素"。锰缺乏时，成人可能出现高血压、肝炎、肝癌、衰老等一系列健康问题。而锰的过量摄入则可能导致锰中毒，尤其是通过吸入过量锰尘等方式。当体内锰浓度过高时，可能会出现锰中毒症状，如烦躁不安、出现幻觉，医学上称为锰狂症。

7. 钒

钒是人体内重要的微量元素之一，尽管它的生理功能尚未完全明确，但研究表明钒在维持健康方面具有不可忽视的作用。钒不足时，可能会诱发动脉硬化、冠心病及贫血等健康问题。钒参与体内多种酶的代谢过程，调节血糖水平和脂肪代谢，对心血管健康起到重要的保护作用。而钒过量则可能对人体产生毒性危害，损害呼吸系统、消化系统、心血管系统及神经系统。长期过量摄入钒可能导致呼吸困难、消化不良、心血管疾病以及神经系统的异常反应。因此，保持适量的钒摄入对维持人体各项生理功能的正常运作至关重要。

8. 铬

铬是胰岛素不可缺少的辅助成分，参与糖代谢过程，促进脂肪和蛋白质的合成，对人体的生长和发育具有重要作用。研究表明糖尿病患者的头发和血液中的铬含量低于正常人，心血管疾病和近视眼也与人体缺铬密切相关。当人体缺铬时，由于胰岛素作用的减弱，糖的利用受阻，导致血液中的脂肪和类脂，尤其是胆固醇含量增加，从而引发动脉硬化和糖尿病。若出现高血糖、尿糖和血管硬化的现象，眼睛也会受到影响，导致视力下降。尽管铬的化合物中，三价铬几乎无毒，但六价铬却具有很强的毒性，尤其是铬酸盐和重铬酸盐的毒性最为突出。如果人体吸入含重铬酸盐微粒的空气，可能会诱发鼻中隔穿孔、眼结膜炎和咽喉溃疡。口服这些化合物可能引起呕吐、腹泻、肾炎、尿毒症，甚至死亡。此外，长期吸入含六价铬的粉尘或烟雾可能导致肺癌。

9. 氟

正常成人体内含氟约 2.6 g，几乎所有器官中都有氟，但主要分布在硬组织的骨骼和牙齿中，两者约占人体总氟量的 90%。氟能在生物体内富集并不被降解，因此，骨骼中的含氟量随着年龄的增长而增加。

氟有利于钙和磷的利用及其在骨骼中的沉积，能够增加骨骼的硬度，并降低骨骼中硫化物的溶解度。然而，过量的氟与钙结合形成氟化钙并沉积于骨组织中，会导致骨硬化，进而促使甲状腺分泌增加，使骨钙进入血液，最终导致骨基质溶解，出现骨质疏松和软化的症状，表现为广泛性的骨硬化或骨质疏松软化，这就是氟骨症。

氟还具有保护牙齿的作用。当人体内含有足量的氟时，氟可与磷形成氟磷灰石，这种物质是牙釉质的基本成分。氟磷灰石的特点是坚硬光滑，耐酸耐磨，因此具有良好的防龋作用。但过量的氟会损害牙釉质，导致牙根发黑、牙面发黄、粗糙，失去光泽，且牙齿变得脆弱。氟主要通过呼吸道和消化道进入人体，成人每天的氟摄入量应为 1.5～4.0 mg，主要来源于饮用水。氟在人体内含量过高时，可能会损害心血管系统、中枢神经系统、呼吸道、消化道及肝脏、肾脏、血液、视网膜、皮肤和甲状腺等。

10. 碘

碘是甲状腺激素的核心成分。甲状腺素是甲状腺分泌的一种激素，其分子中含有碘元素。缺乏碘时，甲状腺素将无法合成。甲状腺激素作为促进蛋白质合成、人体生长发育和新陈代谢的重要激素，尤其对中枢神经系统、造血系统和循环系统具有显著作用。此外，碘还能调节人体内钙、磷等元素的代谢。

甲状腺素能够调节整个机体的能量代谢，促进小肠对糖的吸收，提高血糖浓度，同时支持骨骼和智力发育。适量的甲状腺素对生物的生长和发育至关重要。

缺碘时，成人会出现甲状腺肿大的症状；若孕妇缺碘，会导致婴儿骨骼生长和大脑发育受到严重影响，可能引发呆小症，主要表现为生长迟缓、身材矮小、行动迟缓、智力低下等症状。碘主要通过食物摄入，食物中的碘可被完全吸收。含碘丰富的食物主要是海产品，如海带、紫菜和蛤蜊等。食用加碘盐是最简单的补碘方法。然而，长期摄入过量的碘会阻碍甲状腺激素的合成。一次性摄入过量的碘可能引发咳嗽、眩晕、头痛、呕吐等症状，严重时甚至可能导致死亡。

11. 硒

人体内含硒 14～21 mg，以肝、胰、肾、视网膜、虹膜、晶状体中含硒最丰富。硒是谷胱甘肽过氧化酶的重要成分，该酶能够将有毒的过氧化物还原为无害的羟基化合物，从而保护细胞膜免受过氧化物的损害。人体缺硒时，会导致脂质过氧化物积累，造成心肌细胞的损伤。

克山病是一种以心肌纤维病变和坏死为特征的心肌病，大骨节病的主要症状为骨关节肿大、身材矮小和劳动能力丧失。这两种病流行的地区，土壤、水源和农作物中的硒含量较低，患者的血液和头发中的硒含量明显低于正常人。服用亚硒酸钠制剂能够成功预防这两类病。

研究显示，高硒地区的人群冠心病患病率明显低于低硒地区的人群冠心病患病率，脑血栓、风湿性心脏病、心内膜炎、动脉粥样硬化的死亡率也明显低于低硒地区。此外，癌症患者的血硒水平低于正常人，且癌症的死亡率与血硒水平呈负相关。因此，硒对心血管疾病的防治以及降低癌症发病率具有一定作用。

然而，体内硒含量过高也会对健康产生负面影响，可能导致叶酸代谢紊乱和铁代谢异常，进而引发贫血，还可能抑制某些酶的活性，造成心脏、肝脏和肾脏的病变。

（二）微量元素对人体健康的促进

生物体内必需元素的生理功能简介如下：

第一，组成人体组织。氧（O）、碳（C）、氢（H）、氮（N）、磷（P）、硫（S）六种元素是构成蛋白质、脂肪、糖类和核酸的基本元素，而钙（Ca）、磷（P）、镁（Mg）、氟（F）是骨骼和牙齿的重要成分。

第二，运载作用。金属离子或它们形成的一些配合物在物质的吸收、运输和体内传递过程中起着重要的载体作用。例如，铁与血卟啉、珠蛋白结合形成的血红蛋白，具有运输氧气和二氧化碳的功能。

第三，组成金属酶或作为酶的激活剂。人体内约四分之一的酶活性与金属元素相关。有些金属参与酶的固定，成为酶的活性中心，这些酶称为金属酶。例如，胰羧肽酶、碳酸酐酶等都含有锌。还有一些酶虽然不含金属元素，但需要金属离子存在才能被激活，发挥功能，这些酶称为金属激活酶。常见的金属离子激活酶的激活剂包括 K^+、Na^+、Mg^{2+}、Zn^{2+}、Mn^{2+}、Cu^{2+} 等。例如，Mg^{2+} 对参与能量代谢的酶具有激活作用。

第四,"信使"作用。生物体内需要不断协调各种生化过程,因此存在多种传递信息的系统。化学信号传递信息是其中一种方式,人体最常用的化学信使之一就是Ca^{2+}。

第五,影响核酸的理化性质。金属离子通过酶的作用,能够影响核酸的复制、转移和转录过程,同时,金属离子在维持核酸双螺旋结构的稳定性方面发挥重要作用。

第六,调节体液的理化特性。K^+、Na^+等离子有助于维持体液的酸碱平衡和渗透压稳定。

第七,参与激素的组成或影响激素功能。碘是甲状腺激素的必要成分,锌是胰岛素的构成成分,钾、钠、钙可促进胰岛素的分泌,而镁能阻断钙的作用,减弱胰岛素的分泌。铬是胰岛素发挥作用的必需微量元素。

七、化学与食品安全

化学与食品安全息息相关,关乎每个人的身体健康和社会的稳定。人体需要约50种营养物质来维持生命活动,这些营养物质主要包括碳水化合物、蛋白质、脂肪、维生素和无机物质等,而这些物质本质上都是化学物质[①]。各种食物含有不同种类和数量的营养成分,科学饮食的关键在于根据个人需求平衡摄入这些营养物质,以保持健康。食品的质量和安全不仅影响个体的健康,还影响社会的和谐与发展。

随着工业化的不断推进,食品安全问题变得愈加复杂。许多有毒有害的化学物质,尤其是工业废料,污染了自然环境,并通过食物链进入人体。这些污染物通过水源、空气及土壤进入农业生产,逐渐富集在农产品和海产品中。特别是在一些农产品中,农药、化肥等化学物质的残留往往严重超标,直接影响消费者的健康。此外,随着农业生产和畜牧业的发展,越来越多的化学物质被应用于生产过程中,如化肥、农药、抗生素、激素等。这些化学物质的使用,虽然在短期内提高了产量和质量,但不当使用可能导致食品中的有害物质超标,给公众健康带来巨大风险。

除农业和畜牧业的化学污染外,食品工业中食品添加剂的使用也是一个不容忽视的安全问题。食品添加剂可以改善食品的外观、口感,延长保质期,

---

① 任庆云,代智慧,袁金云. 无机化学反应原理及其发展研究 [M]. 北京:中国原子能出版社,2022:7.

并为食品加工提供便利。尽管合理使用食品添加剂能带来益处，但一些不法商家为了追求经济利益，使用非法或有害的化学物质，如苏丹红、三聚氰胺、瘦肉精等物质，这些物质一旦进入人体，可能引发严重的健康问题。此外，部分食品添加剂的使用量超标，也可能危害消费者的身体健康。

因此，食品安全不仅仅是一个涉及化学的问题，更是社会关注的重大议题。食品中的化学污染问题必须得到重视，通过严格的法规、科学的管理手段以及公众教育，以减少食品中的有害物质，确保食品的安全性。只有这样，我们才能保障人民群众的生命安全和健康，促进社会的和谐与稳定。

第二节　无机化学的研究内容

无机化学作为化学科学中最为基础且历史悠久的分支学科之一，其研究内容涵盖丰富的元素化合物及多样的化学行为，并在推动科技进步与人类文明发展的过程中扮演着至关重要的角色。从最初的简单实验到如今理论与实验体系的深度融合，无机化学的研究范围不断扩展，不仅涵盖无机物质的基础性质与反应机制，更渗透至环境、生命科学等领域，成为支撑现代科技及工业发展的关键学科。

无机化学的研究内容极其广泛，其核心任务是研究非碳元素及化合物的组成、结构、性质及反应等基本特性。无机化学不仅关注物质的宏观属性，还从微观层面探讨其电子构型、分子轨道、键合模式等理论基础，构成了一个庞大而复杂的研究体系。

元素化学作为无机化学的重要分支，侧重于不同元素及其化合物的特性研究。无机化学的研究从元素的发现开始，逐步演化为以元素为核心的化学体系。特别是在对过渡金属、稀土元素等的深入探索中，元素的电子结构和化学性质之间的内在联系逐渐被揭示。例如，稀土元素因其独特的电子构型，展现出一系列不同寻常的光、电、磁等性质，这些特殊性质推动了稀土永磁材料、高温超导材料、稀土激光晶体等新型功能材料的研制，促进了材料科学、能源科技等领域的革命性发展。

配位化学研究的重点是金属离子与配体之间的相互作用及其构成的配合物。配位化学深入探讨了金属离子的电子结构与配体的配位方式，并对配合物的稳定性、反应机制等进行了大量的实验与理论研究。随着现代物理化学技术的发展，特别是光谱学、核磁共振（NMR）、X射线衍射等技术的应用，配位化学的研究取得了显著进展，不仅推动了催化、药物设计等领域的革新，还为无机化学理论体系的深化提供了重要支持。

无机合成化学涉及新型无机化合物的制备与性能研究。无机合成化学的研究目标在于合成具有新颖结构与独特功能的无机物质，并探索合成方法的创新与优化。通过对合成路线的改进与新型反应机制的探索，科学家们不仅能制备出高纯度、高稳定性的无机化合物，还能够将其广泛应用于催化、能量转换、环境保护等领域。此外，结合现代自动化、计算化学等前沿技术，无机合成化学的研究正向着高效、绿色、可持续方向发展，为工业生产提供了新的可能。

环境无机化学主要研究无机化学物质对环境的影响，以及如何利用无机化学的原理与技术解决环境污染问题。无机污染物如重金属离子、酸雨、氮氧化物等的治理，已成为现代环境保护的重大课题。无机化学为环境治理提供了坚实的理论支持与多样的技术手段，尤其是在水处理、空气净化、废物回收等领域的应用，极大地促进了环保技术的进步。

随着科学技术的不断发展，特别是在材料科学、纳米技术等领域的创新，功能化无机材料的研究已成为无机化学的热点之一。功能化无机材料不仅具备传统无机物的耐高温、耐腐蚀等特性，还拥有导电性、光电性质、磁性等特殊功能，这些特性使无机材料在新能源、信息技术、医疗健康等领域展现出巨大的应用潜力。例如，锂电池的电极材料、光催化材料、磁性纳米颗粒等，都源自无机化学的研究成果。

在基础理论研究方面，无机化学也在不断创新与突破。现代物理化学手段的引入，使无机化学的研究更加精细化与系统化，如量子化学计算、分子动力学模拟等。这些新兴理论工具帮助学者从原子层面深入了解分子与材料的结构和行为，为新型无机材料的设计与应用提供了强大的理论支撑。同时，这些理论成果也促使无机化学与生物学、医学、地球科学等学科的广泛交叉与融合，推动了跨学科研究的蓬勃发展。

总之，无机化学作为一门涵盖广泛且跨学科的学科，随着科技进步与社会需求的变化，将不断拓展其研究领域与深度。无机化学不仅深化了对无机物质基础性质的认识，也为新材料的开发、环境保护、能源转化等现代科技问题提供了重要的理论依据与实践路径。

第三节　无机化学的应用发展前景

自20世纪中期以来，无机化学迅速发展。一方面，随着现代物理学的进步，以及现代物理化学实验方法和仪器的广泛应用，无机化学的研究逐步向微观化和理论化方向发展，催生了现代无机化学；另一方面，无机化学与其他学科的交叉融合，推动了许多重要交叉学科的诞生，如生物无机化学、金属有机化学、无机合成化学、无机固体化学等学科。目前，无机化学正从分子、团簇、纳米、介观、体相等多个层次和尺度上，研究物质的组成、结构及其反应与组装，探索物质的性质与功能特性。

一、现代无机合成化学

现代无机合成化学是探索新型结构和多样性分子的重要领域，其核心任务是创造全新的分子结构并研究其性质。通过发展新型合成反应、新路线、新制备技术，现代无机合成化学为新材料的开发提供了广阔空间。特别是复杂结构无机物的合成，成为这一领域的亮点之一。这些复杂的无机物包括团簇、层状化合物及其衍生的多型体、多维结构等，具有重要的工业应用前景。

此外，现代无机合成还致力于研究特殊聚集态的合成，如纳米态、微乳和胶束、无机膜、非晶态、玻璃态、陶瓷等。这些新型物质不仅具有独特的物理化学性质，还能够应用于催化、电子、能源储存等领域。超微粒、单晶、晶须等材料的合成为现代材料科学的发展提供了强大的动力。

在极端条件下合成无机物，为现代无机化学开辟了新的研究方向。超高压、超高温、超低温等极端条件下的化学反应，能够合成出新的化合物和物相，这些新物质通常具有常规条件下难以实现的特殊性质。通过激光、强磁场等手段，研究人员还能够发现一些新物态，这些新物态可能为能源技术、航空航天等领域带来突破性的进展。

二、生物无机化学

生物无机化学是无机化学与生物化学交叉融合形成的前沿学科，它通过无机化学理论，特别是配位化学原理，探索元素及其化合物与生物体系之间的相互作用，这一领域不仅研究生物体内金属离子和金属配合物的生物活性，还致力于研究它们在生命活动中的重要角色，诸如金属蛋白质、金属酶、离子载体等生物大分子的研究。同时，生物无机化学致力于开发能够模仿自然界的生物矿物材料和生物成矿功能的技术，推动新型功能材料的开发。这些新型材料在环境、能源、医药等领域具有深远影响。

随着人类对生命体系理解的不断深入，生物无机化学的研究领域也在不断扩展。特别是在金属离子与核酸相互作用及利用生物仿生技术制备材料等方面，生物无机化学有望在未来几年内为医疗和材料科学带来革命性的突破。例如，开发能够与 DNA 和 RNA 高效结合的金属配合物，可能为基因治疗和疾病治疗提供新的技术手段。

三、原子簇化学

原子簇化学是无机化学中的一个新兴研究领域，主要研究由有限数目的原子组成的小型颗粒——原子簇的结构、性质及其应用。这些原子簇通常具备独特的物理和化学性质，与传统的分子化学和固体物理有所不同。随着纳米技术的飞速发展，原子簇在催化、材料科学、能源转换等领域的应用前景十分广阔。研究人员不仅聚焦如何合成更为复杂和稳定的原子簇，还致力于探索它们在传感器、催化剂、光电器件等方面的应用。未来，原子簇化学有望在能源、环境保护及高性能材料的开发中发挥重要作用。

四、核化学和放射化学

核化学和放射化学主要研究核反应和放射性元素的化学行为。这两个领域在能源、环境和医学等方面具有重要应用。例如，核能的开发利用、放射性废物的处理和储存，以及放射性同位素在医学诊断与治疗中的应用，都需要核化学和放射化学的研究支持。随着人类对能源需求的增加，核能作为一种清洁、高效的能源形式，将在未来的能源格局中占据更加重要的位置。因此，提高核反应的安全性与效率，减少放射性废物的环境危害，成为该领域的研究热点。此外，放射化学在医学领域，特别是在癌症的放射治疗方面展现出巨大的潜力。

五、稀土化学

稀土化学是无机化学中的一个特殊分支，主要研究稀土元素的化学性质、分布规律及其在各领域中的应用。稀土元素广泛应用于高科技产业，如永磁材料、激光技术、电子器件以及电池材料等。随着科技的进步和绿色能源产业的兴起，稀土元素的需求日益增加，这也推动了人们对稀土化学展开深入研究。目前，有效提取、分离和回收稀土元素，以及改善稀土材料性能的方法，已成为该领域研究的主要方向。同时，稀土化学也在光电器件和生物医学领域中展现出广阔的应用前景。

六、无机固体化学

无机固体化学研究固体物质的制备、组成、结构和性质，尤其是无机材料的化学理论基础。它与固体物理学、材料工程学等学科紧密结合，共同解决新材料的科学技术问题。目前，无机固体化学的主要研究方向包括无机功能材料化学、晶体生长、固相缺陷化学、固体表面化学及固相化学反应等领域。随着技术的进步，科学家正致力于开发具有光、电、磁、热、力等特殊性能的功能材料，这些材料的创新将为信息技术、能源转化和生命科学等领域提供更大的支持。

化学的进步使人类能够深入研究生命过程，特别是在选择性医学领域，化学合成的新物质将成为医学创新的重要来源。基因组学的发展将推动无机化学在疾病预防、诊断与治疗中的应用，尤其是在癌症等重大疾病的治疗中发挥重要作用。同时，化学家通过操控细胞，借助细胞表面抗原进行识别，为药物研发提供了新的突破口，碳水化合物的研究将成为未来的重要方向。

神经科学是无机化学产生影响深远的另一领域。无机化学与神经化学的结合将帮助我们深入理解神经元突触、神经电流传导等分子事件。这一领域的突破将使我们更好地理解大脑功能、记忆的本质，并能对药物成瘾、精神疾病、学习过程等现象进行干预。无机化学的创新将为神经科学带来激动人心的发现，并在改善人类认知功能和心理健康方面发挥重要作用。

除了在基础科学领域的贡献外，无机化学还将在解决全球性社会问题中发挥重要作用。随着世界人口的增长，粮食和能源短缺的问题日益严峻，化学技术将成为解决这些问题的关键手段。例如，人工食物和人工脂肪的生产已在进行中，这一趋势将有助于缓解粮食危机。此外，化学将推动新能源的开发与应用，特别是替代传统化石燃料的清洁能源。燃料电池技术的进步将彻底改变能源的传输与使用方式，电动汽车的普及将有助于减少环境污染，恢复城市的美丽与生态健康。

第二章 化学反应理论基础

深入认识化学反应是物质变化的核心过程，理解其理论基础对于化学学科的发展至关重要。随着科学技术的不断进步，化学反应理论在材料科学、能源开发、环境保护等领域的应用日益广泛。本章从物质聚集状态、化学反应热力学以及化学反应的方向这三个维度，系统阐述化学反应的基本理论。研究化学反应的理论基础，不仅有助于揭示物质转化的内在本质规律，还能为新材料的设计与合成、催化剂的开发与优化提供理论支持。

第一节 物质聚集状态

物质由原子、分子或离子等微观粒子组成，粒子之间存在相互作用力，这些作用力随着温度和压力的变化而改变，从而导致物质存在不同的状态。在常温常压下，物质通常以气态、液态和固态三种物质聚集状态存在，这些物态之间在一定条件下可以相互转化。气体在高温、放电或强电磁场等作用下，气体分子分解为原子并发生电离，形成由离子、电子和中性粒子组成的等离子体。等离子体被称为物质的第四种聚集状态。等离子态广泛存在于宇宙中，也是宇宙中丰度最高的物质形态，因此也被称为超气态或电浆体。近年来，随着科技发展，物质的新聚集状态不断被发现，如离子液体、夸克胶子等离子体等。

一、气体

气体作为物质的基本状态之一，具有独特的物理性质，主要包括无限膨胀性和良好的混合性。由于气体分子之间的空隙较大，分子间的相互作用力较弱，且分子具备较高的自由能，气体在任何容器内都能均匀分布，充满整个空间。因此，气体没有固定的体积和形状，且不同种类的气体能够以任意比例混合形成均匀的气体混合物。此外，气体的体积随温度和压力的变化而改变，分子间的作用力几乎可以忽略不计。因此，研究气体的热力学性质和状态变化，尤其是温度和压力对其行为的影响，具有重要的物理学意义。气体的状态通常通过四个变量来描述：压力、体积、温度和物质的量。

理想气体模型为研究气体行为提供了简化的框架。在该模型中，气体分子被视为体积为零的质点，且分子间没有任何相互作用。理想气体状态方程可表述为：

$$pV=nRT \tag{2-1}$$

式中：p——气体的压力；

V——气体的体积；

n——物质的量；

T——热力学温度；

R——摩尔气体常数。

式（2-1）揭示了气体的压力、体积、物质的量和温度之间的关系。该方程式仅在低压和高温下适用于实际气体，此时气体分子间的距离较大，分子间的相互作用力可以忽略不计。在常见的实验条件下，许多气体的行为近似于理想气体，尤其是当气体处于低压和高温时，理想气体方程能提供较为准确的近似描述。

尽管理想气体状态方程能较好地描述许多气体的行为，但实际气体通常偏离理想模型，特别是在高压或低温条件下。实际气体的行为受到分子间相互作用力和分子自身体积的影响，这两方面的效应要求对理想气体方程进行修正。

$$\left[p_{实} + a\left[\frac{n}{V}\right]^2\right]\left[V_{实} - nb\right] = nRT \tag{2-2}$$

式中：$p_{实}$——气体的实际压力；

$V_{实}$——气体的实际体积；

a, b——范德华常数。

范德华方程（2-2）是对理想气体方程的修正形式，考虑了分子间的吸引力以及气体分子自身的体积。范德华方程将压力修正为考虑分子间吸引力的实际压力，并将体积修正为气体分子占据的空间。该方程的两项常数，范德华常数 a 和 b，分别描述了分子间的吸引力和分子的体积效应。不同气体的范德华常数各异，反映了各气体偏离理想气体行为的程度差异，较大的常数值表明该气体偏离理想气体的行为较为显著。

在气体混合物的研究中，分压定律和分体积定律为分析提供了重要工具。分压定律指出，在一定温度下，不同气体混合时，每种气体对总压力的贡献等于其单独占据容器时的压力，这些压力的代数和即为总压力。该定律基于气体的理想行为假设，即气体分子之间没有相互作用，且气体各组分均匀分布。分体积定律则表明在定温定压条件下，混合气体的总体积等于各组分气体体积的代数和。体积分数与分压定律中的摩尔分数类似，是描述混合气体行为的另一重要参数。通过这两条定律，可以较为简便地求解混合气体各组分的压力或体积，从而深入理解气体在不同条件下的热力学行为。

气体的理想化处理和其偏离理想气体行为的修正，不仅为理论物理学提供了理论框架，也在化学工程、环境科学等领域有着广泛的应用。在工业生产中，气体反应过程的控制与优化需要考虑气体的实际状态方程，以准确预测气体的行为，实现更高效的反应过程设计和控制。

二、液体和溶液

液体作为物质的重要状态之一，其性质复杂且多变。液体具有无固定外形、有限体积、流动性及可混合性等特征，行为受到外部条件的显著影响。在特定温度下，液体表现出一定的蒸气压、表面张力以及沸点特征。尽管液体的性质已有广泛研究，但仍存在许多未解之谜，尤其是在液体的微观行为方面。溶液是液体的一种特殊形式，是溶质与溶剂相互作用形成的均匀混合物。溶液展现出独特的物理化学性质，这些性质与溶质的种类及其浓度密切相关。

在液体的相变过程中，蒸发与凝固是重要且常见的现象。蒸发是指液体表面分子吸收足够的热能，克服分子间引力而逸出至气相的过程。蒸发是一个持续的过程，直到液体完全转化为气体。在开放容器中，蒸发过程中分子会不断地进入气相并与周围气体交换，形成平衡状态，即蒸发与凝结速率相等时，液体与其蒸气之间建立了动态平衡。蒸气压是液体蒸发的一个重要特征，随温度的升高而增大，因为温度升高使液体分子能量增加，进一步促进了分子的蒸发。液体的凝固过程是一个放热的相变过程，液体通过降温转化为固体，与熔化过程相反，是物质由液态回归固态的关键过程。

在溶液的研究中，依数性是溶液的一种普遍性质，特别是在非电解质溶液中更为显著。依数性表明，溶液的某些性质，如蒸气压、沸点升高和凝固点降低，仅与溶质的浓度有关，而与溶质的具体化学性质无关。拉乌尔定律为研究溶液的蒸气压下降提供了理论依据。根据该定律，在恒温下，溶液的蒸气压降低量与溶质的摩尔分数成正比。此外，溶液的沸点和凝固点的变化也是研究的重要内容。溶液沸点升高和凝固点降低现象均与溶液蒸气压下降密切相关，且变化程度与溶质的质量摩尔浓度相关。通过这些规律，可以进一步探讨溶液在不同条件下的行为表现。

渗透压是溶液的另一显著特性，尤其在生物学和化学工程领域中具有重要意义。渗透压是由溶液和纯溶剂之间的浓度差异引起的物理现象，具体表现为纯溶剂通过半透膜向溶液迁移，直至达到平衡状态。该现象在生命科学中尤为重要，因为生物细胞膜具有半透膜性质，控制水分和溶质的进出。通过渗透压的概念，不仅可以解释植物和动物细胞的水分调节机制，还可以应用于工业中的分离和纯化技术。渗透压的定量表达式与理想气体方程相似，为溶液的性质研究提供了理论支持。

溶液的组分含量有多种表示方法，常见的有质量摩尔浓度、物质的量浓度、摩尔分数和质量分数等。这些表示方法为化学分析提供了基础，使溶液的成分可以更为精确地表述。质量摩尔浓度通过溶剂的质量来表示溶质的浓度，物质的量浓度则依据溶液的体积来表示。摩尔分数和质量分数则提供溶质与溶液总量的相对比例，便于描述溶液的组成。在科学研究与工业应用中，这些浓度单位的选择与使用，使溶液的性质得以准确测定和调控。

三、固体

固体物质由微观粒子（如分子、原子或离子）构成，这些粒子通过相互作用力（如化学键或分子间力）有序地排列成稳定的结构。在这种稳定的排列中，粒子在平衡位置附近进行微小的振动，导致固体具有固定的体积、形状以及一定的刚性。根据物质的结构特征，固体可分为晶体和非晶体两类，二者在结构、性质及行为表现上存在显著差异。

晶体结构的一个显著特征是其内部分子、原子或离子的排列呈现出周期性的规律性，表现为三维空间的有序排列。这种有序的结构使晶体物质在宏观尺度上展现出清晰的几何形状，反映了微观结构的高度对称性。晶体的外形通常是规则的几何形态，不同晶体类型的外形虽有着固有的特征，但在不同环境下形成的晶体，其外形也可能有所差异。尽管如此，这些晶体的内外形态依然遵循着一定的对称规律，例如旋转对称性和镜面对称性，使晶体的物理性质具有高度的可预测性。与此相对，非晶体的内部分子、原子或离子排列缺乏规则性，导致其在外形上通常没有明确的几何形态。非晶体，如玻璃，常表现为无定形的固态物质，其内部的粒子排列是随机的，因此不具备显著的对称性，也无法呈现出晶体的几何特征。

晶体和非晶体在熔点的表现上也有所不同。晶体具有确定的熔点，当加热至特定温度时，晶体会发生从固态到液态的相变，并且在整个熔化过程中，温度会维持恒定，直到晶体完全熔化。与晶体不同，非晶体的熔化过程较为连续，没有固定的熔点。非晶体物质在加热过程中首先表现为软化，随着温度的升高，其黏度逐渐降低，最终转变为流动性液体。这一过程没有明显的温度停滞，表明非晶体与晶体的热行为存在本质的差异。晶体的这种特性反映了其内部结构的高度有序性，非晶体则表现出更为复杂且不规则的热力学行为。

固体的结构并非完全理想。在实际晶体中，粒子排列的完美性常受到缺陷的影响，缺陷的存在是固体材料中不可避免的现象。晶体缺陷可分为点缺陷、线缺陷和面缺陷，这些缺陷显著影响固体的物理和化学性质。点缺陷通常包括空位和自间隙原子，前者指晶体中缺失的原子位置，后者指晶体内部存在的额外原子。这些缺陷能够在一定条件下引发原子迁移，进而影响固体的导电性等性质。线缺陷通常表现为位错，是晶体中一个或多个原子层错位的结果。位错的存在使晶体在外力作用下发生塑性变形，从而影响其机械性能。面缺陷如晶界或亚晶界，反映了晶体中不同晶粒之间的边界，这些区域通常具有较高的能量，是晶体受力和反应的敏感区域。

第二节　化学反应热力学

化学反应研究的核心问题涉及两个方面：其一是化学反应能否发生及反应能进行到何种程度，这一问题属于化学热力学的范畴；其二是化学反应的速率，即反应快慢，属于化学动力学的研究领域。这两个问题分别对应化学热力学和化学动力学两个重要学科的研究内容，前者主要关注反应的平衡状态及其方向，后者则探讨反应的时间过程及速率。

热力学的概念和理论最初是在研究热机效率提升的背景下发展起来的，19世纪的热力学第一、第二定律为其奠定了基础，随后，20世纪初提出的热力学第三定律进一步完善了该理论框架。当热力学的基本原理与化学现象及相关的物理现象相结合时，便形成了化学热力学这一学科。化学热力学的研究内容包括能量变化、反应的方向及其限度等方面，这些内容在化学反应的过程中起着至关重要的作用。

化学热力学的方法基于演绎推理，依托多个经验性定律，探讨物质的宏观性质。因其研究对象是大量分子群体的集合，所得结论通常具有统计性质，使其适用于描述大规模系统的行为，而不适用于个别分子或原子级别的研究。此外，化学热力学方法的特征之一是忽略了物质的微观结构及反应机制。因此，热力学能够揭示在一定条件下变化是否可能发生，以及其可能达到的极限状态，但无法提供变化所需的时间、反应的根本原因及反应路径的详细描述。这类研究的局限性促使化学动力学的诞生和发展，后者主要解决关于反应速率、反应途径及反应机制的具体问题。化学动力学和化学热力学相辅相成，前者为后者提供了关于反应速率和反应历程的详细解释，后者则为前者提供了反应是否可能发生及其进行程度的理论框架。

一、热力学第一定律

热力学第一定律是能量守恒与转化定律在热现象中的一种特殊形式，在能源方面有着广泛的应用[1]。在热力学的框架中，能量是系统与环境之间交换的核心内容，主要涉及热与功这两种基本形式。系统通常被定义为研究的主体，环境则是指系统外部与其相互作用的部分。根据物质和能量交换的方式，系统可划分为敞开系统、封闭系统和孤立系统。在化学热力学的研究中，封闭系统是最为常见的类型，它允许能量交换但限制物质的交换。热力学第一定律指出，若某系统由状态 I 变化为状态 II，系统的热力学能改变量（ΔU）等于系统从环境吸收的热量（Q）加上环境对系统所做的功（W）之和，热力学第一定律的数学表达式为：

$$\Delta U = Q + W \tag{2-3}$$

---

[1] 李松. 热力学第一定律对气体的应用 [J]. 科学技术创新，2020（6）：34.

系统的状态由若干状态函数决定，这些函数用于描述系统性质的物理量，如温度、压力、体积等。状态函数可分为广度性质和强度性质。广度性质（如体积和质量）随系统的物质的量变化而变化；强度性质（如温度和压力）则与物质的量无关，具有独立性。在研究热力学过程时，系统的状态变化通过不同的途径实现，例如等温、等压、等容或绝热过程。每种过程描述了系统在特定条件下状态如何改变，虽然不同的途径始终达到相同的始末状态，但所经历的热量和功的交换量有所不同。

热力学第一定律为能量交换提供了理论基础，具体表明在一个封闭系统中，系统的热力学能量变化等于系统从环境吸收的热量与环境对系统所做的功的总和。该定律不仅量化了能量转化，还强调了热与功的路径依赖性。热与功虽然都不是状态函数，其数值依赖于系统变化的途径，但系统的热力学能量是一个状态函数，变化只与系统的初始和最终状态有关。

系统在进行热力学过程时，热量和功的交换形式取决于过程的性质。例如，体积功是系统在气体膨胀或压缩过程中所做的功，它的计算依赖于外界压力和体积的变化。尽管热力学中采用特定的符号规则来处理热与功，但它们与系统状态之间的关系依然密切。热力学第一定律的表述是对能量守恒定律的应用，为实际的热力学分析提供了不可或缺的工具，通过对热量和功的量化，揭示了系统能量转化的内在规律。这一法则的核心观点在于，无论过程的具体途径如何，系统的能量变化总是与系统吸收的热量和做功的总和保持一致，这一原理已成为热力学领域的基础性定律。通过不断完善和验证这一理论，热力学的研究推动了能量管理和转换技术的发展，特别是在化学反应与物理过程中的应用，为能量预测和利用提供了精准方案。

二、化学反应的热效应

化学反应总是伴有热的吸收或放出，这种能量变化对化学反应十分重要。研究化学反应热效应的学科称作热化学，它是热力学第一定律在化学过程中的具体应用。

（一）反应热

在化学热力学的研究中，反应热是一个基础且重要的概念。反应热指的是在封闭系统中，化学反应所吸收或释放的热量。在热化学中，反应热通常被定义为系统在化学反应过程中传递的热量，其取值遵循热力学第一定律。具体来说，当反应物和产物的温度相同，即消除了温度变化的影响时，所测得的热量便为反应热。反应热的值取决于反应是吸热还是放热,若系统吸热,反应热为正值,反之为负值。

在化学反应中,系统热力学能的改变量(ΔU)与反应物和产物的热力学能量之间的关系可以通过热力学第一定律描述,此关系式表明,系统的能量变化由热效应和体积功两部分组成。在不同的反应条件下,热效应的具体含义有所不同,因此需根据反应的具体方式进行讨论和分析。

等容反应热是在等容条件下进行的反应所产生的热效应,其特点在于反应过程中体积不变。根据热力学定律,等容反应热等于系统热力学能的改变量(ΔU),因为在等容过程中没有体积功的贡献。等容反应热反映了化学反应过程中内能的直接变化,并通过量热计等实验装置加以测定。

与等容反应热不同,等压反应热是在等压条件下进行的反应所产生的热效应。在等压过程中,反应系统的焓(H)作为一个状态函数,提供了描述反应热的另一种方式。等压反应热与系统的焓变直接相关,且在反应过程中,体积功的存在使得焓的变化成为重要的热量交换途径。在等压反应中,气体物质的量变化对反应热有显著影响,特别是在气体反应中,反应物和产物之间的气体体积差异直接影响热效应的大小。

对于一个给定的反应,其进度是衡量反应进行程度的重要物理量。反应进度反映了反应物转化为产物的过程,并与反应热、质量变化及反应速率等量密切相关。通过反应进度的定义,可以精确计算反应在任意时刻的热效应和物质的量变化。反应进度不仅为热力学计算提供了依据,也为实际操作中反应的控制和优化提供了理论支持。

等压反应热与等容反应热之间的关系是化学热力学中的一个重要议题。在某些情况下,二者之间存在明确的数学关系,特别是在气体反应中,反应物与产物的气体物质的量差异决定了二者的热效应差异。通过热力学推导,可以得到等压反应热与等容反应热之间的定量关系,这一关系为理解复杂反应过程中的热效应提供了理论框架。

(二) Hess 定律

Hess 定律是热化学领域中的一个重要原理,它揭示了化学反应的热效应仅与反应的初始和最终状态相关,而与反应的具体途径无关。通过对大量实验结果的总结与分析,俄国科学家盖斯(Germain Henri Hess)于 1840 年提出了这一法则,深化了对化学反应热效应的理解。根据 Hess 定律,化学反应的热效应不受反应过程中路径的影响，这一结论对于研究复杂反应体系具有重要意义，尤其在反应过程无法直接测量或非常复杂时，提供了有效的间接推算方法。

从热力学的角度来看，Hess定律是热力学第一定律的直接推论。在满足非体积功为零的条件下，对于等容反应，其内能的变化（ΔU）等于等容反应的热量交换（Q_V）；而对于等压反应，其焓变（ΔH）等于等压反应的热量交换（Q_p）。内能（U）和焓（H）作为状态函数，表明它们的变化仅依赖于系统的初始和最终状态，而与具体的过程路径无关。因此，无论化学反应经历了多少个中间步骤，只要反应的起始和结束状态相同，反应的热效应就会保持一致。

Hess定律的核心应用在于提供了一种便捷的计算方式，能够通过已知反应的热效应间接推算出其他反应的热效应。这种方法在实际化学实验中尤为重要，尤其是在某些反应的热效应难以直接测量或无法通过传统实验手段获得的情况下。通过这一原则，可以对热化学方程式进行代数运算，利用已知热效应数据来推导未知反应的热效应，从而为化学反应的热力学研究提供有力的工具。这种方法不仅在理论研究中具有重要价值，也在工业应用、能源管理等领域发挥了不可替代的作用。

（三）生成焓

因为多数物质是在常压下通过化学反应生成的，所以生成焓也常称作生成热。对于一个化学反应，如果知道反应物和产物的焓值，该反应的 $\Delta_r H$ 即可由产物的 H 减去反应物的 H 而得到。根据焓的定义 $H=U+pV$，因为 U 的绝对值无法确定，所以 H 的绝对值也无法确定。于是，人们采用规定相对值的方法定义物质的焓值，从而计算反应的 $\Delta_r H$。

标准摩尔生成焓是化学热力学中的一个核心概念，指的是在特定温度下，将最稳定的单质元素转化为标准状态下的1摩尔纯物质时所释放或吸收的热量。这一热效应通常用符号 $\Delta_f H_m^\ominus$ 表示，单位为千焦每摩尔（kJ·mol^{-1}）。在这个符号中，Δ 代表焓变，H 代表热焓，$\ominus$ 表示标准状态，下标 f 表示生成反应。标准摩尔生成焓的数值在化学反应和热力学计算中具有重要意义，它反映了物质在形成过程中的热变化，通常与物质的稳定性密切相关。

在标准摩尔生成焓的定义框架下，最稳定单质的标准摩尔生成焓定义为零。例如，石墨和金刚石是碳的两种常见同素异形体，其中石墨是最稳定的固态单质，因此其标准摩尔生成焓为零。同样，氧气在常温常压下是最稳定的气态单质。以这些最稳定单质的生成焓为基准，可以计算出其他物质的标准摩尔生成焓。这些数据为热力学计算奠定了基础，特别是在化学反应的热效应计算中具有实际应用价值。

标准摩尔生成焓在化学反应热计算中的应用十分广泛。反应的标准摩尔焓变可以通过反应物和生成物的标准摩尔生成焓之差计算得到。根据热力学的基本原理，不同反应路径的焓变是相同的，尽管这些路径在反应物和生成物的转换顺序上可能有所不同。因此，利用标准摩尔生成焓表，可以方便地查得各物质的生成焓，进而计算反应的总焓变。其公式为：总焓变＝生成物标准摩尔生成焓之和－反应物标准摩尔生成焓之和，体现了热力学状态函数的特性。借助这一方法，能够精确预测不同化学反应的热效应，是化学热力学研究中不可或缺的工具。

标准摩尔生成焓的概念及其应用深入化学反应的热力学分析，不仅揭示了反应的热效应，还为反应机制的理解提供重要依据。通过这一概念，研究人员能够更好地设计化学反应过程，优化反应条件，提高反应效率，具有重要的理论和实践意义。

（四）燃烧焓

燃烧焓作为一个重要的热化学量度，对于研究有机化合物的热效应具有重要意义。由于大多数有机化合物无法直接测定其标准摩尔焓变，因此，采用燃烧实验来间接获得这些数据成为常见的手段。标准摩尔燃烧焓是指在标准压力和指定温度下，1摩尔物质完全燃烧时所释放的热量，通常用 ΔH 表示，单位为 $kJ \cdot mol^{-1}$。这一热效应为研究化学反应热、物质的稳定性以及能量转换提供了重要的信息。

完全燃烧的定义是指化学物质在氧气充足条件下，转化为其最稳定的燃烧产物。具体而言，对于含碳的有机物，碳元素转化为二氧化碳，氢元素转化为水，其他元素（如氮、硫、氯等）也分别转化为它们的最稳定气态或液态产物。此时，产物的标准摩尔燃烧焓被规定为零，表明它们不再发生燃烧反应，因此，单质氧的标准摩尔燃烧焓也被定义为零。

通过燃烧焓数据推算其他反应的热效应时，通常需要通过已知物质的标准摩尔燃烧焓来计算反应的标准摩尔焓变。根据热力学第一定律，反应的标准摩尔焓变可以通过反应物和产物的标准摩尔燃烧焓之差来计算。这一方法不仅具有较高的准确性，还在热力学分析中起到了关键作用。具体而言，反应物的标准摩尔燃烧焓之和减去产物的标准摩尔燃烧焓之和，即可得出反应过程中的标准摩尔焓变，从而帮助科学家进一步理解反应的能量变化及其热力学特性。

燃烧焓数据为有机化学的研究奠定了基础，尤其是在能量转换、化学反应效率、物质稳定性等方面的探索中，具有深远影响。通过实验测定有机化合物的燃烧焓，研究人员能够获得更为精确的热力学参数，从而为化学工程、环境科学及材料科学等领域的应用提供有力支持。

第三节 化学反应的方向

一、化学反应的自发过程

自然界中任何自发变化过程都具有方向性，例如，水从高处自动流向低处，直到水位差为零时达到力平衡；热从高温物体自动传递到低温物体，直到温度差为零时达到热平衡；不同浓度的溶液混合时，溶质从高浓度的地方向低浓度的地方扩散，直到体系各部分浓度相同为止，达到物质平衡。这种在一定条件下不需要外界做功，一经引发就能自动进行的过程，称为自发过程。自发过程的基本特征：①单向性。例如，水只能从高处自动流向低处，而不会自发从低处向高处流；同理，锌能自发置换硫酸铜中的铜，而铜不能置换硫酸锌中的锌。②具有做非体积功的能力。如水力发电、风能发电、原电池释放电能等。③具有一定的限度。当达到热力学平衡时，自发过程即终止。例如，水的流动在达到力平衡时停止；热的传递在达到热平衡时终止。

正确判断反应自发进行的方向对于生产实践具有重要的意义。在工业生产中，只有对能够发生的化学反应，研究和选择合适的反应条件才有实际意义，否则可能徒劳无功[1]。

---

[1] 董拥军．基于学科本原，探究"化学反应的方向"的两种不同解读[J]．教学考试，2023（14）：21．

二、影响化学反应方向的因素

（一）化学反应的焓变

在研究各种系统的变化过程时，人们发现自然界的自发过程通常朝着能量降低的方向进行。能量越低，系统的状态越稳定。一般而言，化学反应的能量交换以热为主。经过化学反应，部分能量以热的形式释放给环境，同时高能态的反应物转化为低能态的产物，使体系更稳定。很多放热反应（$\Delta_f H_m^\ominus < 0$）在298.15 K和标准状态下是自发的。

然而，焓变并非判断反应自发性的充分或必要条件。在一些反应中，尽管焓变为负值，反应可能依然需要特定的条件才能自发发生。例如，虽然水的蒸发过程和某些金属氧化物的分解在常温常压下呈现吸热特性，但在标准状态下仍可自发进行。此类反应表明，单纯依赖焓变并不能完全解释反应的自发性。

此外，某些吸热反应在高温环境下也能自发进行。例如，碳酸钙的分解反应在高温下显示出自发性，尽管这一过程伴随着热量的吸收，但这种现象进一步说明，焓变仅反映了反应的热交换性质，而不能独立判断反应的自发性。为了全面理解化学反应的自发性，除了焓变外，还需要考虑其他热力学参数，如熵变及其在反应过程中的作用。这些因素共同影响反应能否在特定条件下发生，构成了反应自发性的复杂判据。

（二）化学反应的熵变

有些吸热反应能够自发进行，这种现象可通过水的蒸发和碳酸钙的分解来分析。水的蒸发是水分子从液态转变为气态的过程，在此过程中水分子间的距离增大，分子排列的无序程度也随之增加。同样，碳酸钙的分解反应中，生成的气体分子具有较大的自由度，系统的混乱度比反应前显著增大。

从热力学角度来看，自然界中的自发过程往往趋向于混乱度的增大。热力学中使用熵（S）来衡量系统的混乱程度。一个系统的熵值越大，意味着其混乱度越高。对于任何纯物质的完全晶体（指内部无缺陷、质点排列完全有序且无杂质）而言，在绝对零度下，热运动几乎停止，系统的熵值最低，此时熵值为零。即：在热力学温度为0K时，任何纯物质的完整晶体的熵值为零，用符号表示为$S_0=0$，其中下标0表示0K。基于这一概念，可以计算物质在不同温度下的熵值S_T。例如，将纯净晶体从0K升温至T，由于熵是状态函数，可以通过测定过程中熵的变化求得 S_T：

$$\Delta S = S_T - S_0 = S_T - 0 = S_T \quad (2\text{-}4)$$

在标准状态下，1 摩尔纯物质在温度 T 下的熵值称为标准摩尔熵，简写为 $S_m^{\ominus}$。根据熵的定义，标准摩尔熵应遵循的规律为：①对于同一物质的不同聚集态，其熵值遵循：$S_m^{\ominus}$（气态）$> S_m^{\ominus}$（液态）$> S_m^{\ominus}$（固态）；②在压强一定的情况下，对于同一物质，温度越高，熵值越大；③在温度一定时，气态物质的熵值会随着压强的增大而减小。由标准摩尔熵 $S_m^{\ominus}$，可以计算任意化学反应的标准熵变 $\Delta_r S_m^{\ominus}$。

（三）Gibbs 函数及其判据

1876 年，美国著名物理化学家约西亚·威拉德·吉布斯（J.W.Gibbs）提出了一个综合系统焓变、熵变和温度三者关系的新状态函数变量，称为摩尔吉布斯自由能变（简称自由能变），符号为 $\Delta_r G_m$。吉布斯证明：在恒温、恒压下，摩尔 Gibbs 自由能 $\Delta_r G_m$ 与摩尔反应焓变 $\Delta_r H_m$、摩尔反应熵变 $\Delta_r S_m$ 有如下关系：

$$\Delta_r G_m = \Delta_r H_m - T \Delta_r S_m \quad (2\text{-}5)$$

式（2-5）称为吉布斯公式。

吉布斯提出：在恒温、恒压的封闭体系中，不做非体积功的前提下，$\Delta_r G_m$ 可作为热化学反应自发过程的判据。即：$\Delta_r G_m < 0$ 为自发过程，化学反应可正向进行；$\Delta_r G_m > 0$ 为非自发过程，化学反应可逆向进行；$\Delta_r G_m = 0$ 为化学反应处于平衡状态。

由此可见，恒温、恒压的封闭体系，不做非体积功的前提下，任何自发过程总是朝着吉布斯自由能（G）减小的方向进行。

三、判断热化学反应方向

标准摩尔吉布斯自由能变 $\Delta_r G_m^{\ominus}(T)$ 的计算和反应方向的判断为标准状态时，吉布斯公式变为：

$$\Delta_r G_m^{\ominus}(T) = \Delta_r H_m^{\ominus}(T) - T \Delta_r S_m^{\ominus}(T) \quad (2\text{-}6)$$

由于 $\Delta_r H_m^{\ominus}$、$\Delta_r G_m^{\ominus}$ 随温度变化不大，有：

$$\Delta_r G_m^{\ominus}(T) \approx \Delta_r H_m^{\ominus}(298K) - T\Delta_r S_m^{\ominus}(298K) \quad (2\text{-}7)$$

因此，只要能够计算出 $\Delta_r G_m^{\ominus}(T)$ 的结果，便可以判断标准状态下化学反应自发进行的方向，即在恒温、恒压下，若 $\Delta_r G_m^{\ominus}(T) < 0$，则化学反应能正向自发进行。

与反应焓变 $\Delta_r H_m^{\ominus}$ 一样，吉布斯自由能变 $\Delta_r G_m^{\ominus}$ 也可以根据标准摩尔生成吉布斯自由能 $\Delta_f G_m^{\ominus}$ 求算：

$$\Delta_r G_m^{\ominus} = \sum v_i \Delta_f G_m^{\ominus}(\text{生成物}) + \sum v_i \Delta_f G_m^{\ominus}(\text{反应物}) \quad (2\text{-}8)$$

在标准状态下，由最稳定态的纯态单质生成单位物质的量的某物质时的标准吉布斯自由能变，称为该物质的标准摩尔生成吉布斯自由能（以 $\Delta_f G_m^{\ominus}$ 表示）。根据此定义，不难理解，任何最稳定的纯态单质（如石墨、氧气等）在任何温度下的 $\Delta_f G_m^{\ominus}$ 都为零。

非标准摩尔吉布斯自由能变 $\Delta_r G_m(T)$ 的计算和反应方向的判断。

在实际中的很多化学反应常常是在非标准态下进行的。在等温、等压及非标准态下，对任一反应来说：

$$a\text{A} + b\text{B} \longrightarrow x\text{X} + y\text{Y}$$

根据热力学推导，反应摩尔吉布斯自由能变有如下关系式：

$$\Delta_r G_m = \Delta_r G_m^{\ominus} + RT \ln Q \quad (2\text{-}9)$$

式（2-9）为化学反应等温方程式，式中 Q 为反应商。

第三章 化学反应速率与化学平衡

化学反应动力学是研究化学反应速率及影响速率因素的学科。随着科学技术的进步，人们对化学反应过程的认识逐步深入，发现化学反应速率不仅与反应物的性质有关，还受到多种因素的影响。因此，有必要系统介绍化学反应速率的理论及表示方法，以及影响反应速率的诸多因素，为理解和调控化学反应过程提供理论基础。本章重点阐述化学反应速率理论及常用表示方法、化学反应速率的影响因素、平衡常数与化学平衡的移动原理。

第一节 化学反应速率理论及表示方法

化学反应速率属于化学动力学范畴。化学反应速率是反应体系中各物质的浓度随时间的变化率，用以衡量化学反应过程进行的快慢。化学反应速率在理论研究和实际工作中具有重要意义。在理论上，通过对反应速率的研究能进一步揭示反应所经历的历程，阐明反应的实质。在实际工作中，它广泛地应用于许多领域。在工业生产中，可以通过研究反应条件对反应速率的影响，来选择最佳生产工艺路线。在医药工作领域中，可通过研究药物在体外或体内的反应速率及其影响因素，来预测药物在一定条件下的有效期，以及确定保持一定血药浓度所需的用药时间间隔。

一、化学反应速率理论

（一）碰撞理论与活化能

1. 有效碰撞和弹性碰撞

根据分子运动学说，要使两种反应物发生化学反应，必须先使它们的分子有接触或碰撞的机会。但是，并非所有的碰撞都会引发反应。例如，氮和氧能够化合成氮的氧化物，空气中虽含有大量的氮和氧，它们的分子也碰撞，但并未发生反应，否则空气中就不会有可以帮助呼吸和燃烧的氧气存在。然而，在高温或有电火花作用下，氮就能与氧结合。这一事实说明了反应物分子间的碰撞是化学反应发生的必要条件，但并非所有的碰撞都会引起化学变化的发生。实际上，只有很少数的碰撞能发生反应。

基于上述事实，有效碰撞理论被提出，该理论将能发生反应的碰撞叫作有效碰撞，大部分不发生反应的碰撞叫作弹性碰撞。要发生有效碰撞，反应物分子需满足两个条件：一是反应物分子必须具有足够的能量，因为只有能量足够高的分子互相碰撞，才能破坏分子内部旧的化学键，生成新物质；二是碰撞时要有合适的方向，要正好碰在能起反应的部位上。如果碰撞的部位不合适，即使反应物分子能量充足，也不会发生反应。

2. 活化分子与活化能

具有充足能量、能发生有效碰撞的分子叫作活化分子。活化分子具有的最低能量与反应物分子的平均能量之差称为活化能。

根据气体分子运动理论，气体分子以极高的速率运动着，使气体分子间进行着每秒钟亿万次的频繁碰撞，并不断改变运动的方向和速率。随着分子运动速率的不断改变，分子所具有的能量也在不断变化。因此，在一定温度时，同一气体分子所具有能量的大小是不完全相同的，但分子的平均能量是一定的。

化学反应速率与反应的活化能密切相关。当温度一定时，活化能越小，其活化分子数越多，单位体积内的有效碰撞次数越多，反应速率越快；反之活化能越大，活化分子数越少，单位体积内的有效碰撞次数越少，反应速率越慢。活化能一般为正值，多数化学反应的活化能在 $60 \sim 250 \text{ kJ·mol}^{-1}$ 之间。活化能小于 40 kJ·mol^{-1} 的化学反应，其反应速率极快，用一般方法难以测定；活化能大于 400 kJ·mol^{-1} 的化学反应，其反应速率极慢，因此难以被察觉。

（二）过渡状态理论

过渡状态理论认为：化学反应是在碰撞中先形成一种活化中间体，然后活化中间体分解为产物。以下面简单反应模式说明这一观点：

$$A+B—C \rightleftharpoons [A\cdots B\cdots C] \longrightarrow A—B+C$$

当 A 原子接触 B—C 分子时，B—C 分子的键减弱，但又没有完全断裂；A 原子和 B 原子间的键开始形成，但又未完全形成。因此形成一种不稳定的活化中间体 [A⋯B⋯C]。这种活化中间体可能分解成产物，也可分解成原来的反应物。过渡状态理论认为，形成活化中间体是一种快步骤，很快就达到平衡。活化中间体分解成产物则是一种慢步骤，它控制着整个反应的速率。

能形成活化中间体的反应物分子，具有比一般分子更高的能量，形成的活化中间体比反应物分子的平均能量高出的部分即活化能（E_a）。由于活化中间体能量高，不稳定，可以分解为产物，也可以分解为原来的反应物，若产物分子的能量较低，多余的能量便以热的形式放出。

反应过程中产物的能量低于反应物的能量，其差值为反应焓变（ΔH），若在此反应中 ΔH 为负值，则该反应为放热反应。显然，反应焓变等于正反应的活化能（E_{a1}）与逆反应的活化能（E_{a2}）之差，即 $\Delta H = E_{a1} - E_{a2}$。

二、化学反应速率的表示方法

化学反应速率在不同的情况下可用不同的方式表示。

（一）以反应进度随时间的变化率定义的反应速率

反应进度表示反应进行的程度，用符号 ξ 表示：

$$\xi = \frac{n_M(\xi) - n_M(0)}{v_M} \tag{3-1}$$

式中：M——任一反应物或产物；

$n_M(0)$——反应开始，反应进度 $\xi=0$ 时 M 的物质的量；

$n_M(\xi)$——反应在 t 时刻，反应进度为 ξ 时 M 的物质的量，ξ 的单位为 mol；

v_M——反应式中相应物质 M 的化学计量系数。

若用反应进度的概念来表示，则反应速率 v 可定义为单位体积内反应进度随时间的变化率，即：

$$v \stackrel{\text{def}}{=} \frac{1}{V}\frac{d\xi}{dt} \tag{3-2}$$

式中 V 为体系的总体积。对任何一个化学反应计量方程式，则有：

$$d\xi = \frac{dn_M}{v_M} \tag{3-3}$$

若将上式改写，则有：

$$v = \frac{1}{V}\frac{dn_M}{v_M dt} = \frac{1}{v_M}\frac{dc_M}{dt} \tag{3-4}$$

对于化学反应 $aA + bB \rightleftharpoons fF + gG$

$$v = -\frac{1}{a}\frac{dc_A}{dt} = -\frac{1}{b}\frac{dc_B}{dt} = \frac{1}{f}\frac{dc_F}{dt} = \frac{1}{g}\frac{dc_G}{dt} \tag{3-5}$$

v 为整个反应的速率，这种以反应进度随时间的变化率定义的反应速率，其值只有一个，并且与反应体系中选择何种物质表示反应速率无关，只与化学反应的计量方程式的书写有关。因为在反应过程中，反应物浓度逐渐减小，$\frac{dc_A}{dt}$（或 $\frac{dc_B}{dt}$）为一负值，在其前加一负号是为使 v 为正值。

（二）以反应物或产物浓度随时间的变化率定义的反应速率

随着反应的进行，反应物或产物的物质的量会发生改变，因此可用单位体积中反应物 A 或产物 B 的物质的量随时间的变化率来表示：

$$v_A = -\frac{1}{V}\frac{dn_A}{dt} = -\frac{dc_A}{dt} \tag{3-6}$$

$$v_B = \frac{1}{V}\frac{dn_B}{dt} = \frac{dc_B}{dt} \tag{3-7}$$

反应速率是反应体系中各物质的浓度随时间的变化率，因此它的单位用"浓度 × 时间$^{-1}$"表示。其中的浓度用 $mol·L^{-1}$ 表示，时间则根据需要可用 s（秒）、min（分）、h（小时）、d（天）、a（年）等表示。

对绝大多数反应而言，反应速率随着反应的进行而不断改变，因而反应速率又有平均速率和瞬时速率之分。

（三）平均速率和瞬时速率

N_2O_5 在气相或四氯化碳溶剂中可按下式分解：

$$2N_2O_5 \rightleftharpoons 4NO_2 + O_2$$

在不同时间内 N_2O_5 浓度的测定数值。其中：

$$\Delta t = t_2 - t_1$$
$$\Delta c(N_2O_5) = c_2(N_2O_5) - c_1(N_2O_5)$$

$c_1(N_2O_5)$ 和 $c_2(N_2O_5)$ 分别表示时间在 t_1 和 t_2 时 N_2O_5 的浓度，Δt 为时间间隔，$\Delta c(N_2O_5)$ 为 Δt 时间间隔内 N_2O_5 的浓度改变量，则平均反应速率 $\bar{v}$ 为：

$$\bar{v} = \frac{c_2(N_2O_5) - c_1(N_2O_5)}{t_2 - t_1} = -\frac{\Delta c(N_2O_5)}{\Delta t} \quad (3\text{-}8)$$

利用上式可以计算在不同时间间隔内的平均反应速率。

很明显，随着反应的进行，反应物不断被消耗，其浓度也相对减小，因而反应速率将逐渐变小。

由于 N_2O_5 的分解速率是随 N_2O_5 的浓度变化而变化，而浓度又随时间的变化而改变，为了确切地表示 N_2O_5 分解的真实速率，因此必须用瞬时速率来表示。

瞬时速率即缩短时间间隔，令 Δt 趋近于零时的速率：

$$v = \lim_{\Delta \to 0} \frac{-\Delta c(N_2O_5)}{\Delta t} = -\frac{dc(N_2O_5)}{dt} \quad (3\text{-}9)$$

反应的瞬时速率可通过作图法求得。

第二节 化学反应速率的影响因素

化学反应速率的快慢，主要取决于反应物的内在特性，即其化学本性，这是决定反应速率快慢的内在因素。此外，外界条件如反应物的浓度（或压力）、温度以及催化剂的存在与否，也会显著影响反应速率。

一、浓度对化学反应速率的影响

在浓度（或压力）方面，反应物的浓度越高，单位体积内活化分子的数量越多，从而增加了有效碰撞的频率，使反应速率加快。这一规律符合质量作用定律。对于基元反应，其反应速率与反应物浓度的幂次方成正比。对于非基元反应，由于反应过程涉及多个步骤，因此不能简单地将总反应式用于书写速率方程。反应速率方程中的指数，即反应级数，与反应物在反应中的实际作用方式有关，需要通过实验测定来确定。

（一）基元反应和复合反应

一般的化学反应，表面看来都是从反应物转变为生成物，但是许多反应并不是一步完成，而是经过一个或多个中间步骤才能完成。

通常将由反应物微粒（分子、原子、离子或自由基）直接碰撞一步生成产物的反应称为基元反应。由一个基元反应组成的反应称为简单反应。由若干个基元反应生成产物的反应称为非基元反应，又称复合反应。

典型的基元反应是由分子内某一化学键断裂而引起的分解反应。例如下面的分解反应都是简单反应：

$$2NO_2 \longrightarrow 2NO+O_2$$

$$2NOCl \longrightarrow 2NO+Cl_2$$

亚硝酰氯

判断一个化学反应是基元反应还是非基元反应，需要经过反应机理的研究来确定。

（二）质量作用定律

当温度恒定时，基元反应的反应速率与各反应物浓度幂的乘积成正比，这就是质量作用定律。各浓度幂的指数等于基元反应方程式中各相应反应物的化学计量数。

例如：
$$a\text{A} + b\text{B} + \cdots = g\text{G} + h\text{H} + \cdots$$

式中：a、b、g、h——化合物 A、B、G、H 的化学计量数。

若上述反应为基元反应，则由质量作用定律可得其反应速率方程：

$$v = k \cdot c_A^a \cdot c_B^b \cdots \qquad (3\text{-}10)$$

式中：k——反应速率常数。

如果上述反应是复合反应，则质量作用定律只适合于其中每一步的反应，而不适合于总的反应。

例如，N_2O_5 的分解反应：

$$2N_2O_5 \longrightarrow 4NO_2+O_2$$

根据实验结果，这个反应速率是与 N_2O_5 浓度的一次方成正比，而不是与 N_2O_5 浓度的二次方成正比，即：

$$v = k \cdot c(N_2O_5)$$

原来这个反应是根据以下步骤分步进行的：

① $N_2O_5 \longrightarrow N_2O_3 + O_2$

② $N_2O_3 \longrightarrow NO_2 + NO$

③ $2NO + O_2 \longrightarrow 2NO_2$

①×2+②×2+③即为总反应式：

$$2N_2O_5 \longrightarrow 4NO_2 + O_2$$

第一步反应是一个较慢的单分子反应。第二和第三步反应都比较快，对整体反应速率影响较小。因此在 N_2O_5 的分解反应中起决定性作用的是第一步反应。

在分步进行的反应中，总是由最慢的一步决定整个反应的速率，且可以用这一步反应的质量作用定律的数学表达式来表示整体反应速率。因此上述反应速率仅与 N_2O_5 浓度的一次方成正比。

此外，与标准平衡常数一样，质量作用定律也只适用于气体或溶液的均相反应，而不适用于固体与气体和溶液之间的非均相反应。

反应速率常数 k 受反应条件的影响，如温度、催化剂、溶剂等，有时还与反应容器的材料、表面状态及面积有关。

（三）反应分子数与反应级数

参加基元反应的分子数目称为反应分子数。此处的"分子"泛指分子、离子、自由原子或自由基等。基元反应的反应分子数可以为单分子反应、双分子反应和三分子反应。

例如，氯乙烷的分解反应是单分子反应：

$$C_2H_5Cl \longrightarrow C_2H_4 + HCl$$

顺丁烯二酸的异构化反应也是单分子反应：

$$\begin{array}{c} H-C-COOH \\ \parallel \\ H-C-COOH \end{array} \rightleftharpoons \begin{array}{c} H-C-COOH \\ \parallel \\ HOOC-C-H \end{array}$$

而酯化反应是双分子反应：

$$CH_3COOH + C_2H_5OH \longrightarrow CH_3COOC_2H_5 + H_2O$$

三分子反应较为少见,一般只出现在有自由基或自由原子参加的反应中,例如:

$$H_2 + 2I \cdot \longrightarrow 2HI$$

在反应物浓度幂乘积形式的速率方程中,各反应物浓度幂的指数,称为反应级数。所有反应物的级数之和,称为该反应的总级数。各反应物的级数及总级数需通过实验确定,其值与化学反应方程式中各反应物的化学计量数无关。

反应级数与反应分子数是两个不同的概念。反应分子数是指参加基元反应的分子数目,其值只能是正整数;反应级数是由实验确定的速率方程中各反应物浓度幂中的指数或其和,可以是简单的正整数,如0、1、2、3等,也可以是分数或负数,其中负数表示该物质对反应起阻滞作用。

通常基元反应的级数和反应分子数一致,即单分子反应为一级反应,双分子反应为二级反应,三分子反应为三级反应。

对于复合反应,其反应级数与各基元反应的分子数之间无必然的联系。

(四)简单级数的反应速率方程

1. 一级反应

反应速率与反应物浓度的一次方成正比的反应称为一级反应。其速率方程为:

$$v = -\frac{dc}{dt} = kc \qquad (3-11)$$

式中:c——反应物 t 时刻的浓度。

对上式积分:

$$\int_{c_0}^{c} \frac{-dc}{c} = \int_0^t k dt$$

积分后得:

$$\ln \frac{c_0}{c} = kt \qquad (3-12)$$

用指数形式表达:

$$c = c_0 e^{-kt} \qquad (3-13)$$

或:

$$k = \frac{2.303}{t}\lg\frac{c_0}{c} \qquad (3\text{-}14)$$

式中：c_0——反应物的初浓度（$t=0$ 时的浓度）。

上述三式都表示反应物浓度与时间的关系。有时也用 c_0-x 代替 c，表示已反应的反应物浓度 x 与时间 t 的关系，即：

$$k = \frac{2.303}{t}\lg\frac{c_0}{c_0-x} \qquad (3\text{-}15)$$

通常将反应物消耗一半所需的时间称为半衰期，用 $t_{1/2}$ 表示。

将 $c = \dfrac{c_0}{2}$ 代入式（3-14）可得：

$$\begin{aligned}t_{1/2} &= \frac{2.303}{k}\lg\frac{c_0}{c_0/2}\\ &= \frac{2.303}{k}\lg 2 \qquad (3\text{-}16)\\ &= \frac{0.693}{k}\end{aligned}$$

一级反应具有如下特征：

（1）$\lg c$ 与 t 为线性关系。式（3-14）可改写为：

$$\lg c = \lg c_0 - \frac{kt}{2.303}$$

直线的斜率为 $-\dfrac{k}{2.303}$，截距为 $\lg c_0$，由斜率可求出速率常数 k。

（2）反应速率常数 k 的单位是 [时间]$^{-1}$，如 s^{-1} 等，它表明 k 与所用的浓度单位无关。

（3）从式（3-16）可以看出，在恒温条件下，一级反应的半衰期为常数，且与反应物的初始浓度无关。因而半衰期可以作为判定一级反应的依据。

一级反应较为常见，许多热分解反应、分子重排反应、放射性元素的衰变等均符合一级反应规律。许多药物在生物体内的吸收、分布、代谢和排泄过程，也常近似地视为一级反应。

2. 二级反应

反应速率与两种反应物浓度的乘积成正比或与一种反应物浓度的平方成正比的反应，称为二级反应。二级反应通常有以下两种类型：

$$aA \longrightarrow 产物$$
$$aA + bB \longrightarrow 产物$$

在第二种反应中，如果 A 和 B 的初始浓度相等，在数学处理时可与第一种类型相同。其速率方程为：

$$v = -\frac{dc_A}{dt} = kc_A^2 \qquad (3\text{-}17)$$

积分：

$$\int_{c_0}^{c} -\frac{dc_A}{c_A^2} = \int_0^t kdt$$

$$\frac{1}{c} - \frac{1}{c_0} = kt \qquad (3\text{-}18)$$

或：

$$k = \frac{1}{t}\left(\frac{1}{c} - \frac{1}{c_0}\right) \qquad (3\text{-}19)$$

半衰期为：

$$t_{1/2} = \frac{1}{kc_0} \qquad (3\text{-}20)$$

二级反应具有如下特征：

（1）$\frac{1}{c}$ 与 t 之间为线性关系，其斜率为 k。

（2）反应速率常数 k 的单位是 [浓度]$^{-1}$×[时间]$^{-1}$，如 $mol^{-1} \cdot L \cdot s^{-1}$，它与浓度的单位有关。

（3）半衰期与反应物初始浓度成反比。

在溶液中的许多有机反应都是二级反应。例如下面的加成反应和取代反应均为二级反应：

$$CH_2\!\!=\!\!CHCH_2OH + I_2 \xrightarrow{H_2O} CH_2I\!\!-\!\!CHICH_2OH$$

$$CH_3Br + C_2H_5ONa \longrightarrow C_2H_5OCH_3 + NaBr$$

3. 零级反应

反应速率与反应物浓度无关的反应为零级反应。其反应速率方程为：

$$v = -\frac{dc}{dt} = k \quad (3\text{-}21)$$

积分：

$$\int_{c_0}^{c} -dc = \int_{0}^{t} k\,dt$$

$$c_0 - c = kt \quad (3\text{-}22)$$

半衰期为：

$$t_{1/2} = \frac{c_0}{2k} \quad (3\text{-}23)$$

零级反应有如下特征：

（1）c 与 t 之间为线性关系，直线斜率为 k。

（2）反应速率常数 k 的单位是 [浓度]×[时间]$^{-1}$，如 $mol \cdot L^{-1} \cdot s^{-1}$。

（3）半衰期与反应物的初始浓度成正比。

某些光化学反应、表面催化反应、电解反应都是零级反应。它们的反应速率分别只与光强度、表面状态、通过的电量有关。

二、温度对反应速率的影响

随着温度升高，反应速率常数增大，反应速率加快。这是因为温度升高增加了分子间的碰撞频率，并使更多分子获得足够的能量成为活化分子，从而提高了有效碰撞的概率。因此，温度主要通过调控反应速率常数 k 来影响反应速率。

人们在生产与生活中可以直观感受到温度与化学反应速率关系。例如，生活中常见的食物变质就是典型的化学反应过程，夏季食物变质的速度更快，明显是受温度影响的结果。正因如此，冰箱的保鲜作用才被重视，可以说明温度越高，越容易加快化学反应速率[①]。

---

① 刘志明. 化学反应速率变化的几种影响因素浅析 [J]. 高中数理化, 2019 (24)：60.

（一）van't Hoff 规则

1884年，雅各布斯·亨里克斯·范特霍夫（van't Hoff）根据大量的实验数据，总结出温度对反应速率影响的经验规则，该规则表明，当反应物浓度不变时，温度每升高10 ℃，反应速率会增至原来速率的2～4倍。对于不同的反应，速率增大的倍数不同。通常用下列数学式表示：

$$\frac{k_{t+10}}{k_t} = \gamma \quad (3\text{-}24)$$

γ 称为该反应的温度系数，其值约为2～4。

对于特定的反应，如果温度不太高，温度的变化范围较小时，可把 γ 看作常数，则 $t+n\times 10$ ℃ 与 t ℃ 的反应速率常数之比为：

$$\frac{k_{t+n\cdot 10}}{k_t} = \gamma^n \quad (3\text{-}25)$$

上式只适用于温度变化较小的反应。

（二）Arrhenius 方程式

1889年，斯万特·奥古斯特·阿累尼乌斯（ArrheniusS.A.）根据大量的实验数据，提出了速率常数 k 与绝对温度之间的关系式，即著名的 Arrhenius 经验方程式：

$$k = A \cdot e^{-\frac{E_a}{RT}} \quad (3\text{-}26)$$

式中：E_a——表观活化能；

　　　R——气体常数；

　　　A——频率因子（或指前因子）。

式（3-26）也可表达为对数形式：

$$\ln k = \frac{-E_a}{RT} + \ln A \quad (3\text{-}27)$$

或：

$$\lg k = -\frac{E_a}{2.303RT} + \lg A \quad (3\text{-}28)$$

上式表明 $\lg k$ 与 $\frac{1}{T}$ 有线性关系，直线的斜率为 $-\frac{E_a}{2.303R}$，截距为 $\lg A$。

设在温度 T_1 和 T_2 时的反应速率常数分别为 k_1 和 k_2，则由式（3-28）得出：

$$\lg k_1 = -\frac{E_a}{2.303RT_1} + \lg A$$

$$\lg k_2 = -\frac{E_a}{2.303RT_2} + \lg A$$

两式相减，得：

$$\lg \frac{k_2}{k_1} = \frac{E_a}{2.303R}\left(\frac{T_2 - T_1}{T_2 T_1}\right) \quad （3-29）$$

将两个已知温度的反应速率常数 k 代入上式，或以 $\lg k$ 对 $\frac{1}{T}$ 作图，都可求出反应的活化能 E_a。

三、催化剂对反应速率的影响

（一）催化剂

催化剂能够改变化学反应速率，而其本身的质量及化学组成在反应前后保持不变，这种现象称为催化作用。正催化剂是指能使反应速率加快的催化剂，负催化剂或阻化剂则是指能减慢反应速率的催化剂。

催化剂可以是有意识加入反应体系的，也可以是在反应过程中自发产生的。后者是一种（或几种）反应产物或中间产物，称为自催化剂，这种现象称为自催化作用。例如，酸性 $KMnO_4$ 溶液氧化 $H_2C_2O_4$ 的反应，开始进行得很慢，$KMnO_4$ 不褪色，但是经过一段时间后，$KMnO_4$ 褪色速度显著加快，这是由于生成的 Mn^{2+} 具有自催化作用。

催化剂具有如下基本特征：

第一，催化剂参与化学反应，并在生成产物的同时，催化剂得到再生。因此在反应前后催化剂的质量及化学组成不变，但物理性质可能发生变化，如外观、晶形等。

第二，少量催化剂的存在，可以使反应速率发生显著改变。这是由于催化剂能在短时间内多次再生。

第三，催化剂不改变化学平衡，也不能使热力学上不可能实现的反应发生。

第四，催化剂具有选择性。通常一种催化剂只能催化一种或少数几种反应，同样的反应物选择不同的催化剂，可能得到不同的产物。

（二）催化作用理论

催化剂的催化机理因催化剂和催化反应的不同而异。通常是催化剂与反应物分子形成了不稳定的中间产物，或发生了物理或化学的吸附作用，从而改变反应途径，大幅降低反应的活化能，使反应速率显著提高。而在这些不稳定的中间产物继续反应后，催化剂又被重新再生。

设在没有催化剂情况下，下列反应需要的活化能为 E_a。

$$A+B \xrightarrow{E_a} AB(无催化剂)$$

如果物质 C 是这个反应的催化剂，那么在 C 的参与下，原来的反应途径可设想改变成如下新途径：

$$A + C \xrightarrow{E_{a1}} [AC](中间产物)$$
$$[AC] + B \xrightarrow{E_{a2}} AB+C$$

第一步反应的活化能为 E_{a1}，第二步反应的活化能为 E_{a2}。E_{a1}、E_{a2} 均小于原反应途径的活化能 E_a。

（三）生物催化剂——酶

酶是一种特殊的、具有催化活性的生物催化剂，广泛存在于动植物和微生物中。一切与生命现象密切相关的化学反应大多为酶催化反应。如食物中蛋白质的消化（水解），在体外需要使用浓的强酸或强碱，并需煮沸后才能完成。但在人的消化道中，酸性或碱性都不太强，温度只有 37 ℃左右，蛋白质却能被迅速消化，这是由于消化液中含有胃蛋白酶等能催化蛋白质的水解。酶催化反应中的反应物称为底物。一般认为，酶（E）与底物（S）首先生成活化中间体（ES），然后继续反应生成产物（P），而使酶再生，其机理可表示为：

$$E+S \rightleftharpoons ES \longrightarrow E+P$$

酶除了具有一般催化剂的特点外，还具有如下特征：

第一，高度的选择性。一种酶仅催化某一种或某一类的反应。如尿素水解需要尿素酶，淀粉水解需要淀粉酶。α-淀粉酶将淀粉水解为糊精；而 β-淀粉酶将淀粉水解成麦芽糖。

第二，高度的催化活性。对于同一反应，酶的催化效率比非酶催化效率一般高 $10^6 \sim 10^{12}$ 倍。如血液中的碳酸酐酶能催化 H_2CO_3 分解为 CO_2 和 H_2O，一个碳酸酐酶分子 1min 能催化 1.9×10^7 个 H_2CO_3 分子。正因为血液中存在如此高效的催化剂，才能及时完成 CO_2 的排放，以维持血液正常的 pH。

第三，特殊的反应条件。酶通常需要在特定的温度和 pH 范围内才能有效地发挥作用。酶催化反应一般在温和的条件下进行，温度过高会导致酶蛋白变性，使酶失去催化活性。人体中大多数酶的最适温度在 37 ℃左右。此外，体系的 pH 改变会影响酶蛋白的荷电状态，从而改变酶的活性。酶的活性通常在某一 pH 范围内达到最大，称为酶的最适 pH，除了胃蛋白酶的最适 pH 为 $1 \sim 2$ 外，体内大多数酶的最适 pH 接近中性。

第三节　平衡常数与化学平衡的移动

在研究某一化学反应时，研究人员需要着重关注在特定条件下，反应的方向性与反应速率。同时，反应的完成程度（反应限度）亦是一个核心议题，它关乎反应物向生成物转化的最大可能比例，以及多种因素对这一转化限度的调控作用。这正是化学平衡及其影响因素的核心内容。化学平衡不仅在理论层面上占据重要地位，对于实际生产操作同样具有不可忽视的指导意义。

一、化学反应的可逆性和化学平衡

（一）化学反应的可逆性

在化学反应中，有些反应可以进行得很完全。例如，氯酸钾在二氧化锰催化下的加热分解反应：

$$2KClO_3 \xrightarrow[MnO_2]{\Delta} 2KCl + 3O_2$$

$KClO_3$ 几乎全部分解为 KCl 和 O_2，这个反应实际上仅向 $KClO_3$ 分解的方向进行，相反方向的反应几乎不发生。从整体上看，反应实际上是朝着一个方向进行的，因此叫作不可逆反应。同时，放射性元素的蜕变反应也是不可逆反应。但对于大多数化学反应来说，在给定的条件下，反应同时向两个相反的方向进行。例如，CO 在高温下与水蒸气的作用。

$$CO(g)+H_2O(g) \longrightarrow H_2(g)+CO_2(g)$$

在一氧化碳与水蒸气作用生成二氧化碳与氢气的同时，也存在着二氧化碳与氢气反应生成一氧化碳与水蒸气的过程。即：

$$H_2(g)+CO_2(g) \longrightarrow CO(g)+H_2O(g)$$

以上两个反应，实际上可以写为：

$$CO(g)+H_2O(g) \rightleftharpoons H_2(g)+CO_2(g)$$

这种在同一条件下，既可以按反应方程式从左向右进行，又可以从右向左进行的反应叫作可逆反应。通常从左向右进行的反应称为正反应，从右向左进行的反应称为逆反应，用"$\rightleftharpoons$"符号表示可逆性。例如 Ag^+ 与 Cl^- 可以生成 AgCl 沉淀，而固体 AgCl 在水中又可少量溶解并电离出 Ag^+ 和 Cl^-。

$$Ag^+(aq)+Cl^-(aq) \rightleftharpoons AgCl(s)$$

化学反应的可逆性是普遍存在的，几乎所有的化学反应都有可逆性，但不同化学反应的可逆程度差异较大。上面例子中的 CO 和 H_2O 的反应，其可逆程度较大，Ag^+ 和 Cl^- 生成 AgCl 的反应可逆程度则较小。此外，同一反应在不同条件下，表现出的可逆性也是不同的，例如：

$$2H_2(g)+O_2(g) \rightleftharpoons 2H_2O(g)$$

在 873 K ～ 1273 K 时，该可逆反应以生成 H_2O 占绝对优势，在 4273 K ～ 5273 K 时则是以 H_2O 分解反应占绝对优势。

（二）化学平衡

反应的可逆性是化学反应的普遍特征。由于正、逆反应共同处于同一系统内，且两个反应的方向相反，所以可逆反应在密闭的容器中不能进行到底，即反应物不能全部转化为产物。

以 $CO(g)+H_2O(g) \rightleftharpoons CO_2(g)+H_2(g)$ 为例，分析反应过程中正、逆反应速率的变化。当反应开始时，反应物（CO 和 H_2O）的浓度较高，正反应速率较快，随着反应的进行，反应物的浓度逐渐降低，正反应速率减慢，而生成物（CO_2 和 H_2）的浓度逐渐增大，逆反应速率加快。

可逆反应的进行必然导致化学平衡状态的实现。化学平衡是指在可逆反应系统中，正反应和逆反应的速率相等时，反应物和生成物的浓度不再随时间而改变的状态。

化学平衡具有以下特点：

第一，化学平衡是动态平衡。反应建立平衡后，当外界条件不变时，系统内各反应物和生成物的浓度都不再随时间而改变。外表看来，反应好像已经停止，实际上正、逆反应仍在进行，只是速率相等，方向相反，两个方向上产生的结果彼此抵消，使系统内各物质的浓度保持不变，因此化学平衡是一个动态平衡。

第二，在一定温度下，因为系统内反应物和生成物的浓度都不再随时间而改变，所以平衡状态是化学反应可以达到的最大限度。

第三，化学平衡是有条件的。当外界条件改变时，正、逆反应速率发生变化，原有平衡被破坏，直到建立起新的平衡。

因此，化学平衡是暂时的、有条件的、相对的动态平衡。

二、平衡常数

（一）经验平衡常数

可逆反应达到化学平衡时，系统中各物质的浓度不再改变。在恒温下，无论反应的初始浓度如何，也不管反应是从正反应开始，还是从逆反应开始，最后都能建立平衡。平衡时，反应物和生成物的浓度保持稳定，不随时间变化。这时，虽然反应物和生成物的浓度没有特定的规律性，但生成物平衡浓度的乘积与反应物平衡浓度的乘积之比是一个恒定值。

在 $CO_2(g)+H_2(g) \rightleftharpoons CO(g)+H_2O(g)$ 反应式中，各物质的计量系数都是1，对于计量系数不是1或不全是1的可逆反应，如 $2HI \rightleftharpoons I_2+H_2$ 达到平衡时 $\dfrac{[I_2][H_2]}{[HI]^2}$ 几乎是一个恒定值。

对于任一可逆反应，设 A 和 B 为反应物，G 和 H 为生成物，a、b、g、h 分别为化学方程式中 A、B、G、H 的计量系数，则反应方程式可表达为：

$$aA + bB \rightleftharpoons gG + hH$$

许多实验结果表明，在一定温度下，可逆反应达到平衡时，系统中各物质的平衡浓度之间有如下的关系：

$$\frac{[G]^g[H]^h}{[A]^a[B]^b} = K \tag{3-30}$$

式中：K——化学反应的经验平衡常数。

式（3-30）可以归结为：在一定温度下，某个可逆反应达平衡时，生成物的浓度以其计量系数为指数幂的乘积与反应物的浓度以其计量系数为指数幂的乘积之比是一个常数。这种关系叫作化学平衡定律。式（3-30）称为化学平衡常数表达式。

平衡常数与物质的初始浓度无关，并与反应从正向开始进行还是从逆向开始进行无关。在一定温度下，无论初始浓度如何或反应从哪个方向开始，最后所达到的平衡状态都满足式（3-30）的关系。化学平衡常数是描述化学反应达到平衡时，生成物与反应物浓度之间关系的物理量，它对于理解化学反应的本质、判断反应的方向和限度、优化反应条件等方面具有重要意义[①]。

从式（3-30）可以看出，经验平衡常数 K 一般是有量纲（单位）的，只有当反应物与生成物的计量系数之和相等时，K 才是无量纲（单位）的量。

如果化学反应是气相反应（反应物及产物均为气体），平衡常数既可以用平衡时各物质的浓度之间的关系来表示，也可以用平衡时各物质的分压之间的关系来表示。如气相反应：

$$a\text{A}(g) + b\text{B}(g) \rightleftharpoons g\text{G}(g) + h\text{H}(g)$$

在某温度下达到平衡时，则有：

$$K_p = \frac{[p(G)]^g[p(H)]^h}{[p(A)]^a[p(B)]^b} \tag{3-31}$$

式中的经验平衡常数 K_p 是用平衡时系统中各物质的分压 $p(G)$、$p(H)$、$p(A)$、$p(B)$ 间的关系表示的，K_p 叫作压力平衡常数。为区别于 K_p，常把式（3-30）中用平衡时的浓度间关系表示的经验平衡常数写成 K_c，K_c 又称为浓度平衡常数。

为了分析 K_p 和 K_c 的关系，需要先理解分压定律。分压定律指出：混合

---

① 曹盼盼. 化学平衡常数的概念及应用 [J]. 数理化解题研究，2024（34）：118.

气体的总压力等于各组分气体的分压之和；分压是指恒温时，各组分单独占有与混合气体相同体积时所具有的压力。如果以 p_1、p_2、p_3、……p_i 表示各组分气体的分压，以 p 表示混合气体的总压，则：

$$p = p_1 + p_2 + p_3 + \cdots\cdots + p_i \tag{3-32}$$

若各组分气体均为理想气体，则：

$$p_iV = n_iRT \text{ 或 } p_i = n_i\frac{RT}{V}$$

$$p = (n_1 + n_2 + n_3 + \cdots\cdots + n_i)\frac{RT}{V} \tag{3-33}$$

以 n 表示混合气体中各组分气体的物质的量（n_i）之和。

$$n = n_1 + n_2 + n_3 + \cdots\cdots + n_i$$

则：

$$p = \frac{nRT}{V} \tag{3-34}$$

用式（3-33）除以式（3-34）得：

$$\frac{p_i}{p} = \frac{n_i}{n}$$

令：

$$\frac{n_i}{n} = x_i$$

则：

$$p_i = x_i p \tag{3-35}$$

式中：x_i——i 组分气体的摩尔分数。

式（3-35）表明，混合气体中任一组分的分压等于气体的摩尔分数与总压的乘积。

下面分析 K_p 和 K_c 的关系。

气相反应： $a\text{A}(g) + b\text{B}(g) \rightleftharpoons g\text{G}(g) + h\text{H}(g)$

以 $p(G)$、$p(H)$、$p(A)$、$p(B)$ 分别表示 G、H、A、B 四种气体平衡时的分压，根据理想气体状态方程可得：

$$p(A) = \frac{n_A RT}{V} = [A]RT \qquad p(B) = \frac{n_B RT}{V} = [B]RT$$

$$p(G) = \frac{n_G RT}{V} = [G]RT \qquad p(H) = \frac{n_H RT}{V} = [H]RT$$

将上述关系式代入以分压表示的平衡常数表达式（3-31）中。

$$K_p = \frac{[p(G)]^g [p(H)]^h}{[p(A)]^a [p(B)]^b} = \frac{[G]^g [H]^h}{[A]^a [B]^b}(RT)^{(g+h-a-b)}$$

令 $(g+h)-(a+b)=\Delta n$（反应方程式中，反应前后气体计量系数之差值），得：

$$K_p = K_c (RT)^{\Delta n} \qquad (3-36)$$

当 $\Delta n = 0$ 时，$K_p = K_c$；当 $\Delta n \neq 0$ 时，则 $K_p \neq K_c$；$R = 8.314$ kPa·L·mol^{-1}·K^{-1}。

（二）标准平衡常数

相是系统中物理性质和化学性质完全均匀的部分，是物质的一种聚集状态。物质通常有三种聚集状态（气态、液态和固态）。纯物质的每种聚集状态的任何部分都具有完全均匀的物理性质和化学性质，所以纯物质的一种聚集状态就是一个相。一般说来，任何气体均能互相混合，无论系统中有多少种气体只可能有一个相。系统中均是气体的反应称为气相反应；液体则视其互溶程度，如果两种液体完全互溶（如乙醇和水），则系统只有一个液相；如果两种液体部分互溶（或完全不溶）（如四氯化碳和水），则系统存在两个液相，两相之间有明显的界面。系统中均是完全互溶液体的反应称为液相反应。对于固体，通常一种固体为一个相。系统中有两相或两相以上的反应称为复相反应或多相反应。

当液体的饱和蒸气压与外界压力相等时，液体开始沸腾，气、液两相达到平衡。例如，水在 373 K（100 ℃）的饱和蒸气压为 101.3 kPa，当外压为一个大气压（1 atm）时，水开始沸腾，形成气、液两相平衡；273 K（0 ℃）时，水和冰的饱和蒸气压均为 611 Pa，所以，0 ℃时冰和水共存，构成固、液两相平衡。这种平衡称作相平衡。

化学反应达到平衡时，系统中各物质的浓度不再随时间而改变，此时的浓度为平衡浓度。若将各平衡浓度除以标准浓度，即除以 $c^\ominus$（$c^\ominus = 1$ mol·L^{-1}），则得到一个比值，这个比值称为平衡时的相对浓度。如果是气相反应，将各气体平衡分压除以标准压力,即除以$p^\ominus$($p^\ominus$=1 bar=100 kPa),则得到相对分压。相对浓度和相对分压都是无量纲(单位)的量。

对于液相反应:

$$aA(aq) + bB(aq) \rightleftharpoons gG(aq) + hH(aq)$$

平衡时各物质的相对浓度分别表示为:

$$\frac{[A]}{c^\ominus} \frac{[B]}{c^\ominus} \frac{[G]}{c^\ominus} \frac{[H]}{c^\ominus}$$

若以各物质的相对浓度表示标准平衡常数,则$K^\ominus$为:

$$K^\ominus = \frac{([G]/c^\ominus)^g ([H]/c^\ominus)^h}{([A]/c^\ominus)^a ([B]/c^\ominus)^b} \quad (3\text{-}37)$$

酸碱平衡中的K_w、K_a和K_b及配位平衡中的$K_{稳}$均是这种平衡常数的特定形式。

对于气相反应:

$$aA(g) + bB(g) \rightleftharpoons gG(g) + hH(g)$$

平衡时各物质的相对分压为:

$$\frac{p(A)}{p^\ominus} \frac{p(B)}{p^\ominus} \frac{p(G)}{p^\ominus} \frac{p(H)}{p^\ominus}$$

以相对分压表示的标准平衡常数$K^\ominus$为:

$$K^\ominus = \frac{\left[\frac{p(G)}{p^\ominus}\right]^g \left[\frac{p(H)}{p^\ominus}\right]^h}{\left[\frac{p(A)}{p^\ominus}\right]^a \left[\frac{p(B)}{p^\ominus}\right]^b} \quad (3\text{-}38)$$

对于复相反应:纯固相、纯液相,例如Br_2(l)、Hg(l)与水溶液中大量存在的水等,可认为x_i=1,除以其标准状态x_i=1,比值为1,故这些物质不列入标准平衡常数$K^\ominus$的表达式中。例如:

$$aA(l) + bB(g) \rightleftharpoons gG(s) + hH(aq)$$

标准平衡常数 $K^\ominus$ 为：

$$K^\ominus = \frac{\left[\dfrac{[H]}{c^\ominus}\right]^h}{\left[\dfrac{p(B)}{p^\ominus}\right]^b} \qquad (3\text{-}39)$$

沉淀溶解平衡中的 K_{sp} 是这种平衡常数的特定形式。

无论是溶液中的反应、气相反应还是复相反应，其标准平衡常数 $K^\ominus$ 均为无量纲（单位）的量。液相反应的 K_c 与其 $K^\ominus$ 在数值上相等，而气相反应的 K_p 与其 $K^\ominus$ 的数值一般不相等。

三、化学平衡的移动

化学平衡是相对的、暂时的、有条件的。当外界条件改变时，平衡状态被破坏，系统由平衡变为不平衡。在新的条件下，可逆反应重新建立化学平衡。达到新的平衡状态时，系统中各物质的浓度与原平衡状态时各物质的浓度不相等。这种因外界条件的改变，使可逆反应从一种平衡状态转变到另一种平衡状态的过程，叫作化学平衡的移动。

一个可逆反应在一定温度下进行的方向和限度仅由 Q 和 $K^\ominus$ 的相对大小来决定，当 $Q = K^\ominus$ 时，反应达到平衡状态。若使平衡向正反应的方向移动，只需改变条件，使 Q 的值小于 $K^\ominus$，正反应就能自发进行。这可以采取以下两个途径来实现：①改变反应物或产物的浓度（或分压），使 Q 的值小于 $K^\ominus$；②改变温度，使 $K^\ominus$ 的数值增大并大于 Q，因为 $K^\ominus$ 随温度变化。由此可见，浓度、压力和温度等因素都可以引起平衡发生移动。

下面分别讨论浓度和压力对化学平衡的影响。

（一）浓度对化学平衡的影响

对任意可逆反应，在一定温度下达到平衡时，$Q = K^\ominus$。在温度不变时，若增大反应物浓度或者减小生成物浓度，会使 $Q < K^\ominus$，系统的平衡状态被破坏，化学反应正向进行。随着反应的进行，当 Q 重新等于 $K^\ominus$ 时，系统又建立了新的平衡状态，即平衡右移；反之，若增大生成物浓度或者减小反应物浓度，会使 $Q > K^\ominus$，逆反应自发进行，即平衡左移。

（二）压力对化学平衡的影响

改变压力的实质是改变浓度，压力变化通过改变浓度影响平衡。由于固、液相浓度几乎不随压力而变化，因此系统无气相参与时，压力对平衡的影响很小。

对于气相反应，压力改变有两种情况：①平衡系统中某部分气体的分压发生变化；②系统的总压力发生变化。改变平衡系统中某部分气体的分压等于改变其浓度，这种影响与浓度变化对平衡的影响相同。

下面分析改变系统的总压对化学平衡的影响。对于有气态物质参加，且反应前后气体计量系数不相等（$\Delta n \neq 0$）的化学反应来说，压力的变化可使平衡发生移动。

下面以合成氨反应为例，分析压力对平衡的影响。

$$N_2(g) + 3H_2(g) \rightleftharpoons 2NH_3(g)$$

在某温度下反应达到平衡时：

$$K^{\ominus} = \frac{\left[p(NH_3)/p^{\ominus}\right]^2}{\left[p(N_2)/p^{\ominus}\right]\left[p(H_2)/p^{\ominus}\right]^3} = Q \quad (3-40)$$

如果将平衡系统的总压增加至原来的 2 倍，则各组分的分压分别变为原来的 2 倍，反应的反应商 Q 为：

$$Q = \frac{\left[2p(NH_3)/p^{\ominus}\right]^2}{\left[2p(N_2)/p^{\ominus}\right]\left[2p(H_2)/p^{\ominus}\right]^3} = \frac{1}{4}K^{\ominus} < K^{\ominus} \quad (3-41)$$

即 $Q < K^{\ominus}$，$\Delta_r G_m < 0$，原平衡被破坏，反应向右移动；结果 $p(N_2)$ 和 $p(H_2)$ 不断下降，$p(NH_3)$ 不断增加，最终 $Q = K^{\ominus}$，系统在新的条件下重新达到平衡。由此可见，增大压力时，平衡向气体分子数目减少的方向移动。

第四章 酸碱平衡与缓冲溶液配制

酸碱平衡是化学和生物学研究中的重要理论基础,广泛应用于环境、医学、制药等领域。本章探讨溶液与稀溶液的依数性、酸碱分类与酸碱指示剂、缓冲溶液的缓冲及配制,旨在为后续复杂体系的酸碱调节和工业缓冲液的开发提供理论支持。

第一节 溶液与稀溶液的依数性

一、溶液的浓度

溶液的性质常与溶质和溶剂的相对组成有关。例如,稀硫酸与铁发生置换反应生成氢气;而浓硫酸使铁钝化,在铁表面形成一层致密的氧化膜以阻止硫酸继续与铁反应。同为硫酸,因浓度不同,故性质不同。因此,配制一种溶液时,不仅要标明溶质和溶剂的名称,还必须标明溶液的浓度。

溶液的浓度是指溶质与溶剂在溶液中的相对含量。根据需求,可选择适当的浓度表示方法,常见的包括物质的量浓度、质量浓度、质量分数、体积分数、物质的量分数以及质量摩尔浓度等。

(一)物质的量浓度

物质的量是国际单位制中的七个物理量之一,符号为 n,单位为摩尔(mol),简称摩。物质的量是表示微观粒子的集合体,1 mol 物质中含有与 0.012 kg ^{12}C 中原子数相同的基本单元,约为 6.02×10^{23} 个(阿伏伽德罗常数)。例如,1 mol H_2 可表示为 n=1 mol。1 mol 物质具有的质量称为摩尔质量。任何物质 B 的摩尔质量 M_B,如果以 g/mol 作为单位,其数值等于该物质的相对分子质量或相对原子质量，例如，NaCl 的摩尔质量记为 M_{NaCl}=58.5 g/mol。物质的量（n_B）、质量（m_B）和摩尔质量（M_B）之间的关系如下：

$$n_B = \frac{m_B}{M_B} \tag{4-1}$$

物质的量浓度（简称浓度）是指单位体积溶液中所含溶质 B 的物质的量，用符号 c_B 表示，也可用 $c(B)$ 表示，即：

$$c_B = \frac{n_B}{V} \tag{4-2}$$

根据式（4-1）有：

$$c_B = \frac{m_B}{M_B \times V} \tag{4-3}$$

式中：c_B——溶质 B 的物质的量浓度；

n_B——溶质 B 的物质的量；

V——溶液的体积。

物质的量浓度的 SI（国际单位制）单位为 mol/m³，医学上常用 mol/L、mmol/L 和 μmol/L 等单位。

使用物质的量浓度时，必须指明物质 B 的基本单元。基本单元可以是分子、原子、离子以及其他粒子或这些粒子的特定组合。

（二）质量浓度

质量浓度是指单位体积溶液中所含溶质 B 的质量，用 ρ_B 表示，即：

$$\rho_B = \frac{m_B}{V} \tag{4-4}$$

质量浓度常用单位为 g/L、mg/L 和 μg/L。对于相对分子质量（M_r）已知的物质，通常用物质的量浓度表示其含量，对于 M_r 未知的物质，其在人体内的含量则宜用质量浓度 ρ_B 表示。如果是注射液，需在注射液的标签上同时写明 ρ_B 和 c_B。

（三）质量分数

物质 B 的质量分数定义为混合物中物质 B 的质量除以混合物的总质量，用符号 ω_B 表示，即：

第四章 酸碱平衡与缓冲溶液配制

$$\omega_B = \frac{m_B}{\sum_i m_i} \qquad (4-5)$$

式中：m_B——溶质 B 的质量；

$\sum_i m_i$——混合物中各组分质量之和。

ω_B 的单位为 1，可以用小数表示，也可用百分数表示。

（四）体积分数

体积分数定义为混合物中物质 B 的体积除以混合物的总体积，用符号 φ_B 表示，即：

$$\varphi_B = \frac{V_B}{\sum_i V_i} \qquad (4-6)$$

式中：V_B——物质 B 的体积；

$\sum_i V_i$——混合物中各组分体积之和。

φ_B 的单位为 1。

（五）物质的量分数

物质的量分数定义为混合物中物质 B 的物质的量与混合物总物质的量之比，用符号 x_B 表示，即：

$$x_B = \frac{n_B}{\sum_i n_i} \qquad (4-7)$$

式中：n_B——物质 B 的物质的量；

$\sum_i n_i$——混合物中各组分物质的量之和。

x_B 的单位为 1。

若溶液由溶质 B 和溶剂 A 两种物质组成，则溶质 B 和溶剂 A 的物质的量分数分别为：

$$x_B = \frac{n_B}{n_B + n_A}$$
$$x_A = \frac{n_A}{n_B + n_A} \qquad (4-8)$$

式中：n_A——溶剂 A 的物质的量；

n_B——溶质 B 的物质的量，并且 $x_B + x_A = 1$。

（六）质量摩尔浓度

质量摩尔浓度定义为溶质 B 的物质的量除以溶剂 A 的质量，用符号 b_B 表示，即：

$$b_B = \frac{n_B}{m_A} \tag{4-9}$$

式中：n_B——溶质 B 的物质的量；

m_A——溶剂 A 的质量（kg）。

b_B 的单位为摩尔每千克（mol/kg）或毫摩尔每千克（mmol/kg）。

由于质量摩尔浓度和物质的量分数与温度无关，因此在物理化学中应用广泛。

二、溶液的配制

配制一定浓度某物质的溶液，可由某纯物质直接配制，也可将其浓溶液稀释，还可以用不同浓度的溶液混合而成。无论采用哪种方法，在计算时都应遵循一条原则，即配制前后溶质的量保持不变。不同类型的配制具体如下：

第一，一定质量的溶液中含一定质量溶质的溶液的配制。称取一定质量的溶质和溶剂，混合均匀即可。一般用质量分数、质量摩尔浓度和物质的量分数表示溶液的组成时，用这种方法配制比较方便。

第二，一定体积的溶液中含一定量溶质的溶液的配制。将一定质量或体积的溶质与适量的溶剂混合，完全溶解后，再加溶剂到所需体积，搅拌均匀即可。一般用物质的量浓度、质量浓度和体积分数表示溶液浓度时，采用这种方法配制比较方便。

一般情况下，配制溶液时，可用托盘天平称量物质的质量，用量筒量取液体体积，将溶质在烧杯中用适量溶剂溶解后，全部转入容量瓶中，洗涤烧杯 2～3 次，洗涤液一并转入容量瓶中，然后向容量瓶中加入溶剂到相应体积，摇匀即可。

三、溶液的稀释

实际工作中通常是比较稀的溶液，但在溶液配制的过程中，每次称量少量的药品不仅比较麻烦，而且容易产生较大的误差，还有少数试剂在浓度较低时不稳定，所以通常先配制成浓溶液，使用时再稀释。将一定量的溶剂加入浓溶液以制备稀溶液的过程称为溶液的稀释，其本质特征在于稀释前后溶液中溶质的总量保持不变。稀释的方法如下：

设稀释前溶液的浓度为 c_{B1}，体积为 V_1；稀释后溶液的浓度为 c_{B2}，体积为 V_2，则有：

$$c_{B1} \times V_1 = c_{B2} \times V_2 \tag{4-10}$$

这个公式称为稀释公式，适用于与体积有关的溶液稀释的计算，式中 c 可以为物质的量浓度、质量浓度或体积分数，使用时应注意等式两边的单位必须一致。

四、稀溶液的依数性

溶解过程是物理化学过程。当溶质溶解于溶剂中形成溶液后，溶液的性质已不同于原来的溶质和溶剂。溶液的一些性质与溶质的种类（亦即本性）有关，如颜色、味道、状态、密度、体积、导电性和表面张力等。溶液的另一些性质，如蒸气压、沸点、凝固点以及渗透压等，却与溶质的种类（亦即本性）无关，仅取决于溶液中溶质粒子的浓度。因为这类性质的变化依赖于溶质粒子的浓度且只适用于稀溶液，所以奥斯特瓦尔德（Wilhelm Ostwald）将其称为稀溶液的依数性。

人体中含有难挥发的非电解质和弱电解质，如葡萄糖、氨基酸、多肽、蛋白质等，其在血液中的浓度极低，故血液近似于稀溶液。稀溶液的蒸气压下降值、沸点升高值、凝固点降低值、渗透压仅与溶质微粒的相对数目相关，而与溶质的种类或性质无关，这四种性质被称为稀溶液的依数性。

（一）稀溶液的蒸气压下降

在一定温度下，将纯溶剂置于密闭容器中，部分具有较高动能的液体分子克服分子间的引力逸出液面，转化为蒸气分子，形成气相，此过程称为蒸发。同时，气相中的蒸气分子接触液面并被吸引转化为液态分子，此过程称为凝结。初始阶段蒸发速率较大，随着气相中蒸气分子密度的增加，凝结速率逐渐增大。当液态分子的蒸发速率与蒸气分子的凝结速率相等时，气相（g）与液相（l）达到动态平衡，此时系统中两相共存且稳定。

$$H_2O(l) \rightleftharpoons H_2O(g)$$

在此状态下，水蒸气的密度保持恒定，其压力亦不再发生变化。此时蒸气所表现的压力称为该温度下的饱和蒸气压，简称蒸气压，以符号 p 表示，单位为帕（Pa）或千帕（kPa）。

蒸气压与物质的本性有关。由表 4-1[①] 可知，同一温度下，不同物质的蒸气压不同，蒸气压大的称为易挥发物质，蒸气压小的称为难挥发物质。

表 4-1　一些液体的蒸气压

物质	水	乙醇	苯	乙醚	汞
蒸气压/kPa	2.34	5.85	9.96	57.6	1.6×10^{-4}

蒸气压除与物质的本性有关外，还与外界温度有关。同一物质的蒸气压，随温度升高而增大，见表 4-2。

表 4-2　不同温度下水的蒸气压

T/K	p/kPa	T/K	p/kPa
273	0.61	333	19.92
283	1.23	343	31.16
293	2.34	353	47.34
303	4.24	363	70.10
313	7.38	373	101.32
323	12.33	393	198.54

在相同温度下，当难挥发的非电解质溶质溶解于溶剂形成稀溶液时，溶液的蒸气压低于纯溶剂的蒸气压，这一现象被称为稀溶液的蒸气压下降。由于溶质为难挥发物质，稀溶液的表面部分被溶质分子占据，导致从溶液中蒸发的溶剂分子数量低于从纯溶剂中蒸发的溶剂分子数量。因此，稀溶液的蒸气压必然低于纯溶剂的蒸气压。同时，稀溶液的浓度越高，蒸气压下降的幅度越大。

---

① 罗孟君，左丽. 无机化学 [M]. 武汉：华中科技大学出版社，2022：36.

在一定温度下，难挥发非电解质稀溶液的蒸气压（p）等于纯溶剂的蒸气压（p^0）乘以溶液中溶剂的物质的量分数（x_A），即拉乌尔定律：

$$p = p^0 \times x_A \tag{4-11}$$

拉乌尔定律也可表述为：在一定温度下，难挥发非电解质稀溶液的蒸气压下降（Δp）与溶质的物质的量分数（x_B）成正比即，$\Delta p = p^0 \times x_B n$。

在稀溶液中，溶剂的物质的量 n_A 远大于溶质的物质的量 n_B。

$$x_B = \frac{n_B}{n_A + n_B} \approx \frac{n_B}{n_A}, \text{ 而 } n_A = \frac{m_A}{M_A} \tag{4-12}$$

则：

$$\Delta p = p^0 \times M_A \times \frac{n_B}{m_A} = p^0 \times M_A \times b_B \tag{4-13}$$

在一定温度下，$p^0 \times M_A$ 为一常数，用 K_p 表示。

即：

$$\Delta p = K_p \times b_B \tag{4-14}$$

上述式中：m_A——溶剂的质量（kg）；

M_A——溶剂的摩尔质量；

b_B——稀溶液中所含溶质的质量摩尔浓度。

式（4-14）表明稀溶液的蒸气压下降与其质量摩尔浓度成正比。说明难挥发非电解质稀溶液的蒸气压下降只与一定量的溶剂中所含溶质的微粒数有关，与溶质的本性无关。

（二）稀溶液的沸点升高

当加热一种纯液体时，其蒸气压随温度的升高而逐渐增大。当温度升高至液体的蒸气压等于外界大气压时，产生沸腾现象。液体的沸点是蒸气压等于外界大气压时的温度。达到沸点时，继续加热保持沸腾，液体的温度不再上升，此时提供的热能全部用于液体克服分子间的作用力而不断蒸发，直至液体完全蒸发。因此纯液体的沸点是恒定的。

当外界大气压等于标准大气压（101.325 kPa）时，液体的沸点称为正常沸点。通常情况下，没有注明压力条件的沸点均指正常沸点。如水的正常沸点为 373 K。

液体的沸点与外界大气压密切相关，外界大气压越大，沸点越高。例如，水在标准大气压下的沸点为 373.0 K；当外界大气压较高时，水的沸点会高于 373.0 K；当外界大气压较低时，水的沸点会低于 373.0 K。

液体的沸点随外界大气压的变化而改变的性质，已在生产和科学实验中得到广泛应用。例如，采用减压装置可以降低液体蒸发的温度，以保护热不稳定的物质。临床上常采用高压蒸气灭菌法缩短灭菌时间，以提高灭菌效率。

难挥发非电解质稀溶液的沸点高于纯溶剂的沸点，称为稀溶液的沸点升高。这一现象源于稀溶液的蒸气压下降，如图 4-1 所示。

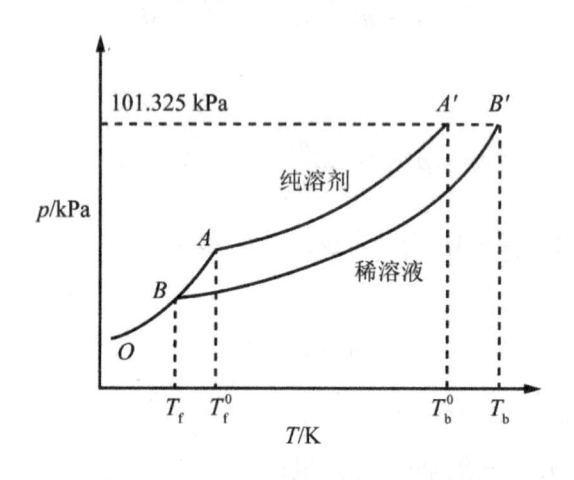

图 4-1 稀溶液的沸点升高和凝固点降低

AA' 为纯溶剂的蒸气压曲线，BB' 为稀溶液的蒸气压曲线。从图中曲线可以看出，稀溶液的蒸气压在任何温度下都低于同温度下纯溶剂的蒸气压，所以 BB' 曲线始终位于 AA' 的下方。

当温度达到 T_b^0 时，纯溶剂的蒸气压等于标准大气压，纯溶剂开始沸腾。由于稀溶液的蒸气压低于纯溶剂的蒸气压，T_b^0 时稀溶液的蒸气压低于标准大气压，溶液并不沸腾，只有将温度升至 T_b 时，稀溶液的蒸气压等于标准大气压，溶液才沸腾，故 T_b 为稀溶液的沸点。此时，T_b 高于纯溶剂（水）的沸点（T_b^0），稀溶液的沸点升高值为 $\Delta T_b = T_b - T_b^0$。溶液浓度越大，蒸气压下降越多，沸点升高越多，即稀溶液的沸点升高与蒸气压下降和质量摩尔浓度成正比。

$$\Delta T_b = K_b \times b_B \quad (4-15)$$

式中：K_b——溶剂的质量摩尔沸点升高常数，只与溶剂的本性有关。

从式（4-15）可知，在一定条件下，难挥发非电解质稀溶液的沸点升高只与溶质的质量摩尔浓度成正比，而与溶质的本性无关。

（三）稀溶液的凝固点降低

物质的凝固点是指在一定的外界大气压下，物质的固相与液相平衡共存时的温度。若两相蒸气压不等，蒸气压大的一相会向蒸气压小的一相转化。

纯溶剂的固相与液相平衡共存时的温度是该溶剂的凝固点（T_f^0），在此温度下，液相的蒸气压与固相的蒸气压相等。例如，水的凝固点为273.0 K（冰点），此时水和冰的蒸气压相等。

稀溶液的凝固点总是低于纯溶剂的凝固点，称为稀溶液的凝固点降低。降低温度时，从溶液中析出的固相应为纯溶剂（只有当溶液达到饱和时，溶质固相才会析出）。因此，稀溶液的凝固点是指纯溶剂固相与溶液蒸气压相等时的温度（T_f），且低于T_f^0，这是由稀溶液的蒸气压下降引起的。如图4-1所示，AA'、BB'、OA 分别为纯溶剂、溶液和固态纯溶剂的蒸气压曲线。OA 与 AA' 相交于 A 点，即固态纯溶剂和纯溶剂的两相平衡点，对应温度为纯溶剂的凝固点（T_f^0）。但在T_f^0时，稀溶液的蒸气压低于纯溶剂的蒸气压，这时溶液与固态纯溶剂不能共存，蒸气压大的相会向蒸气压小的相转化，故固态纯溶剂将融化。若继续降低温度，固态纯溶剂的蒸气压相对稀溶液的蒸气压而言，随温度降低得更快。当温度降至T_f时，固态纯溶剂和溶液蒸气压相等，二者共存，此时平衡温度为稀溶液的凝固点，故$T_f < T_f^0$。

稀溶液的凝固点降低与蒸气压下降 Δp 成正比，即与稀溶液中所含溶质的质量摩尔浓度 b_B 成正比。所以：

$$\Delta T_f = K_f \times b_B \tag{4-16}$$

式中：K_f——溶剂的凝固点降低常数，只与溶剂的本性有关。

由式（4-16）可知，难挥发非电解质稀溶液的凝固点降低与溶质的质量摩尔浓度成正比，而与溶质的本性无关。

凝固点降低最重要的应用是测定溶质的相对分子质量。

将 $b_B = \dfrac{n_B}{m_A} = \dfrac{m_B}{M_B \times m_A}$ 代入 $\Delta T_f = K_f \times b_B$ 中，得 $\Delta T_f = K_f \times b_B = K_f \times \dfrac{m_B}{M_B \times m_A}$，则：

$$M_B = \dfrac{K_f \times m_B}{\Delta T_f \times m_A} \tag{4-17}$$

式中：m_B——溶质 B 的质量（g）；

m_A——溶剂 A 的质量（kg）；

M_B——溶质 B 的摩尔质量（g/mol）。

显然，通过实验测定稀溶液的凝固点降低值（ΔT_f），结合 m_A、m_B 的数值，可计算溶质的摩尔质量 M_B。

第二节 酸碱分类与酸碱指示剂

一、酸碱的分类

按照酸碱质子理论，以 H_2O 为基准，物质在水溶液中的质子传递情况（以 H_2O 为基准）可分为一元弱酸、多元弱酸、一元弱碱、多元弱碱和两性物质五类。这种分类与溶液本身的酸碱性相联系，只是对于两性物质需要对 K_a 与 K_b 的大小进行比较后确定溶液的酸碱性。

（一）一元弱酸

水溶液中仅能释放出一个质子的物质称为一元弱酸。如 HAc、HCN、HF、HNO_2、HCOOH、HClO、NH_4^+ 等。

一元弱酸 HA 与水存在下列平衡：

$$HA + H_2O \rightleftharpoons H_3O^+ + A^-$$

HSO_4^- 属于一元弱酸，与其结合的阳离子应不参加质子传递过程，如 K^+、Na^+ 等。NH_4^+（与其结合的阴离子为弱碱，如 Cl^-、NO_3^- 等）在水溶液中存在下列质子传递平衡：

$$NH_4^+ + H_2O \rightleftharpoons H_3O^+ + NH_3$$

平衡常数为 $K_a(NH_4^+)$，即 $K_a(NH_4^+) = \dfrac{[H^+][NH_3]}{[NH_4^+]} = 5.68 \times 10^{-10}$。

（二）多元弱酸

水溶液中能释放两个或两个以上质子的物质称为多元弱酸。如 $H_2C_2O_4$、H_3PO_4、H_2CO_3、H_2S 等。多元弱酸在水中的质子传递过程是分步解离的，下面以氢硫酸的解离为例简要说明。H_2S 的第一步质子传递过程是：

$$H_2S + H_2O \rightleftharpoons H_3O^+ + HS^-$$

平衡常数为 $K_{a1}(H_2S)$，即 $K_{a1}(H_2S) = \dfrac{[H^+][HS^-]}{[H_2S]} = 9.1 \times 10^{-8}$。

H_2S 的第二步质子传递过程是：

$$HS^- + H_2O \rightleftharpoons H_3O^+ + S^{2-}$$

平衡常数为 $K_{a2}(H_2S)$，即 $K_{a2}(H_2S) = \dfrac{[H^+][S^{2-}]}{[HS^-]} = 1.1 \times 10^{-12}$。

（三）一元弱碱

水溶液中仅能接受一个质子的物质称为一元弱碱。如 NH_3、F^-、NO_2^-、Ac^-、ClO^-、CN^- 和 $HCOO^-$ 等。一元弱碱 B 在水中存在平衡：$B + H_2O \rightleftharpoons BH^+ + OH^-$，与一元弱碱结合的阳离子应不参加质子传递过程，如 K^+、Na^+ 等。

以 NaAc 为例，Ac^- 在水溶液中存在下列平衡：

$$Ac^- + H_2O \rightleftharpoons HAc + OH^-$$

平衡常数为 $K_b(Ac^-)$，即 $K_b(Ac^-) = \dfrac{[HAc][OH^-]}{[Ac^-]} = 5.68 \times 10^{-10}$。

（四）多元弱碱

水溶液中能接受两个或两个以上质子的物质称为多元弱碱，如 $C_2O_4^{2-}$、SO_3^{2-}、PO_4^{3-}、CO_3^{2-} 和 S^{2-} 等，与多元弱碱结合的阳离子应不参加质子传递过程，如 K^+、Na^+ 等。多元弱碱在水中的质子传递过程也是分步进行的，下面以 Na_2CO_3 为例进行论述。CO_3^{2-} 的第一步质子传递过程是：

$$CO_3^{2-} + H_2O \rightleftharpoons HCO_3^- + OH^-$$

平衡常数为 $K_{b1}(CO_3^{2-})$，即 $K_{b1}(CO_3^{2-}) = \dfrac{[HCO_3^-][OH^-]}{[CO_3^{2-}]} = 1.78 \times 10^{-4}$。

CO_3^{2-} 的第二步质子传递过程是：

$$HCO_3^- + H_2O \rightleftharpoons H_2CO_3 + OH^-$$

平衡常数为 $K_{b2}(CO_3^{2-})$，即 $K_{b2}(CO_3^{2-}) = \dfrac{[H_2CO_3][OH^-]}{[HCO_3^-]} = 2.33 \times 10^{-8}$。

（五）两性物质

分子中既能释放出质子又能接受质子的物质称为两性物质，如 HCO_3^-、HS^-、$H_2PO_4^-$、$HC_2O_4^-$ 和 HPO_4^{2-} 等。

例如：

$$HS^- + H_2O \rightleftharpoons H_3O^+ + S^{2-} \quad K_{a2}(H_2S)$$
$$HS^- + H_2O \rightleftharpoons H_2S + OH^- \quad K_{b2}(S^{2-})$$

分子中既含有酸又含有碱的物质也属于两性物质。例如 NH_4Ac、NH_4CN 和 NH_2CH_2COOH 等。

以 NH_4Ac 为例，NH_4Ac 溶液中存在下面两个平衡：

$$NH_4^+ + H_2O \rightleftharpoons H_3O^+ + NH_3 \quad K_a(NH_4^+)$$
$$Ac^- + H_2O \rightleftharpoons HAc + OH^- \quad K_b(Ac^-)$$

二、酸碱指示剂

常用的酸碱指示剂是一些有机弱酸或弱碱，或既呈弱酸性又呈弱碱性的两性物质，它们在质子传递过程中，本身结构也发生改变，呈现出不同的颜色。现以弱酸型指示剂（用 HIn 表示）为例说明。弱酸型指示剂在溶液中的质子传递平衡可用下式表示：

$$HIn \rightleftharpoons H^+ + In^-$$

根据质量作用定律，当达到平衡时，则有：

$$\dfrac{[H^+][In^-]}{[HIn]} = K(HIn) \quad 或 \quad \dfrac{K(HIn)}{[H^+]} = \dfrac{[In^-]}{[HIn]} \quad （4-18）$$

HIn 分子和 In^- 离子具有不同的颜色，HIn 是酸，它的颜色称为酸式色；In^- 是 HIn 的共轭碱，它的颜色称为碱式色。由于 [In^-] 与 [HIn] 不仅表示指示剂碱和酸的浓度，也表示它们代表的颜色的浓度，所以 [In^-] 与 [HIn] 之比，代表了溶液的颜色。值改变时，溶液的颜色也相应改变。由上式可知，溶液的颜色，即由两个因素决定，一个是 $K(HIn)$，另一个是 $[H^+]$（或 pH）。对每一种指示剂来说，在一定温度下，$K(HIn)$ 是一个常数，它在溶液中的颜色完全决定于溶液的 $[H^+]$。换句话说，在一定的 pH 条件下，溶液有一定的颜色，当 pH 值改变时，溶液的颜色也相对发生改变。

在溶液中，指示剂的两种颜色必然是同时存在的，也就是溶液中指示剂的颜色应当是两种不同颜色的混合色。由于我们视觉辨色的能力有限，当溶液的 pH 有微量变化时，虽然也能引起比值的变化，但这种微小的颜色变化，通常难以用肉眼观察。只有当这种比值有显著变动时，肉眼才能看出颜色的变化。在一般情况下，当两种颜色的浓度之比在 10 倍或 10 倍以上时，我们只能看到浓度较大的颜色，而浓度较小的颜色则辨别不出来。举例如下。

当 $\dfrac{K(HIn)}{[H^+]} = \dfrac{[In^-]}{[HIn]} \leqslant \dfrac{1}{10}$ 时，只能看到酸式色 HIn 的颜色，而看不到碱式色 In^- 的颜色，这时溶液的 $[H^+]$ 应为：$[H^+] \geqslant 10K(HIn)$。

将上式两端取负对数：

$$-\lg[H^+] \leqslant -\lg K(HIn) + (-\lg 10)$$
$$pH \leqslant pK(HIn) - 1 \quad (4-19)$$

当 $\dfrac{K(HIn)}{[H^+]} = \dfrac{[In^-]}{[HIn]} \geqslant 10$ 时，只能看到碱式色 In^- 的颜色，而看不到酸式色 HIn 的颜色，这时溶液的 $[H^+]$ 应为：$[H^+] \leqslant \dfrac{K(HIn)}{10}$。

两端取负对数：

$$-\lg[H^+] \geqslant -\lg K(HIn) - (-\lg 10)$$
$$pH \geqslant pK(HIn) + 1 \quad (4-20)$$

只有在从 pH=pK(HIn)−1 到 pH=pK(HIn)+1 之间，才能看出指示剂颜色变化的情况。由此可见，指示剂的变色发生在一定 pH 范围内。我们把指示剂发生颜色变化的 pH 范围 [pH=pK(HIn)±1] 称为指示剂的变色范围。实际上各种指示剂的变色范围需要由实验测定。

常用的酸碱指示剂见表4-3[①]。

表4-3 常用的酸碱指示剂（液）

指示剂（液）	变色范围（pH）	颜色 酸式色	颜色 碱式色	pK（HIn）	浓度
酚酞	8.0～10.0	无	红	9.4	1%的95%乙醇溶液
甲基橙	3.2～4.4	红	黄	3.4	0.05%的水溶液
甲基红	4.2～6.3	红	黄	5.1	0.1%的60%乙醇溶液或其钠盐水溶液
溴麝香草酚蓝	6.2～7.6	黄	蓝	7.1	0.1%的20%乙醇溶液或其钠盐水溶液

第三节 缓冲溶液的缓冲机制及配制

一、溶液的缓冲作用

纯水及一般溶液的pH值较难保持稳定，易受外界因素影响而发生显著变化。例如，在25℃条件下，纯水的pH为7.0，加入少量强酸或强碱后，其pH值会发生较大变化。当向1L纯水中加入0.01 mol的HCl时，pH值由7.0迅速下降至2.0，变化幅度为5个pH单位；加入等量的NaOH时，pH值则从7.0升至12.0，同样变化5个pH单位。相较之下，由0.10 mol的乙酸（HAc）与醋酸钠（NaAc）组成的1.0L混合溶液表现出较强的稳定性。当加入0.01 mol HCl或NaOH时，其pH值仅由4.75轻微变化至4.66或4.84，变化幅度均仅为0.09。此外，在稀释情况下，该溶液的pH值也几乎保持不变。这种由HAc和NaAc组成的溶液能够抵抗少量强酸、强碱的加入或稀释而保持pH基本稳定，其性质称为缓冲作用，此类溶液被称为缓冲溶液。

[①] 王国清. 无机化学[M]. 北京：中国医药科技出版社，2015：129.

二、溶液的缓冲机制

现以 HAc-NaAc 组成的缓冲溶液为例，阐述溶液的缓冲作用原理。在 HAc-NaAc 混合溶液中，存在如下质子传递平衡：

$$HAc + H_2O \rightleftharpoons H_3O^+ + Ac^-$$

HAc 是弱电解质，仅有小部分电离成 H^+ 和 Ac^-，大部分仍以 HAc 分子的形式存在；而 NaAc 是强电解质，在溶液中完全解离为 Na^+ 和 Ac^-。由于 NaAc 中 Ac^- 的同离子效应，进一步抑制了 HAc 的解离，使 HAc 几乎全部以分子状态存在。当体系达到平衡时，溶液中存在着大量的 HAc 分子和 Ac^-。

当向此溶液中加入少量强酸（如 HCl）时，共轭碱 Ac^- 与增加的 H_3O^+ 反应，使平衡向左移动，生成 HAc 和 H_2O 分子。达到新平衡时，溶液中 $[H_3O^+]$ 并无明显增加，从而保持 pH 基本不变。在这个过程中，共轭碱 Ac^- 起到了中和少量外来强酸的作用，故称 Ac^- 为缓冲系的抗酸成分。

当向溶液中加入少量强碱（如 NaOH）时，会与溶液中的 H_3O^+ 作用，生成 H_2O。$[H_3O^+]$ 浓度的改变，促使质子传递平衡向右移动。HAc 分子的进一步解离，补充了被消耗的 H_3O^+。达到新平衡时，$[H_3O^+]$ 浓度并无明显下降，仍保持 pH 基本不变。在这个过程中，共轭酸 HAc 分子起到了中和少量外来强碱的作用，故称 HAc 为缓冲系的抗碱成分。

由此可见，缓冲溶液的缓冲作用依赖于溶液中足量的共轭酸碱对，通过质子传递平衡调节 $[H_3O^+]$ 浓度，从而维持 pH 的相对稳定，有效抵抗外界少量强酸或强碱的干扰。

三、缓冲溶液的配制

在实际工作中，配制一定 pH 的缓冲溶液，需要遵循以下原则：

第一，选择合适的缓冲系。配制缓冲溶液的 pH 应在所选择缓冲系的缓冲范围内，并且尽可能等于或接近共轭酸的 $pK_a^\ominus$，以使所配制的缓冲溶液具有较大的缓冲容量。例如，配制 pH 为 4.50 的缓冲溶液，可选择 HAc—Ac^- 缓冲系，因为 HAc 的 $pK_a^\ominus$ =4.75，与 4.5 接近。同时，缓冲体系的组分应避免对主要反应产生干扰。在医用缓冲体系中，还需具备无毒性、热稳定性、对酶稳定以及可透过生物膜等特性，否则不适用于生物和医疗相关领域的应用。

第二，缓冲溶液的总浓度需要保持适当，以确保溶液具有足够的缓冲容量。总浓度过低将导致缓冲容量不足，总浓度过高则可能引起过大的离子强度或渗透压，不仅影响适用性，还会造成试剂浪费。通常，总浓度宜控制在 0.05～0.2 mol·L^{-1} 之间。

第三，在选择适宜的缓冲体系后，可依据亨德森-哈塞尔巴尔赫方程计算所需弱酸及其共轭碱的具体用量。为简化配制过程，通常使用等浓度的弱酸与共轭碱配置，此时缓冲比与二者的体积比相等，从而保证溶液的预期缓冲性能。即：

$$pH = pK_a^\ominus + \lg \frac{V_{B^-}}{V_{HB}} \quad (4\text{-}21)$$

第四，用 pH 酸度计对计算结果进行校正。由于亨德森-哈塞尔巴尔赫方程的计算未考虑离子强度等因素，计算值与实测值往往存在差异。因此，对于 pH 要求严格的实验，应在 pH 计监控下，通过加入强酸或强碱调节缓冲溶液的 pH 至所需值。

为了能准确而方便地配制所需 pH 的缓冲溶液，科学家对缓冲溶液的配制进行了系统的研究，并制定了许多准确 pH 的缓冲溶液配方。如在医学上广泛使用的三(羟甲基)甲胺及其盐酸盐（Tris 和 Tris·HCl）缓冲系的配方见表 4-4[①]。

表 4-4　Tris 和 Tris·HCl 组成的缓冲溶液

\multicolumn{2}{c	}{Tris 和 Tris·HCl 组成的缓冲溶液（mol·kg^{-1}）}	NaCl mol/L	\multicolumn{2}{c}{pH}
Tris	Tris·HCl		25℃	37℃
0.02	0.02	0.14	8.220	7.904
0.05	0.05	0.11	8.225	7.908
0.006667	0.02	0.14	7.745	7.428
0.01667	0.05	0.11	7.745	7.427
0.05	0.05	-	8.173	7.851
0.01667	0.05	-	7.699	7.382

---

① 阎芳，韦柳娅. 无机化学 [M]. 济南：山东人民出版社，2021：54.

Tris 作为一种弱碱，具有稳定性强、易溶于生物体液且不引起体液中钙盐沉淀的特点，同时对酶的活性基本无干扰，因此被广泛应用于生理和生化研究中。在 Tris 缓冲溶液中添加 NaCl 的主要目的是调节溶液的离子强度，从而使溶液的渗透压与生理盐水等渗，确保其在生理条件下的适用性和稳定性。

第五章 氧化还原反应与电化学

氧化还原反应是化学中电子转移的过程，构成了电化学的基础。在电化学中，氧化还原反应驱动电流的产生和利用，是电池、电解等电化学装置工作的核心原理。本章主要探究氧化值与氧化还原电对、原电池与电极电势的测定方法、电极电势的主要影响因素及其应用。

第一节 氧化值与氧化还原电对

一、氧化值的内涵解读

氧化值是化学领域中一个重要的理论工具，用于描述元素在化合物中与其他原子结合的能力及其形式电荷数的分布特征。氧化值的概念基于价键理论和电负性原理，通过假设每个化学键中成键电子对完全分配给电负性较大的原子，从而确定元素的氧化值，这一假设为氧化还原反应的研究提供了量化依据，并在化学反应分析、物质结构研究以及化学性质预测中发挥了重要作用。

氧化值的计算遵循严格的规则，这些规则不仅具有科学性和逻辑性，还为复杂化学体系中的实际应用提供了实用指导，主要包括：①单质中的氧化值被定义为零，反映了单质分子内元素原子之间不存在电负性差异；②在中性化合物中，各元素氧化值的代数和为零，在多原子离子中，其代数和等于该离子的电荷数，这一规则体现了化学键中电子转移的守恒性；③在简单离子化合物中，元素的氧化值等于其离子的电荷数，对于特殊化学环境中的元素，如氢和氧，其氧化值会根据化学键的性质而变化。通过这些规则，可以系统地确定化合物中每个元素的氧化值。

氧化值作为一种经验性和人为性的概念，其科学意义在于简化了复杂化学体系的分析，通过对形式电荷的假设，能够快速识别元素在反应中的氧化态变化及其在化学反应中的作用。在氧化还原反应的分析中，氧化值具有重要的应用价值，可以直观地判断反应中的电子流动方向，进一步揭示反应的动力学与热力学特征。氧化值的应用涉及化学键强度的估算、化学反应路径的预测以及化学物质稳定性的评估，这些功能使氧化值在理论研究和实际应用中都占据了不可替代的地位。

氧化值与化合价是两个相关但截然不同的概念。化合价反映了元素与其他原子结合时的比例关系，强调的是原子间的相对数目；而氧化值专注于形式电荷的分布和电负性差异的体现，这种区别不仅在理论上具有明确的界定意义，在实际应用中也展现出不同的功能与价值。通过将这两个概念分开，可以更加精准地描述化学体系中的元素行为。

二、氧化还原电对及发生过程

氧化还原反应的本质是电子的转移，这一过程可以分解为两个彼此独立但又相互关联的半反应，即氧化剂的还原过程和还原剂的氧化过程。在氧化剂被还原的半反应中，电子转移到氧化剂，使其氧化态降低，这一过程体现了氧化剂作为电子受体的能力及其在化学反应中能量的释放与转移；在还原剂被氧化的半反应中，电子从还原剂转移出去，使其氧化态升高，从而表现出还原剂作为电子供体的能力及其化学势能的释放。这两个半反应相互关联，分别揭示了氧化还原反应的微观电子流动和化学键重组的本质。

例如：

$$Cu^{2+} + Zn = Cu + Zn^{2+}$$

可分成：

$$Zn - 2e^- \longrightarrow Zn^{2+} （氧化反应）$$

$$Cu^{2+} + 2e^- \longrightarrow Cu （还原反应）$$

在上述反应中，氧化剂 Cu^{2+} 的氧化数降低，其产物 Cu 是一个弱还原剂；还原剂 Zn 的氧化数升高，其产物 Zn^{2+} 是一个弱氧化剂。这样就构成了两个氧化还原电对：

$$Cu^{2+}/Cu \qquad Zn^{2+}/Zn$$

氧化剂₁ 还原剂₁　　　氧化剂₂ 还原剂₂

氧化还原电位作为一种高灵敏度的发酵参数，可以实时监控发酵状况，可以克服微氧、厌氧环境下溶氧电极应用的限制而应用于发酵[①]。

氧化还原电对由氧化型物质和还原型物质组成，氧化型物质为具有较高氧化值的物质，用 Ox 表示；还原型物质为具有较低氧化值的物质，用 Red 表示。氧化还原电对通常表示为 Ox/Red，如在电对 Zn^{2+}/Zn 中，Zn^{2+} 是氧化态，Zn 是还原态。同一金属元素不同价态的离子也可构成电对，如 Sn^{4+}/Sn^{2+}、Fe^{3+}/Fe^{2+}。非金属元素的不同价态也可构成电对，如 H^+/H_2、O_2/OH^-、Cl_2/Cl^-。

当溶液中的介质参与半反应时，虽然它们在反应中未发生电子转移，但也应写入半反应中，例如：$MnO_4^- + 8H^+ + 5e^- \longrightarrow Mn^{2+} + 4H_2O$。

实际上，氧化还原半反应就是氧化还原电对中氧化型物质和还原型物质之间的电子转移，即：

$$Ox + ne^- \underset{\text{氧化}}{\overset{\text{还原}}{\rightleftharpoons}} Red$$

式中：n——半反应中电子转移的数目。

氧化还原反应的本质是多个氧化还原电对之间的相互作用，其核心在于电子在不同电对之间的转移过程，每一个氧化还原电对都由一个氧化型物质和一个还原型物质构成，通过电子的得失建立内在的动态平衡，即：

氧化剂₁ 还原剂₂ 还原剂₁ 氧化剂₂

$$Cu^{2+} + Zn \rightleftharpoons Cu + Zn^{2+}$$

氧化还原电对体现了氧化型物质与还原型物质之间的内在联系，其动态平衡直接影响了反应的方向和产物的形成。在电子转移的过程中，电对间的耦合作用决定了反应的热力学稳定性和动力学特性。研究氧化还原电对的行为有助于深入理解氧化还原反应的机制，并为能源存储与转化、电化学催化及生物代谢过程提供了理论支持。这一概念在化学、材料科学和生命科学等领域具有重要意义，为推动技术创新和解决实际问题奠定了坚实的基础。

[①] 李子祥，奕栋，姜水琴，等. 氧化还原电位在微生物发酵中的应用 [J]. 中国酿造，2024，43（5）：25.

第二节　原电池与电极电势的测定方法

一、原电池及其装置

通过对原电池知识的学习，可以理解原电池原理；通过铜锌原电池的设计、分析，掌握单液原电池原理；从原电池的能量转化效率出发，学习双液原电池原理；利用原电池的形成条件，设计原电池[①]。

如果将一块锌放入 $CuSO_4$ 溶液中，锌会开始溶解，同时铜从溶液中析出。其离子反应方程式如下：

$$Cu^{2+} + Zn =\!=\!= Cu + Zn^{2+}$$

这是一个可自发进行的氧化还原反应。氧化剂与还原剂的直接接触导致电子在局部范围内转移，化学能以热能形式释放，未能实现能量的有效利用。通过设计适当的装置，可以实现对电子流动的控制，将化学能转化为电能。这种装置的关键原理在于分隔氧化剂与还原剂，构建一个独立的电子传输通道，使电子以定向移动的形式完成转移过程。这种能量转化的基础在于氧化还原反应的电化学特性，具体表现为通过外部电路连接两个反应电池，实现电荷平衡的同时使能量输出以电流的形式呈现。

对于 Zn 和 $CuSO_4$ 溶液的反应，采用如图 5-1 所示的装置，可以将化学能转化为电能。在两个独立的烧杯中，分别置入了 $ZnSO_4$ 溶液与 $CuSO_4$ 溶液，在 $ZnSO_4$ 溶液中，插入一片锌金属；在 $CuSO_4$ 溶液中，插入一片铜金属。两种溶液通过盐桥实现连接，盐桥设计为一个倒置 U 形管，其内部填充着由饱和 KCl 溶液（或 KNO_3 溶液）与琼脂混合制成的胶冻状物质。锌片与铜片通过金属导线连接，并在该导线回路中串联接入一个安培表，以监测电流变化。此装置基于氧化还原反应原理，实现了将化学能直接且高效地转化为电能的过程，这一装置在学术上被称为原电池。

---

① 刘燕．对原电池工作原理的探讨 [J]．科技创新导报，2020，17（18）：52.

图 5-1 铜—锌原电池

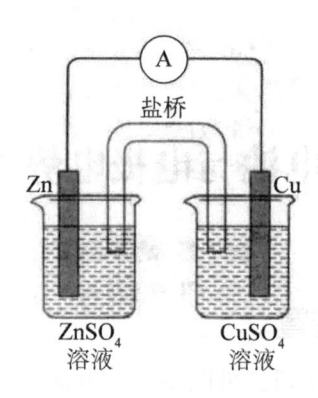

在实验中，可观测到一系列显著现象，主要包括：①安培表指针发生偏转，这一迹象明确表明金属导线上有电流流通，依据电流的方向性，可以科学地判定锌片在原电池体系中充当负极，铜片作为正极；②实验过程中发现铜片上有金属铜的沉积现象，同时锌片逐渐溶解，进一步证实了氧化还原反应的发生；③取出盐桥时，安培表指针迅速归零，表明电路中断，重新放入盐桥后，指针再次偏转，充分说明了盐桥在整个装置中起到了至关重要的通路作用。

原电池，以 Cu-Zn 体系为代表，其电池反应本质与锌置换铜的化学反应相吻合，但运作机制却独具特色。在原电池装置中，氧化剂与还原剂并不直接接触，而是分隔开来，使得氧化反应与还原反应分别在两个独立的空间内进行。这一设计使电子并非直接由还原剂转移至氧化剂，而是经由外电路进行有序传递，这正是原电池能够利用氧化还原反应产生电流的核心所在。

原电池由两个相互连接的半电池构成。在 Cu-Zn 原电池体系中，Zn 与 $ZnSO_4$ 溶液共同组成锌半电池，Cu 与 $CuSO_4$ 溶液则构成铜半电池，这两个半电池各自形成一个电极。其中，流出电子的电极被称为负极，如锌电极；接受电子的电极则被称为正极，如铜电极。在负极上，物质失去电子，发生氧化反应；在正极上，物质得到电子，发生还原反应。

在原电池体系中，负极上发生的氧化反应与正极上发生的还原反应，被统称为半电池反应或电极反应，这两个反应各自在电极表面进行，构成了原电池工作的基础。原电池两极发生的总氧化还原过程，称为电池反应。例如，Cu-Zn 原电池的电极反应和电池反应可分别表示如下：

负极：Zn − 2e⁻ ⟶ Zn²⁺（氧化反应）
正极：Cu²⁺ + 2e⁻ ⟶ Cu（还原反应）
电池反应：Cu²⁺ + Zn ⇌ Cu + Zn²⁺

二、常见的电极类型

（一）膜电极

膜电极，亦称之为离子选择性电极，是一种以固态或液态膜作为感应元件的电化学传感器装置。膜电极结构精巧，主要由膜体、内参比溶液以及内参比电极三大核心组件构成。膜电极形式多样，诸如玻璃膜电极、各类固体膜电极变体、离子交换膜电极、气敏电极以及液体膜电极等，这些类型共同构成了膜电极的丰富谱系。

膜电极的电极电势并非独立存在，而是由膜电势主导。膜电势的产生源于溶液中离子与膜内离子之间复杂的交换平衡过程，这一动态平衡直接反映待测溶液中特定选择性离子的浓度水平，使膜电极具有对特定离子浓度变化的敏感响应能力。

在膜电极电势建立的全过程中，并未伴随有电子的转移现象。这一特性不仅彰显了膜电极工作原理的非氧化还原性质，也进一步强调了其作为离子活度测量工具的专属性和准确性。因此，膜电极凭借其独特的电势形成机制和对特定离子的选择性响应，在离子活度测量领域展现出了独特的优势。

（二）氧化还原电极

氧化还原电极作为一种重要的电化学传感器，其构造通过将惰性导电材料浸入含有同一元素不同氧化态的两种离子的溶液中实现。这类电极的工作原理依赖于溶液中特定元素不同价态离子之间的氧化还原反应平衡。以理论上的构造为例，当惰性导体（如铂 Pt 等）被浸入同时含有 Fe^{3+} 和 Fe^{2+} 离子的溶液中时，便形成典型的 Fe^{3+}/Fe^{2+} 氧化还原电极。

氧化还原电极的核心特性在于其电极电势的确定，这一电势直接反映了溶液中氧化态与还原态离子之间的相对浓度及其氧化还原能力。在电极表面，氧化态离子与还原态离子之间存在动态平衡，这种平衡通过电子的转移来维持，并决定了电极的电势水平。

氧化还原电极具有对溶液中氧化还原环境变化的敏感响应。当溶液中氧化态离子或还原态离子的浓度发生变化，或者溶液的氧化还原电位受到外部因素影响时，氧化还原电极的电势相应发生变化，提供了一种直接监测溶液中氧化还原状态的手段。

电极反应式为：$Fe^{3+} + e^- \longrightarrow Fe^{2+}$

电极组成式为：$Pt(s)| Fe^{3+}(c_1), Fe^{2+}(c_2)$

（三）气体—离子电极

气体—离子电极作为一种特殊的电化学传感器，其构造与工作原理均展现出独特的特性。该电极的核心组件为惰性电极导体，此导体在设计上需要对所接触的气体及溶液均保持化学惰性，即不发生直接的化学反应，但同时须具备催化气体电极反应的能力。在实践中，铂和石墨因其优良的化学稳定性和催化性能，常被选为气体—离子电极的惰性电极导体。

气体—离子电极的工作原理基于气体与其在溶液中对应阴离子之间建立的平衡体系。以理论上的气体电极为例，氯电极 Cl_2/Cl^- 中，氯气（Cl_2）作为气相成分，与溶液中的阴离子形态氯离子（Cl^-）之间存在动态的化学平衡。氢电极 H^+/H_2 也体现了这一原理，氢气（H_2）与溶液中的氢离子（H^+）相互作用，共同维持电极体系的稳定。

气体—离子电极的这种平衡体系对溶液中气体成分的变化以及溶液的酸碱度、氧化还原电位等环境因素具有高度的敏感性，当这些条件发生变化时，气体—离子电极的电势相应调整，以反映新的平衡状态。以氢电极为例，其电极反应式和电极组成式如下：

电极反应式为：$2H^+ + 2e^- \longrightarrow H_2$

电极组成式为：$Pt(s)|H_2(p)|H^+(c)$

（四）金属—金属离子电极

金属—金属离子电极是由金属侵入含有相同金属离子的盐溶液中构成的特殊电极。此电极体系基于金属与其在溶液中的离子形态之间的平衡关系，金属表面与溶液中的金属离子通过电化学过程维持动态平衡，该电极在电化学研究中具有重要意义，其电势特性反映了金属离子在溶液中的活度，为电化学分析及相关领域提供了可靠且基础的测量手段。例如，Zn 片插在 $ZnSO_4$ 溶液中构成的电极。

电极反应式为：$Zn^{2+} + 2e^- \longrightarrow Zn$

电极组成式为：$Zn(s)| Zn^{2+}(c)$

对于与水反应剧烈的金属，如 Na、K 等，必须将其制成汞剂才能在水中成为稳定的电极，如钠汞齐电极，其电极与电极反应式如下：

电极组成式为：$Na(Hg)(c_1)|\ Na^+(c_2)$

电极反应式为：$Na^+ + Hg + e^- \longrightarrow Na(Hg)$

（五）金属—金属难溶物或氧化物—阴离子电极

金属—金属难溶物或氧化物—阴离子电极，作为一种复杂且精细的电化学传感器，其构造原理基于在金属基底表面沉积一层该金属的难溶物或氧化物薄膜，此薄膜不仅作为电极的活性层，还在与溶液中特定阴离子建立化学平衡过程中起到关键作用。将该复合电极浸入含有与薄膜成分相对应的阴离子溶液中，从而形成一个稳定的电化学体系。金属—金属难溶物或氧化物—阴离子电极的工作原理依赖于金属难溶物（或氧化物）与溶液中阴离子之间的相互作用，这种作用决定了电极的电化学性质。通过精确控制薄膜的成分和结构，可以实现对特定阴离子的选择性响应。例如，氯化银电极是将一根镀了 AgCl 的 Ag 丝插入 KCl 或 HCl 溶液中制成。

电极反应式为：$AgCl + e^- \longrightarrow Ag + Cl^-$

电极组成式为：$Ag(s)|AgCl(s)|Cl^-(c)$

三、电极电势的测定

（一）标准氢电极的测定

标准氢电极（SHE）作为一种基准电化学装置，如图 5-2 所示。该电极通过将铂片表面进行特殊处理，形成一层具有高度活性的铂黑层，随后将其浸入浓度为 1 mol·L^{-1} 的酸溶液中。在恒温 298.15 K 的条件下，持续向体系中通入纯氢气流（压力维持在 101.3 kPa），使氢气被铂黑有效吸附。此时，铂片因被氢气饱和而类似于一个由氢气直接构成的电极。在此过程中，铂片仅扮演电子导体和氢气载体的角色，并不直接参与化学反应，其电极反应为：

$$2H^+ + 2e^- \longrightarrow H_2(g)$$

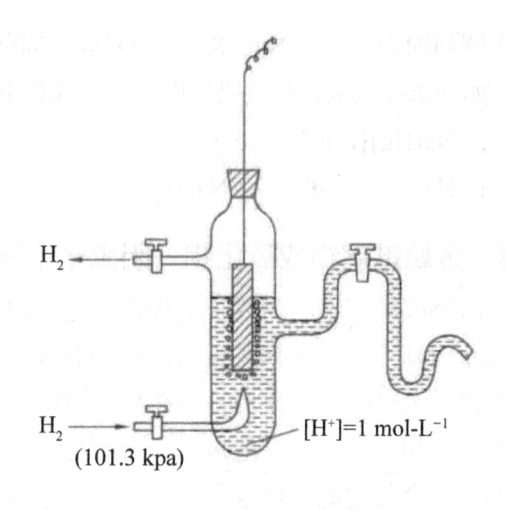

图 5-2 标准氢电极示意图

在标准氢电极和具有上述浓度的 H^+ 之间的电极电势，称为标准氢电极电势，人为规定其值为零。为了测定其他电极的电极电势，通常将待测电极与标准氢电极组成一个原电池系统。在严格控制的标准状态下，通过测量该原电池的电动势，可以获取待测电极相对于标准氢电极的电极电势数值。在此测定过程中，按照惯例，标准氢电极被设定为负极，待测电极则作为正极。电池符号表示如下：

$$(-)Pt(s)|H_2(101.3kPa)|H^+(a=1)| 待测电极 (+)$$

$$E = \varphi_{待测} - \varphi_{SHE} = \varphi_{待测}$$

（二）标准电极电势的测定

标准氢电极与其他各种处于标准状态下的电极组成原电池系统时，按照惯例，标准氢电极被指定为负极。通过精密的实验方法，可以测得该原电池的电动势数值，该数值即被定义为待测电极的标准电极电势，其单位通常采用伏特（V）来表示。标准态的定义是严格的，要求温度为 298.15 K，组成电极的有关离子浓度为 1 mol•L⁻¹，相关气体的压力为 101.3 kPa，液体和固体物质均为纯净状态。在这样的标准条件下，测得的标准电极电势具有高度的准确性和可比性，为电化学领域的研究提供了可靠的基准。

例如，测定 $\varphi^{\ominus}$（Cu^{2+}/Cu）时，可将标准铜电极和标准氢电极组成原电池，如图 5-3 所示。

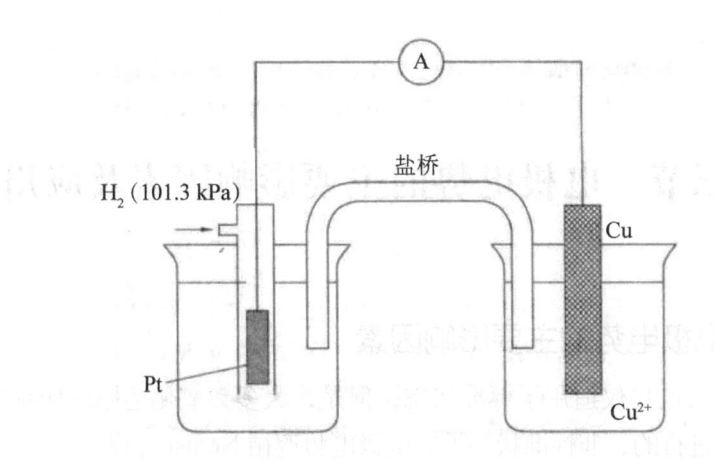

图 5-3 标准电极电势的测定

$$(-)Pt(s)|H_2(101.3kPa)|H^+(a=1)\|Cu^{2+}(a=1)|Cu(s)(+)$$

测得原电池的标准电动势 $E=0.3419V$，故 $\varphi^{\ominus}(Cu^{2+}/Cu)=0.3419V$。

使用标准电极电势表时，应注意以下三点：

第一，标准电极电势的测定环境限定于水溶液体系，其数值反映了在特定条件下电极反应的氧化还原能力。由于这一特性，标准电极电势的应用范围受到一定限制，它并不适用于非标准条件下的体系、非水溶液环境，以及高温下的固相反应。

第二，标准电极电势表中的数值，均是基于 IUPAC（国际纯粹与应用化学联合会）规定的还原电势体系而确定的。在这一体系中，当需要测定其他电极的电极电势时，标准氢电极被一致地用作负极，待测电极则作为正极。这样的设定确保了电极电势测量的统一性和准确性。

第三，标准电极电势值作为一个固有的电化学参数，其数值与电极反应的具体写法无直接关联。无论电极发生氧化反应还是还原反应，其电极电势的符号和数值均保持不变。这一特性确保了电极电势在电化学体系中的稳定性和一致性。

第三节 电极电势的主要影响因素及应用

一、电极电势的主要影响因素

标准电极电势仅适用于标准状态，但是，大多数氧化还原反应都是在非标准状态下进行的，非标准状态下的电极电势遵循 Nernst 方程。

（一）Nernst 方程

电池电动势的 Nernst 方程如下：

$$E = E^{\ominus} - \frac{RT}{nF} \ln \frac{c_{\text{Red1}}^{d} \cdot c_{\text{O2}}^{e}}{c_{\text{Ox1}}^{a} \cdot c_{\text{Red2}}^{b}} \tag{5-1}$$

对于任一电极反应：$m\text{Ox} + ne^{-} \rightleftharpoons g\text{Red}$，在 298.15 K 时的 Nernst 方程如下：

$$\varphi(\text{Ox}/\text{Red}) = \varphi^{\ominus}(\text{Ox}/\text{Red}) - \frac{0.0592\text{V}}{n} \lg \frac{c_{\text{Red}}^{g}}{c_{\text{Ox}}^{m}} \tag{5-2}$$

在使用 Nernst 方程式时，需注意以下三点：

第一，c（Ox）与 c（Red）涵盖了参与电极反应的所有化学物种，这一界定拓宽了对于电极过程理解的边界。具体而言，c（Ox）表示氧化型物质在电极反应中的总浓度或分压贡献，c（Red）则表示还原型物质的浓度或分压状态。这些浓度或分压并非简单存在，而是作为各物质在电极反应方程式中系数的一部分，以幂指数的形式影响反应速率。

第二，电对中的纯固体物质，诸如固体单质形态的金属 Zn 和难溶性强电解质的 AgCl 等，以及纯液体物质，包括金属汞 Hg 和液态溴 Br_2 等。由于这些物质在反应过程中，其物质的量相较于溶液中的其他溶质而言，通常可视为恒定不变，因此，其相对浓度在电化学计算的框架内可以被合理地设定为 1。介质水作为电化学反应中不可或缺的组成部分，其浓度在多数情况下也被视为常数 1。

第三，溶液浓度用相对浓度，即 $c_i/c^{\ominus}$；气体压强用相对分压，即 $p_i/p^{\ominus}$。

需要注意的是，计算中可以用浓度代替相对浓度，但分压一定要换算成相对压力，否则影响计算结果。

（二）酸度

当 H^+ 或 OH^- 参加电极反应时，溶液的酸碱度对电极电势有显著影响。例如，已知电极反应 $MnO_4^- + 8H^+ + 5e^- \rightleftharpoons Mn^{2+} + 4H_2O$，$\varphi^\ominus$（$MnO_4^-$/$Mn^{2+}$）=1.507 V。在 298.15 K 时，若 c（MnO_4^-）=c（Mn^{2+}）=1.0 mol/L，分别计算溶液 pH=1.0 和 pH=5.0 时的 φ（MnO_4^-/Mn^{2+}）。

298.15K 时，可得下式：

$$\varphi(MnO_4^-/Mn^{2+}) = \varphi^\ominus(MnO_4^-/Mn^{2+}) - \frac{0.0592V}{5}\lg\frac{c(Mn^{2+})}{c(MnO_4^-)c^8(H^+)}$$

$$= 1.507V - \frac{0.0592V}{5}\left[-\lg c^8(H^+)\right] \quad (5\text{-}3)$$

$$= 1.507V - 8 \times \frac{0.0592V}{5}pH$$

pH=1.0，c（H^+）=0.1 mol/L，φ（MnO_4^-/Mn^{2+}）可得下式：

$$\varphi(MnO_4^-/Mn^{2+}) = 1.507V - 8 \times \frac{0.0592V}{5} \times 1 = 1.412V \quad (5\text{-}4)$$

pH=5.0，c（H^+）=1.0×10^{-5} mol/L，φ（MnO_4^-/Mn^{2+}）可得下式：

$$\varphi(MnO_4^-/Mn^{2+}) = 1.507V - 8 \times \frac{0.0592V}{5} \times 5 = 1.033V \quad (5\text{-}5)$$

φ（MnO_4^-/Mn^{2+}）随酸度的下降（pH 升高）从 1.507 V 分别下降到 1.412 V、1.033 V。由此可见，酸度对 MnO_4^-/Mn^{2+} 电对的电极电势有显著影响，因此对其氧化剂的氧化能力影响很大。酸度对含氧酸、含氧酸盐、氧化物的电极电势均有显著影响。

（三）浓度

从 Nernst 方程可知，如果电对的氧化型或还原型的浓度发生变化，电极电势都将发生改变。例如，在 298.15 K 时，标准状态下，$\varphi^\ominus$（Fe^{3+}/Fe^{2+}）=0.771 V。如果使 Fe^{3+} 的浓度降低为 1×10^{-5} mol/L，而 Fe^{2+} 的浓度不变，电极电势 φ（Fe^{3+}/Fe^{2+}）将如何变化？

已知：$c(Fe^{2+})=1.0$ mol/L，$c(Fe^{3+})=1\times 10^{-5}$ mol/L

电极反应：$Fe^{3+}+e^- \rightleftharpoons Fe^{2+}$，$\varphi^{\ominus}(Fe^{3+}/Fe^{2+})=0.771$ V

根据电极的 Nernst 方程，可得下式：

$$\begin{aligned}\varphi(Fe^{3+}/Fe^{2+}) &= \varphi^{\ominus}(Fe^{3+}/Fe^{2+})-\frac{0.0592V}{n}\lg\frac{c(Fe^{2+})}{c(Fe^{3+})}\\ &= 0.771V-0.0592V\lg\frac{1.0}{1\times 10^{-5}}\\ &= 0.771V-0.296V\\ &= 0.475V\end{aligned} \quad (5-6)$$

对于任一特定电极反应而言，氧化型物质与还原型物质的浓度变化，直接影响电极电势的变化。根据 Nernst 方程，当体系中氧化型物质的浓度降低时，电极电势随之呈现减小的趋势，这一现象的根本原因在于，电极电势的大小与氧化型和还原型物质的浓度比的对数呈线性相关。具体而言，若保持其他条件恒定，氧化型物质的浓度增加，将导致 Nernst 方程中的相关项值增大，进而使电极电势上升。这种变化表明电对中的氧化型物质具备了更强的氧化能力，还原型物质则表现为较弱的还原剂特性。这一动态平衡反映了电化学体系中氧化还原反应的相对强度调整。

当还原型物质的浓度上升时，Nernst 方程所计算的电极电势值将减小。这种情形下，电对中的还原型物质转变为强还原剂，而氧化态物质则弱化为较弱的氧化剂。这种浓度依赖的电极电势变化，不仅深刻影响了电化学反应的方向与速率，还为电化学系统的设计与调控提供了理论依据与实践指导。

（四）沉淀剂

在电极溶液中加入沉淀剂，使电对中的氧化型或还原型物质生成难溶电解质。因改变了氧化型或还原型物质的浓度，导致该电极的电极电势发生变化。例如，在 298.15 K 时，向电极反应 $Ag^++e^- \rightleftharpoons Ag$（$\varphi^{\ominus}(Ag^+/Ag)=0.7996$ V）中加入 NaCl 溶液，使 Ag^+ 生成 AgCl 沉淀。当达到平衡后，溶液中 $c(Cl^-)=1.0$ mol/L，计算其电极电势。

根据 AgCl 溶度积关系式：$K_{sp}(AgCl)=[Ag^+]\cdot[Cl^-]$，反应达到平衡后溶液中剩余的 Ag^+ 浓度为：

$$c(Ag^+)=\frac{K_{sp}(AgCl)}{c(Cl^-)}=\frac{1.77\times 10^{-10}}{1.0}=1.77\times 10^{-10}(mol/L) \quad (5-7)$$

根据 Nernst 方程，Ag^+/Ag 电对在此条件下的电极电势如下：

$$\varphi(Ag^+/Ag) = \varphi^{\ominus}(Ag^+/Ag) - 0.0592V \lg \frac{1}{c(Ag^+)}$$
$$= 0.7996V - 0.0592V \lg \frac{1}{1.77 \times 10^{-10}} \quad (5\text{-}8)$$
$$= 0.2223V$$

由于 AgCl 的生成，溶液中 $c(Ag^+)$ 下降，导致电极电势 $\varphi(Ag^+/Ag)$ 下降了 0.5773 V，故氧化态 Ag^+ 的氧化能力降低。

二、电极电势的应用

（一）判断氧化还原反应进行的方向

根据热力学知识，$\Delta_r G_m < 0$ 是等温、等压且不做非体积功条件下化学反应自发进行的判据。

在非标准状态下：$\Delta_r G_m < 0$，则 $E > 0$，反应正向自发进行；$\Delta_r G_m > 0$，则 $E < 0$，反应逆向自发进行；$\Delta_r G_m > 0$，则 $E = 0$，反应处于平衡状态。

同理，在标准状态下：$\Delta_r G_m^{\ominus} < 0$，则 $E^{\ominus} > 0$，反应正向自发进行；$\Delta_r G_m^{\ominus} > 0$，则 $E^{\ominus} < 0$，反应逆向自发进行；$\Delta_r G_m^{\ominus} = 0$，则 $E^{\ominus} = 0$，反应处于平衡状态。

（二）判断氧化还原反应进行的限度

原电池作为能量转换装置，在放电过程中输出电功，这一过程中，其内部涉及的半反应里，各反应物的浓度发生动态变化。随着氧化还原反应的持续推进，正极一侧，由于氧化反应的不断进行，导致该极的电极电势呈现出逐渐降低的趋势，这种降低并非无限制地进行，而是与反应物的消耗及产物生成的速度密切相关。相反，在负极区域，还原反应的持续作用使得该极的电极电势不断上升，这种电极电势的正向增长与负极反应物的减少及相应产物的累积直接相关。

随着正负极电极电势的相向变化，即正极电势的降低与负极电势的增高，原电池两端的电势差逐渐缩小。这种电势差的变化是电池内部化学反应驱动力变化的直接反映，决定了电池输出电能的能力。当正负极之间的电势差减小至零时，标志着电池反应达到了一个特定的状态——平衡状态。在平衡状态下，氧化还原反应的正向进行与逆向进行的速率相等，反应物与产物的浓度不再发生净变化，反应达到了其进行的限度，即 $\varphi_+ = \varphi_-$，$E=0$。E 可用于判断氧化还原反应进行的方向，而平衡常数可以定量地说明反应进行的程度。

当反应达到平衡时，$E=0$，$E^\ominus = \dfrac{RT}{nF}\ln Q$，反应商 Q 中各物质浓度为平衡浓度，即为反应平衡常数 K，所以 $E^\ominus$ 如下：

$$E^\ominus = \dfrac{RT}{nF}\ln K \qquad (5\text{-}9)$$

在 298.15 K 时，有：

$$\lg K = \dfrac{nE^\ominus}{0.0592\text{V}} \qquad (5\text{-}10)$$

（三）判断氧化剂和还原剂的相对强弱

电极电势数值的量化分析为理解氧化剂与还原剂的相对强弱提供了重要的理论依据。在电化学反应框架内，电极电势不仅是电对特性的直接体现，也是评估氧化型物质获取电子倾向和还原型物质释放电子倾向的标尺。具体而言，电极电势的数值大小，深刻地映射了氧化型物质接受电子以完成还原过程的能力，以及还原型成分失电子以促成氧化过程的能力的相对强弱。

当电极电势呈现出较高的数值时，标志着该电对中的氧化型物质具有更为强烈的得电子倾向。换言之，电极电势氧化势能显著，意味着该物质在化学反应中更易于作为氧化剂，促进其他物质发生氧化反应，同时自身被还原。相应地，这一电对中的还原型物质，由于其失电子能力较弱，在还原反应中的活性较低，还原能力不足。反之，若电极电势数值偏低，则表明还原型物质具有更强的失电子能力，其还原势能凸显，易于在化学反应中作为还原剂，驱动其他物质接受电子而发生还原。与之配对的氧化型物质，则因得电子能力受限，表现出较弱的氧化能力。

在实际应用中，多数化学反应并非在标准条件下进行，因此氧化剂和还原剂的相对强弱不能仅凭标准电极电势作出直接判断。为了准确评估非标准状态下氧化剂与还原剂的活性，需要引入 Nernst 方程作为分析工具。Nernst 方程通过考虑反应物与产物的活度比、温度以及电子转移数等因素，能够计算出特定条件下电极电势的实际值。这一计算过程不仅弥补了标准电极电势的局限性，还提供了在不同环境条件下，氧化剂与还原剂相对强弱变化的动态视角。电极电势与 Nernst 方程的结合，不仅深化了我们对氧化还原反应本质的认识，也为材料科学、能源转换与存储、环境保护等领域提供了强有力的理论支撑和实践指导。

（四）元素标准电极电势图及其应用

1. 元素标准电极电势图

在化学领域中，众多非金属元素与过渡元素因其独特的电子构型，常展现出多样的氧化数状态。这些元素能够构成一系列不同的电对，每个电对均对应着一个特定的标准电极电势。为了系统且直观地展现同一元素在各种氧化数状态下的氧化还原性质及其相互转变关系，科学家们设计了一种图表工具——元素标准电极电势图，简称元素电势图。

构建元素电势图时，需要将该元素可能存在的所有氧化数按照从高到低的顺序（或相反）有序排列。在相邻的两个氧化数之间用直线连接，表示它们之间潜在的氧化还原反应路线。在每条直线的上方，精确标注出对应电对的标准电极电势值，这一数值是衡量该氧化还原反应趋势和驱动力的关键指标。元素标准电极电势图不仅清晰地展示了元素在不同氧化数状态下的电极电势变化趋势，还为理解元素的氧化还原行为、预测反应方向以及设计电化学过程提供了重要的理论支持。

2. 元素标准电极电势图的应用

（1）求算某电对的未知标准电极电势

如果某元素 M 的元素电势图如图 5-4 所示，如何得到 $\varphi^{\ominus}(M_1/M_4)$、$\varphi^{\ominus}(M_2/M_4)$、$\varphi^{\ominus}(M_1/M_3)$，由 M 的元素电势图可知：$n_4 = n_1 + n_2 + n_3$；$n_5 = n_2 + n_3$；$n_6 = n_1 + n_2$。

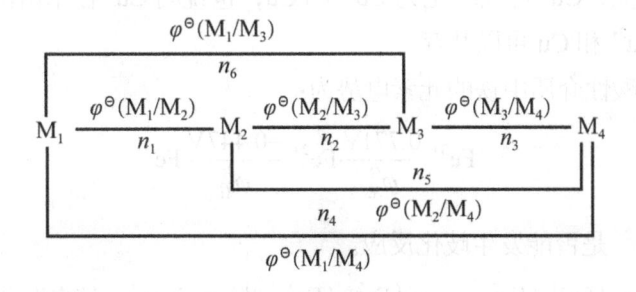

$$
\begin{array}{c}
\varphi^{\ominus}(M_1/M_3) \\
\overbrace{\hspace{6em}}^{n_6} \\
M_1 \xrightarrow[n_1]{\varphi^{\ominus}(M_1/M_2)} M_2 \xrightarrow[n_2]{\varphi^{\ominus}(M_2/M_3)} M_3 \xrightarrow[n_3]{\varphi^{\ominus}(M_3/M_4)} M_4 \\
\underbrace{\hspace{10em}}_{n_5\quad \varphi^{\ominus}(M_2/M_4)} \\
\underbrace{\hspace{14em}}_{n_4\quad \varphi^{\ominus}(M_1/M_4)}
\end{array}
$$

图 5-4 M 元素的电势图

由 Gibbs 自由能与标准电极电势的关系可以推出下式：

$$\varphi^{\ominus}(M_1/M_4) = \frac{n_1\varphi^{\ominus}(M_1/M_2) + n_2\varphi^{\ominus}(M_2/M_3) + n_3\varphi^{\ominus}(M_3/M_4)}{n_4} \quad (5-11)$$

$$\varphi^{\ominus}(M_2/M_4) = \frac{n_2\varphi^{\ominus}(M_2/M_3) + n_3\varphi^{\ominus}(M_3/M_4)}{n_5} \quad (5-12)$$

$$\varphi^{\ominus}(M_1/M_3) = \frac{n_1\varphi^{\ominus}(M_1/M_2) + n_2\varphi^{\ominus}(M_2/M_3)}{n_6} \quad (5-13)$$

如果某电对有 i 组相邻电对，由式（5-11）、式（5-12）、式（5-13）可得计算电对未知电极电势的通式如下：

$$\varphi^{\ominus}(M_1/M_i) = \frac{\sum n_i\varphi^{\ominus}(M_i/M_{i+1})}{\sum n_i} \quad (5-14)$$

（2）判断歧化反应能否发生

例如，酸性介质中铜的元素电势为：

$$Cu^{2+} \xrightarrow[\varphi_{左}^{\ominus}]{0.153V} Cu^+ \xrightarrow[\varphi_{右}^{\ominus}]{0.521V} Cu$$

判断 Cu^+ 是否能发生歧化反应。

已知：$\varphi_{左}^{\ominus} = \varphi^{\ominus}(Cu^{2+}/Cu^+) = 0.153\text{ V}$；$\varphi_{右}^{\ominus} = \varphi^{\ominus}(Cu^+/Cu) = 0.521\text{ V}$。因为 $\varphi^{\ominus}(Cu^+/Cu) > \varphi^{\ominus}(Cu^{2+}/Cu^+)$，即 $\varphi_{右}^{\ominus} > \varphi_{左}^{\ominus}$，所以下列反应可以自发进行：

$$2Cu^+ \rightleftharpoons Cu + Cu^{2+}$$

由此可见，Cu^+ 可以歧化为 Cu^{2+} 和 Cu，也说明 Cu^+ 在水溶液中不能稳定存在，而 Cu^{2+} 和 Cu 可以共存。

例如，酸性介质中铁的元素电势为：

$$Fe^{3+} \xrightarrow[\varphi_{左}^{\ominus}]{0.771V} Fe^{2+} \xrightarrow[\varphi_{右}^{\ominus}]{-0.447V} Fe$$

判断 Fe^{2+} 是否能发生歧化反应。

已知：$\varphi^{\ominus}(Fe^{3+}/Fe^{2+}) > \varphi^{\ominus}(Fe^{2+}/Fe)$，即 $\varphi_{左}^{\ominus} > \varphi_{右}^{\ominus}$，能自发进行的反应为：

$$Fe^{3+} + Fe \rightleftharpoons Fe^{2+}$$

Fe^{2+} 不能发生歧化反应，但可以发生歧化反应的逆反应。

由以上两例可得出判断歧化反应能否发生的规律。在下列元素电势图中，当 $\varphi_{右}^{\ominus} > \varphi_{左}^{\ominus}$ 时，物质 B 可以发生歧化反应。而当 $\varphi_{左}^{\ominus} > \varphi_{右}^{\ominus}$ 时，物质 B 不能发生歧化反应，但可以发生歧化反应的逆反应。

$$A \xrightarrow{\varphi_{左}^{\ominus}} B \xrightarrow{\varphi_{右}^{\ominus}} C$$

第六章 化学原子结构与分子结构

化学原子结构作为物质构成的基础，决定了元素的种类与特性。分子结构源于原子间的相互作用，展现了物质的多样性和复杂性。本章主要探究电子运动规律与元素周期表、共价键与离子键、分子间的作用力及晶体结构分析。

第一节 电子运动规律与元素周期表

一、电子运动规律

（一）核外电子的运动状态

在常规化学反应中，原子核保持其稳定性，不发生质变，而核外电子的运动状态则成为反应活性的关键所在。故而，原子核外电子层的构型及电子运动的动力学特征，尤其是电子层的精细结构，成为化学研究的核心议题之一。电子层的排布不仅决定了元素的化学性质，还深刻影响着分子间相互作用的方式与强度。

1. 核外电子运动状态的描述

（1）电子云

电子云作为描述原子核外电子空间运动状态的抽象表征，其本质在于揭示电子在特定区域内的概率密度分布特性。在电子云的图像表示中，密度的变化直观地反映了电子出现概率的高低：电子云聚集之处，表示电子在该区域出现的概率较高；相反，稀疏的区域则表示电子出现的概率相对较低。

电子云图像中的小黑点并非对应于原子核外某个具体电子的实体位置，

而是作为一种符号化的工具，用以标示电子在该空间点附近出现的相对概率。这种表示方法超越了经典物理学中确定性位置的概念，体现了量子力学中概率波函数的本质特征。电子云模型因此成为连接微观粒子波动性与粒子性的重要理论构造，强调了电子行为的统计规律和不确定性原理。

（2）量子数及其物理意义

在量子力学框架内，求解薛定谔方程是揭示原子结构及其电子行为的核心途径。为了对电子在原子中的状态进行合理解释，引入了四个量子数，这些量子数共同决定了波函数描绘的电子状态及其原子轨道的量子化特性。这四个量子数不仅关乎电子的能量、角动量等内在属性，还决定了原子轨道相对于原子核的位置、形状以及在空间中的伸展方向。它们分别是主量子数（n）、角量子数（l）、磁量子数（m）以及自旋量子数（m_s）。

第一，主量子数（n）在电子结构理论中占据基础地位，它描述了核外电子与原子核之间的相对距离，从而决定了电子所处的电子层数。主量子数 n 取值为正整数序列 1、2、3、…，其大小直接决定了原子轨道的能量水平。具体而言，n 值越大，表明电子层离原子核越远，相应地，该电子层的轨道能量越高。但电子层并非指电子被束缚在某一固定区域运动，而是指电子在该区域出现的概率最大。在单电子原子体系中，如氢原子，电子的能量完全由主量子数 n 决定。在多电子原子中，电子的能量不仅与 n 有关，还受到电子亚层，即电子云形状的影响。

第二，角量子数（l）进一步细化了电子在原子中的状态描述。它揭示了电子云的形状特征，并在多电子原子中与主量子数 n 共同决定了电子的能量。角量子数 l 的取值范围受主量子数 n 的限制，当 n 确定后，l 可取 0、1、2、…、$n-1$ 的正整数值。在同一电子层内，随着角量子数 l 的增大，原子轨道的能量依次升高。因此，在多电子原子体系中，角量子数 l 与主量子数 n 共同决定了电子的能级结构，这一规律体现了电子在原子中分布的复杂性和层次性。

第三，磁量子数（m）描述了原子轨道在空间中的伸展方向。磁量子数 m 的取值受角量子数 l 的制约，当 l 确定时，m 可取 0、±1、±2、…、±l，共计 $2l+1$ 个可能值，意味着在同一电子亚层中，存在多个具有不同伸展方向的原子轨道。以 s 亚层为例，当 $l=0$ 时，磁量子数 m 仅能取 0，对应一个球形 s 轨道，其伸展方向是唯一的；当 $l=1$ 时，电子属于 p 亚层，磁量子数 m 有 -1、0、+1 三个取值，分别对应三个哑铃形的 p 轨道（p_x、p_y、p_z），三个轨道在空间中相互垂直，展现了电子云在三维空间中的多样性；当 l=2 时，电子属于 d 亚层，磁量子数 m 有 0、±1、±2 五个取值，对应五个 d 轨道，包括四个花瓣形轨道和一个纺锤形轨道，这些轨道在能量上相等，且在空间中均匀分布。

原子轨道的能量与磁量子数 m 无关。当主量子数 n 和角量子数 l 相同时，即使磁量子数 m 不同，各原子轨道的能量也是相等的，这种能量相等的轨道被称为简并轨道或等价轨道，体现了量子力学中的对称性和简并性原理。

第四，自旋量子数（m_s）作为描述电子自旋方向的量子数，其取值仅为 +1/2 或 -1/2，分别代表电子顺时针和逆时针自旋。在符号表示上，通常采用向上和向下的箭头（↑和↓）来表示这两种自旋方向。自旋量子数的引入不仅完善了电子的状态描述，还揭示了电子在原子中的排布规律。根据泡利不相容原理，原子中不存在四个量子数完全相同的两个电子，即每个原子轨道上最多容纳两个自旋方向相反的电子。这一原理对于理解原子的电子结构、化学键的形成以及物质的性质具有至关重要的意义。

2. 核外电子运动的原理及薛定谔方程

（1）不确定原理

在经典力学的框架内，宏观物体的运动状态在任一瞬间都可以被精确描述，其位置和动量能够同时被准确测定，这一原理在日常生活和宏观物理现象中得到了广泛的应用。例如，通过已知物体的质量、初速度及起始位置，可以精确地预测其在未来某一时刻的位置和速度（或动量）。然而，当研究视角转向微观世界时，情况发生了根本性的变化。

微观粒子因其极小的质量和极高的运动速度，展现出与宏观物体截然不同的运动特性。1927 年，不确定原理的提出为理解微观粒子的运动规律提供了全新的视角。该原理指出，在微观尺度上，无法同时准确测定粒子的坐标 x 和动量 p。具体而言，若坐标测得越准确，其动量的测定结果就越不准确；反之，若动量测得越精确，则坐标的测定结果就会越模糊。

数学上，不确定原理被表述为 $\Delta x \cdot \Delta p_x \geq h/4\pi$（其中 h 为普朗克常数），这一不等式揭示了微观粒子运动状态的不确定性本质。对于核外电子而言，其运动不再像宏观物体遵循确定的轨道那样，而是呈现出一种概率性的分布。因此，无法确定电子的运动轨迹，也无法预测其在某一时刻具体的位置。

（2）薛定谔方程

在探索微观粒子空间分布规律时，引入一种特定的数学函数尤为重要，该函数能够通过其图像与物理空间建立直接的映射关系，即微观粒子运动的波函数（Ψ）。波函数作为量子力学理论中的核心概念，为理解和预测微观世界的行为提供了强有力的工具。1926年，一项里程碑式的成就诞生，即微观粒子波动方程——薛定谔方程的确立。该方程在量子力学框架内占据核心地位，它系统地阐述了如何数字化地描述微观粒子的运动状态。薛定谔方程是二阶偏微分方程，基本形式如下：

$$\frac{\partial \Psi^2}{\partial x^2}+\frac{\partial \Psi^2}{\partial y^2}+\frac{\partial \Psi^2}{\partial z^2}+\frac{8\pi^2 m}{h^2}(E-V)\Psi=0 \qquad （6-1）$$

式中：Ψ——波函数；

E——电子总能量；

V——电子势能；

m——电子质量；

h——普朗克常数；

x、y、z——空间直角坐标。

薛定谔方程广泛应用于描述原子、分子及复杂量子系统的行为。其核心在于，通过求解薛定谔方程，可以获得表征微观粒子空间分布及运动特性的波函数。波函数不仅包含了粒子出现在空间中任意位置的概率信息，还隐含了关于粒子动量、能量等动力学量的概率分布。微观粒子波动的建立，标志着量子力学从经验性的理论向更为严谨、系统的数学理论体系的过渡，它揭示了量子世界中粒子运动的规律与经典物理学的显著差异，强调了概率幅而非确定轨迹在描述微观过程时的根本作用。波函数的平方（概率密度）与实验观测到的粒子位置分布概率直接相关，这一性质使理论预测与实验结果之间建立了可验证的联系，极大地增强了量子力学作为物理理论的预测力和解释力。

（二）原子核外电子排布的规律

原子核外电子排布可用核外电子排布式来表示。它依据电子在原子核外各亚层的分布情况，在亚层符号右上角注明填充的电子数。通常将已达稀有气体原子电子层结构的内层电子称为原子实，原子实以外的外层电子称为价层电子。用原子实来表示原子的内层电子结构，并可用相应的稀有气体元素符号充当"原子实"，价层电子常用价层电子结构或价层电子组态来表示，以简化核外电子排布式。基态原子核外电子排布遵循以下三个规律。

1. 洪特规则

洪特规则的一个关键拓展是洪特规则特例，它阐述了在简并轨道中电子排布的特殊稳定性原则。具体而言，当简并轨道中的电子达到全充满（如 p^6、d^{10}、f^{14}，须注意 f 亚层在实际情况中最多可容纳 14 个电子而非 11 个，f^{11} 为特例，但普遍规律考虑 f^{14}）、半充满（p^3、d^5、f^7）或全空（p^0、d^0、f^0，其中 p^0 表示 p 亚层无电子，d^0 和 f^0 同理）状态时，原子体系展现出较低的能量水平，因而更为稳定。这一特例解释了为何某些电子构型在自然界中更为常见，以及为何特定离子，如具有 $3d^5$ 构型的离子，在能量上更为有利。

在化学反应的语境中，主要参与反应的是原子的外围电子，这些电子被称为价层电子或价电子，它们是形成化学键的关键。价电子所占据的电子层被定义为价电子层，它直接决定了元素的化学性质和反应活性。相比之下，原子的内层电子结构在化学反应过程中通常保持不变。这部分电子结构可以用原子实的概念来简化表示，原子实由原子核及所有不参与化学键合的内层电子组成。

基于鲍林提出的近似能级图，结合核外电子的排布原则，可以系统地推导出元素周期表中大多数元素的核外电子排布式。这一推导过程不仅加深了人们对元素性质周期性变化的理解，还为预测未知元素的化学行为提供了坚实的理论基础。通过应用洪特规则及其特例，并结合价电子层理论，化学家能够更准确地阐述和预测化合物的结构、稳定性以及反应机理，进一步推动了化学科学的发展。

2. 能量最低原理

能量最低原理指出，在不违反泡利不相容原理的前提下，核外电子倾向于优先占据能量最低的轨道，随后才依次填充至能量较高的轨道，这一排布方式确保了原子在核外电子配置上的总能量达到最小化。当电子遵循这一规律在各轨道上分布时，原子便处于其最为稳定的状态，即基态。基态原子具有最低的能量水平，因此也是最为常见且最稳定的状态。

若电子排布导致原子能量略高于基态，则原子处于激发态。激发态原子由于能量较高，因此相对不稳定，倾向于通过释放能量返回到更为稳定的基态。原子的激发态种类繁多，取决于电子的不同激发方式，而基态是唯一的，代表了原子最稳定的电子配置。

基于多电子原子的近似能级图和能量最低原理，科学家们系统地总结了核外电子填充各亚层轨道的先后顺序。这一顺序被称为能级顺序，它反映了电子在原子中排布时的能量偏好，是理解和预测原子性质、化学键合以及分子结构的基础。通过电子遵循能量最低原理和能级顺序规律，人们可以更深入地理解原子的电子结构，为化学和物理领域的研究提供坚实的理论基础。

3. 泡利不相容原理

泡利提出的电子排布法则，即在同一原子的微观世界里，不可能观测到运动状态完全重合的两个电子共存的现象。这一原理深刻揭示了原子结构的基本规律，成为构建原子模型和理解元素性质的理论基石之一。依据该原理的核心要义，原子内部的每一个轨道作为电子活动的特定空间区域，具有严格的容纳限制。具体而言，任一原子轨道的最大电子容纳数目被精确限定为两个，且这两个电子的自旋必须方向相反。自旋，作为电子固有的一种角动量属性，其方向的正反差异在此原理中扮演了关键角色，确保了电子在能量状态上的分布遵循特定的排布规律。

泡利不相容原理的深远意义在于，它不仅阐释了原子为何能保持稳定构型，还进一步指导了人们对元素周期表的理解。由于电子在填充原子轨道时遵循这一不相容原则，不同元素的电子构型得以区分，进而决定了元素的化学性质和物理行为。例如，元素的化学反应性、导电性、磁性等宏观特性，均可追溯至电子在原子轨道中的排布方式，而这一切均受到该原理的严格调控。

泡利不相容原理在材料科学、凝聚态物理以及量子化学等领域发挥着不可替代的作用。它促进了对半导体材料导电机制的认识，为设计具有特定功能的新材料提供了理论依据。此外，在解释复杂分子的稳定性和反应活性方面，该原理也是不可或缺的分析工具。

二、元素周期表

元素周期表是物质结构知识体系中非常重要且最具代表性的组成部分，具有非常丰富的科学内涵，蕴含复杂严密的逻辑关系[①]。

---

① 彭思艳，张文广，曾常根．元素周期表（律）知识体系教学策略的思考[J]．上饶师范学院学报，2022，42（3）：40．

（一）原子的价层电子构型和区

根据原子价层电子构型的不同，元素周期表可分为 s 区、p 区、d 区、ds 区和 f 区。

s 区元素：价层电子构型是 ns^1 和 ns^2，包括第ⅠA、ⅡA 族元素。s 区元素性质活泼，属于活泼金属元素（氢除外）。

p 区元素：价层电子构型是 $ns^2np^{1\sim6}$，包括第ⅢA 族到 0 族元素。氦元素虽然没有 p 电子，但也归入此区。

d 区元素：价层电子构型是 $(n-1)d^{1\sim10}ns^{1\sim2}$，包括第ⅢB 族到第Ⅷ族元素。Pd 虽然为 $4d^{10}$ 构型，但也归入此区。$(n-1)d$ 轨道上的电子可以部分或全部参与成键，因此这些元素有多种氧化数。

ds 区元素：价层电子构型是 $(n-1)d^{10}ns^1$ 和 $(n-1)d^{10}ns^2$，包括第ⅠB、ⅡB 族元素。

f 区元素：价层电子构型是 $(n-2)f^{0\sim14}(n-1)d^{0\sim2}ns^2$，包括镧系和锕系元素，该区元素最外层和次外层电子数大部分相同，因此同一系内元素的化学性质很相似。

元素在元素周期表中的定位与其原子核外电子的排布构型存在着内在且紧密的联系。通过元素的原子序数，可以推导出该元素原子的核外电子排布式，进而依据电子层数及最外层电子数，科学地推断出该元素在周期表中的具体位置。反之，若已知某元素在元素周期表中的确切位置，亦可利用其所在周期与族的信息反推出该元素的原子序数。

（二）原子的电子结构和族

在元素周期表的构架中，元素的电子结构决定了元素在表中的位置及其化学性质。周期表通过一种系统的方式，将不同周期中具有相同最外层电子数的元素，依据其电子层数的逐渐增加，自上而下排列成一系列纵行，这一布局深刻揭示了元素性质随电子构型变化的周期性规律，这些纵行总数达到 18 个。这些列进一步细分为 16 个族，这一分类体系基于元素电子排布的相似性和差异性。其中，除特殊的 0 族元素，它们以稳定的稀有气体电子构型著称，以及第Ⅷ族这一包含过渡金属元素的复杂集合外，周期表的主要构成部分由主族元素（A 族）和副族元素（B 族）构成。

主族元素（A 族，共计 7 个族）的最外层电子数直接对应于其在周期表中的族序数，这一特征使得主族元素在化学反应中倾向于通过得失电子形成离子化合物或共价键，达到稳定的八隅体结构。相比之下，副族元素（B 族）同样包含 7 个族，其成员的电子结构更为复杂，通常拥有未填满的 d 轨道，赋予了它们丰富的配位化学性质和催化活性。这种基于电子结构的分类方式，不仅为理解元素的化学行为提供了框架，而且为新材料的设计、合成以及化学反应机理的探究奠定了坚实的理论基础。

（三）原子的电子结构和周期

在元素周期表的宏观架构中，周期表被精心设计为 7 个横行，每一横行被赋予了一个特定的名称——周期，共计 7 个周期。这些周期按照元素基态原子电子层数的递增顺序依次排列，这一排列原则深刻体现了元素电子结构与周期表结构之间的内在联系，即元素在周期表中所处的周期数，直接等同于其基态原子核外电子的层数，也与元素原子最外电子层的主量子数相吻合。简言之，周期数、核外电子层数以及主量子数三者之间存在等价关系，这种等价关系不仅揭示了元素电子结构的分层规律，还为理解元素性质的周期性变化提供了理论依据。随着周期数的增加，元素原子的电子层数逐渐增多，电子填充的能级也相应提高，使元素在物理和化学性质上呈现出周期性的变化规律。此外，各周期所包含的元素数目并非随意设定，而是严格遵循着量子力学原理下原子轨道的容纳规则。具体而言，每个周期所能容纳的元素数量等于相应能级组中原子轨道所能容纳的电子总数，这一规则确保了周期表结构的稳定性和完整性，也为预测未知元素的存在和性质提供了可能。

（四）元素周期表中元素性质的递变规律

元素原子内部结构的周期性变化，决定了元素性质的周期性变化。下面主要讨论原子半径和电负性等随原子结构的周期性变化规律。

1. 电负性

元素的电负性作为衡量原子在分子中吸引电子能力的一项关键指标，以符号（X）表示。它反映了元素的金属性与非金属性之间的相对强弱。电负性通过鲍林电负性标度得以量化，其中最活泼的非金属元素 F 的电负性值为 3.98，以此为基准，其他元素的电负性得以相继确定。

电负性的大小直接关联着元素的化学性质。具体而言，电负性越大的元素，其非金属性越显著，得电子的能力越强；相反，电负性越小的元素，则展现出更强的金属性，失电子的能力更为突出。这一规律为理解元素在化学反应中的行为提供了重要依据。元素的电负性数据如图6-1所示。

I A										III A	IV A	V A	VI A	VII A
H 2.10	II A													
Li 0.98	Be 1.57									B 2.04	C 2.55	N 3.04	O 3.44	F 3.98
Na 0.93	Mg 1.31	III B	IV B	V B	VI B	VII B	VIII		I B	II B	Al 1.61	Si 1.90	P 2.19	S 2.58	Cl 3.16
K 0.82	Ca 1.00	Sc 1.36	Ti 1.54	V 1.63	Cr 1.66	Mn 1.55	Fe 1.80	Co 1.88	Ni 1.91	Cu 1.90	Zn 1.65	Ga 1.81	Ge 2.01	As 2.18	Se 2.55	Br 2.96
Rb 0.82	Sr 0.95	Y 1.22	Zr 1.33	Nb 1.60	Mo 2.16	Tc 1.90	Ru 2.28	Rh 2.20	Pd 2.20	Ag 1.93	Cd 1.69	In 1.73	Sn 1.06	Sb 2.05	Te 2.10	I 2.66
Cs 0.79	Ba 0.89	La 1.10	Hf 1.30	Ta 1.50	W 2.36	Re 1.90	Os 2.20	Ir 2.20	Pt 2.28	Au 2.54	Hg 2.00	Tl 2.04	Pb 2.33	Bi 2.02	Po 2.00	At 2.20

图6-1 元素的电负性

随着原子序数的递增，电负性呈现出明显的周期性特征。在同一周期内，从左至右，元素的电负性逐渐增大；在同一主族中，则从上至下，元素的电负性逐渐减小。但副族元素的电负性变化并未遵循这一规律。非金属元素的电负性大多位于2.00以上，而金属元素的电负性多低于2.00，这一分界点进一步凸显了电负性在区分金属与非金属元素中的重要作用。

2. 原子半径

原子半径作为描述分子或晶体结构中相邻同种原子核间距离一半的重要参数，其数值的大小深刻地影响着元素的物理化学性质。在元素周期表的框架下，原子半径的变化规律展现出一种系统性的规律，这种规律与元素的电子构型及核电荷数密切相关。

对于同一周期的元素而言，它们的电子层数保持一致。当从左至右遍历周期表时，随着核电荷数的逐步增加，原子核对外层电子的吸引力随之增强，导致原子外层电子云更加紧缩，进而使得原子半径呈现出逐渐减小的趋势。这种变化不仅反映了原子核与电子间相互作用的强度变化，也是元素性质周期性变化的基础之一。

元素从上至下沿着同一主族移动时，元素的电子层数依次增加，这一增加导致原子半径的显著增大，因为额外的电子层为电子提供了更广阔的活动空间，使得原子的整体尺寸扩张。原子半径的增大影响了元素的电离能、电负性以及形成化学键的能力，决定了元素在化学反应中的角色和活性。副族元素的原子半径变化规律略显复杂但同样遵循一定规律。在同一副族内，从上至下，尽管电子层数也有所增加，但原子半径的增加幅度相对较小。这一现象部分归因于副族元素中 d 电子的填充、屏蔽效应以及相对论效应的共同作用，使原子半径的增长不如主族元素显著。这种细微的半径变化，对于理解副族元素的特殊性质和反应行为至关重要。

第二节　共价键与离子键

一、共价键的主要理论

（一）价键理论

1. 共价键的本质

1927 年，德国化学家海勒（W.Heitler）和伦敦（F.London）用量子力学处理氢原子形成氢分子的过程时，得到了两个氢原子相互作用时的能量（E）随两原子核间距（R）的变化曲线，从而阐明了共价键的形成和本质。

如图 6-2 中 E_1 曲线所示，假定原子 A 和原子 B，在它们相距甚远的情况下，电子云几乎无重叠，彼此之间的相互作用力微弱，整个系统的总能量趋近于零，处于一种非相互作用的状态。随着原子 A 与原子 B 逐渐接近，即核间距 R 逐渐减小，电子与原子核之间的相互作用开始变得复杂。原子 A 的电子不仅受到自身原子核的强烈吸引，也开始受到原子 B 原子核的吸引；原子 B 的电子亦受到 A 原子核的吸引。这种跨原子的电子 - 核吸引作用导致电子云分布发生调整，电子在两个原子核之间形成了一定程度的共享，从而降低了整个系统的总能量，表现为系统能量 E 的减小。

当核间距 R 达到特定的值（约为 74 pm）时，系统能量达到最低点，即 E 取得最小值。这一特定距离标志着两个氢原子间形成了最为稳定的配置，此时电子云的共享达到最优状态，既保证了电子与原子核之间的吸引力最大化，又避免了原子核间因过近而产生的强烈斥力。在此平衡距离下，两个氢原子通过共享电子对的方式,形成了一个稳定的 H_2 分子,此状态被定义为 H_2 分子的基态。

若原子 A 和 B 继续靠近,核间距进一步缩小,则原子核间的库仑斥力将迅速增大。这一斥力的增加克服了电子云共享所带来的吸引力,导致系统总能量 E 开始上升。这一能量变化反映了共价键形成过程中的一个基本特征:存在一个最优的核间距,使得系统能量最低,形成稳定的分子结构,偏移这个最优距离,无论是距离过远导致电子云无法有效共享,还是距离过近导致原子核间斥力剧增,都会使系统能量升高,不利于共价键的稳定存在。

若 A、B 两个氢原子中的电子自旋相同,当 A、B 相互接近时,即核间距减小,两原子间的排斥力逐渐增大,系统的能量也逐渐升高,即 E 变大,说明它们不能形成稳定的 H_2 分子,这种不稳定的状态称为 H_2 分子的排斥态,如图 6-2 中 E_2 曲线所示。

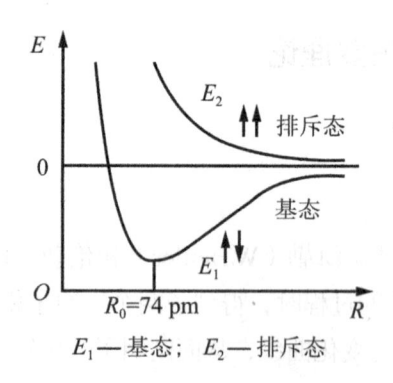

E_1 — 基态; E_2 — 排斥态

图 6-2 H_2 分子形成过程中能量

当两个原子相互接近至一定距离时,它们的原子轨道,特别是价电子所在的轨道发生重叠。以双原子分子为例,其稳定态的构成得益于原子轨道的有效重叠,这种重叠使电子云在两个原子核之间的区域变得密集。电子云的密集分布具有双重效应:①有助于减少两个原子核之间的正电荷排斥力,因为电子云的屏蔽作用部分抵消了核间的库仑排斥;②增强了原子核对核间共享电子的吸引力,提高了系统的结合能。这两个因素共同作用,降低了整个分子系统的总能量,有利于稳定共价键的形成。

若原子轨道的重叠方式导致重叠部分相互抵消,则会在两核之间出现一个电子云稀疏的空白区域。这种情况下,原子核间的排斥力显著增大,系统能量也随之升高,不利于形成稳定的化学键,如图 6-3 所示。

(a) 基态　　　　　　　(b) 排斥态

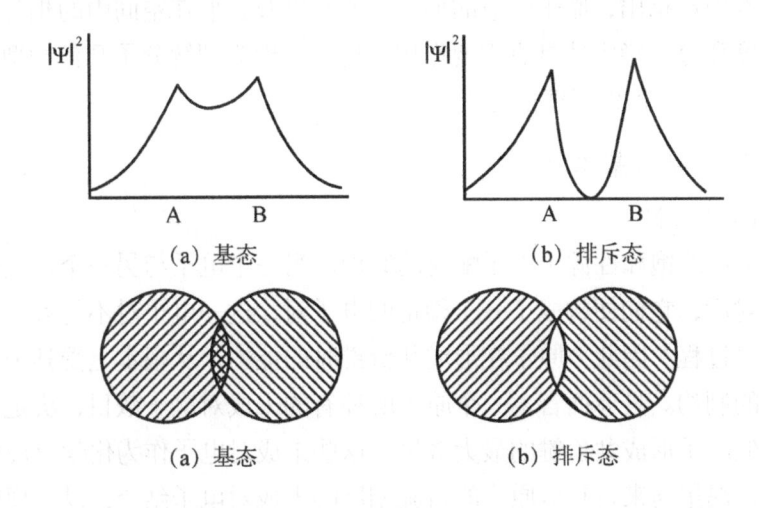

(a) 基态　　　　　　　(b) 排斥态

图 6-3　H_2 分子的概率密度分布示意图

2. 共价键理论的要点

共价键理论作为化学领域中描述原子间相互作用形成分子结构的基本理论框架，其核心在于阐述电子如何参与成键以及成键过程中的基本规律和原则。该理论体系的构建，不仅深化了人们对物质微观结构的理解，而且为预测和解释化合物的性质提供了坚实的理论基础。共价键理论的基本要点主要体现在以下原理中：

（1）电子配对原理

当两个原子相互接近至足够近的距离时，它们各自带有的未成对价电子开始发生相互作用。这些未成对的价电子具有特定的自旋方向，遵循着自然界的某种对称性规则，即只有当两个电子的自旋方向相反时，它们才能够配对并成功形成稳定的共价键。这一原理揭示了共价键形成的必要条件，即每个未成对电子仅能与另一个自旋方向相反的未成对电子结合成键。因此，一个原子所能形成的共价键数量直接取决于其价电子层中未成对电子的数目，这一规律为理解分子的构型和化学键的饱和性提供了重要依据。

（2）最大重叠原理

在原子间形成共价键的过程中，成键电子的原子轨道需要尽可能地发生重叠。这种重叠不仅是指空间上的接近，更强调的是电子云密度的有效重叠。重叠程度越高，意味着两原子核间电子出现的概率密度越大，从而增强了核间电子的相互作用力，使所形成的共价键更加牢固，分子结构也更加稳定。

最大重叠原理指出，原子轨道的形状、方向以及它们在空间中的相对位置对成键强度和分子稳定性具有重要作用。这一原理为理解分子几何构型、键角以及键能等性质提供了理论支撑。

3.共价键的基本特性

（1）饱和性

共价键的饱和性源于电子配对的原理，当一个电子与另一个自旋相反的电子配对后，它们便构成了一个稳定的电子对，这一电子对不再参与其他电子的配对过程。因此，原子在形成共价键时的能力，从根本上受其未成对电子数量的制约。具体而言，一个原子所拥有的未成对电子数目，决定了它能够与其他原子形成共价键的最大数量。这些未成对电子作为化学反应中的活性中心，渴望与来自其他原子的自旋相反的未成对电子结合，以实现电子排布的稳定性。这一配对过程遵循着能量最低原理，即系统倾向于通过形成稳定的电子对来降低整体能量。

共价键的饱和性在化学结构中扮演着至关重要的角色。以稀有气体原子为例，这些原子的最外层电子已完全配对，不存在未成对电子，因此它们在自然界中通常以单原子分子的形式存在，无须通过形成共价键来实现稳定状态。相反，对于那些拥有未成对电子的原子，如N原子，其最外层存在3个未成对电子，使N原子在形成分子时，能够与其他N原子的未成对电子配对，构成N_2分子中的三键结构，从而实现电子排布的饱和与稳定。

（2）方向性

原子轨道重叠的方向性直接影响最大重叠原理的满足程度，原子轨道作为描述电子云空间分布的数学函数，其形状和方向性在共价键的形成过程中起着决定性作用。除s轨道展现出球形对称性，不具有特定的方向偏好外，p、d、f等类型的原子轨道均呈现出特定的空间伸展方向，这一特性对共价键的方向性构成了基础框架。在共价键的形成过程中，原子轨道之间的有效重叠是键合能量的关键来源。对于s轨道而言，由于其无方向性的特征，两个s轨道可以在任意方向上实现最大重叠，形成稳定的共价键。当涉及p、d、f轨道时，情况变得更为复杂，这些轨道的重叠并非随意发生，而是必须沿着它们各自伸展的特定方向进行，以确保电子云密度的最大重叠，进而达到能量最低的稳定状态。

p轨道具有3个相互垂直的伸展方向（x、y、z），d轨道则展现出更为复杂的空间构型，包括 5 个不同的伸展方向，而 f 轨道的空间分布更为繁复，涉及 7 个特定的方向。因此，在形成共价键时，p、d、f 轨道间的重叠必须精确地对准这些特定的伸展方向，以实现电子云的最大重叠。

例如，在形成 HCl 分子时，氢原子的 1s 电子与氯原子的一个未成对 $2p_x$ 电子形成一对共价键，但只有 s 电子沿着 p_x 轨道的对称轴（x 轴）方向才能达到最大重叠，形成共价键，如图 6-4（a）所示。反之，则发生很少的重叠或不重叠，不能成共价键，如图 6-4（b）或（c）。

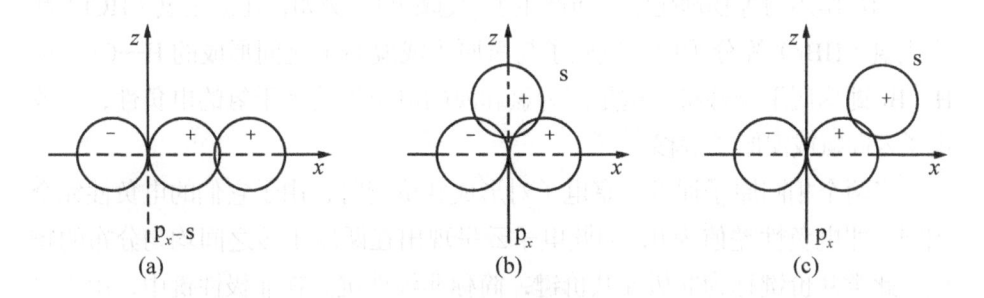

图 6-4　HCl 分子的成键示意图

当原子轨道中对称性相同的部分发生重叠时，即正号与正号、负号与负号对应重叠，原子间的概率密度才会显著增大，从而为化学键的形成提供必要条件。这一原理源于量子力学对电子云分布的描述，以及原子轨道作为电子波函数的数学表征。遵循对称性原则的轨道重叠，能够确保电子在重叠区域内稳定分布，进而促进原子间的相互作用，形成稳定的共价键。如图 6-5 所示，s 轨道与 p 轨道，p 轨道与 p 轨道按照最大重叠原理形成共价键。

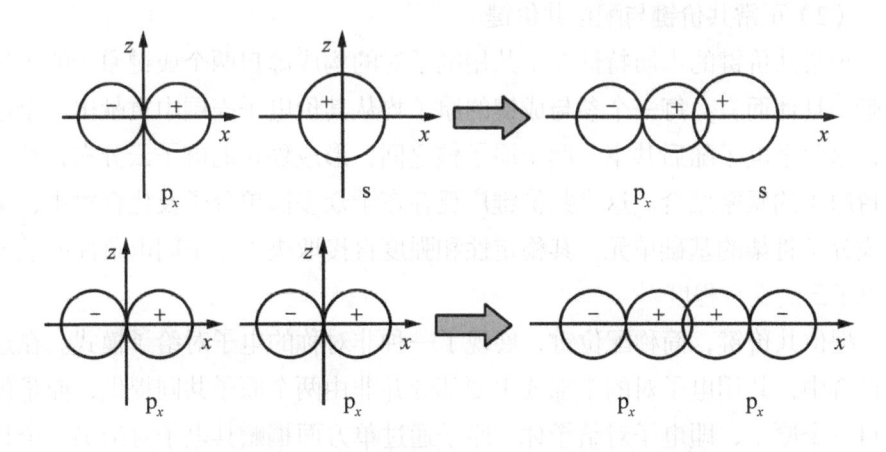

图 6-5　原子轨道重叠的对称性原则示意图

4. 共价键的常见类型

（1）极性键和非极性键

当两个不同原子通过共享电子对形成共价键时，情况则截然不同。由于这两个原子的电负性存在差异，即电负性差值不为0，因此电子云不再均匀分布，而是偏向于电负性较大的原子一侧，这种不对称分布导致分子中正负电荷中心的分离，形成所谓的极性共价键，简称极性键。极性键的存在使分子具有明显的偶极矩，这一特性对分子的极性、溶解性、熔点、沸点以及分子间的相互作用力等物理化学性质产生了深远影响。例如，在氯化氢（HCl）和溴化氢（HBr）等分子中，氢原子与氯原子或溴原子之间形成的H—Cl键或H—Br键均属于极性键，这是因为氯和溴的电负性均大于氢的电负性，导致电子云向氯或溴原子偏移。

当两个相同原子通过共享电子对形成共价键时，由于它们的电负性完全相同，即电负性差值为0，因此电子云呈现出在两原子核之间均匀分布的特征。此类共价键称为非极性共价键，简称非极性键。在非极性键中，由于电子云的对称分布，整个分子不表现出明显的正负电荷中心，使分子具有特定的物理和化学性质，如较低的偶极矩和特定的溶解性行为，这类键广泛存在于由同种元素组成的单质分子中，是构成诸多简单物质结构的基础。

极性键与非极性键的区别不仅体现在电子云的分布上，还深刻影响分子的反应活性和生物活性。极性键的存在使分子更易与其他极性分子或离子发生相互作用，如氢键的形成，这对于生物大分子的结构和功能至关重要；非极性键倾向于与非极性环境相容，影响物质的溶解度和穿透性。

（2）正常共价键与配位共价键

正常共价键的本质特征在于共用电子对的构成源自两个成键原子的等量贡献。具体而言，每一个参与成键的原子均从其价电子壳层中贡献出一个电子，这两个电子随后共享于两个原子核之间，形成稳定的电子云分布，从而维持原子的紧密结合。这类共价键广泛存在于众多简单分子及化合物中，是构成分子骨架的基础单元，其稳定性和强度直接取决于原子间电负性的差异及电子云的交叠程度。

配位共价键，简称配位键，展现了一种非对称的电子对给予模式。在这类键合中，共用电子对的全部或主要部分并非由两个原子共同提供，而是仅源自一个原子，即电子对给予体。原子通过单方面捐赠其电子对给另一个具有空轨道或未饱和价层的原子，即电子对接受体，从而形成键合。这一过程不仅要求电子对给予体具备足够的电子供给能力，还依赖于接受体存在适宜的电子接纳空间，如空的 d 轨道或 f 轨道，以容纳外来电子对。配位键的形成，通常用箭头符号"→"表示，箭头明确指向电子对接受体，直观反映了电子密度从给予体向接受体的单向流动特性。

（二）杂化轨道理论

1. 杂化轨道理论的要点

杂化轨道理论是解释分子结构的重要理论框架，阐述了原子在构建分子过程中原子轨道的转变与重组机制。该理论指出，在原子相互结合形成分子的进程中，中心原子的原子轨道并非保持其原始的 s 轨道或 p 轨道形态不变，而是经历了一种深刻的转变，几个类型不同但能量相近的原子轨道发生混杂，重新组合成数量相等、能量一致且空间取向各异的新原子轨道。这些新轨道更适宜于满足分子成键的需求，这一过程称为原子轨道的杂化，得到的新轨道则被称作杂化轨道，该理论的要点如下：

杂化现象并非原子孤立存在时的属性，而是原子在参与分子构成时的特定行为。仅当原子为了形成分子，且需要实现原子轨道间的最大重叠以增强成键稳定性时，杂化过程才会发生。杂化仅发生在同一原子内部能量接近的轨道之间，这是杂化发生的必要条件。杂化后的轨道相较于未杂化的原始轨道，具有更强的成键能力，这是杂化过程对分子稳定性和构型的重要贡献。

杂化过程中需要遵循的一个基本原则是轨道数目的守恒，无论原子轨道如何杂化，杂化前后的轨道总数保持不变。例如，若一个原子原有 n 个参与杂化的原子轨道，杂化后亦将产生 n 个杂化轨道。杂化不仅改变了轨道的能量状态，还显著影响了轨道的空间伸展方向和几何形状，这些变化对于分子空间构型的确定至关重要。

原子从孤立状态到形成分子的过程是一个涉及能量调整与转换的复杂动态过程。在杂化发生前，原子可能需要通过激发过程提升某些电子至更高能级，为杂化创造条件，这一激发过程所需的能量并非凭空产生，而是在随后的成键过程中，通过形成化学键释放的能量得到补偿。这种能量上的平衡与转换，确保了杂化过程在热力学上的可行性。

2. 杂化轨道的基本类型

以 sp^2 杂化为例,推求一组杂化轨道的表达式有两种方法:①利用杂化轨道间的正交、归一的关系;②利用群论方法由原子轨道构造具有指定对称性的杂化轨道[①]。

(1) sp 杂化

在化学键理论中,由同一原子的一个 ns 轨道与一个 np 轨道相互融合而形成的杂化状态,被定义为 sp 杂化。在此过程中,每一个杂化轨道均包含了 1/2 的 s 轨道特性与 1/2 的 p 轨道特性,这种均等的混合赋予了杂化轨道独特的性质。sp 杂化轨道在几何构型上展现出显著的极性特征,即一端较为膨大,另一端相对狭小,并且两个杂化轨道在三维空间中的延伸方向呈现直线排列,它们之间的夹角固定为 180°。

在分子构建的过程中,以某些双原子分子或含有中心原子的简单分子为例,其中心原子在基态时可能并不具备形成化学键所需的未成对电子。当这些原子吸收能量进入激发态时,其电子排布会发生调整,如某个 ns 轨道上的电子跃迁至 np 轨道,创造出能够进行杂化的条件,随后,中心原子的一个 ns 轨道与一个 np 轨道发生 sp 杂化,生成两个全新的 sp 杂化轨道。这些 sp 杂化轨道具备更强的方向性和重叠能力,能够有效与配位原子的相应轨道(如卤素原子的 p 轨道)重叠,形成稳定的 σ 键。由于 sp 杂化轨道之间的空间夹角固定为 180°,因此决定了由此类杂化轨道构成的分子将采取直线型构象。

例如,在 $BeCl_2$ 分子中,中心原子 Be 的杂化,从表面上看,基态 Be 的电子构型为 $1s^22s^2$,价电子层上没有成对电子,不能形成化学键。在激发状态下,Be 原子的一个 2s 电子激发到 2p 轨道上,形成了两个含有单电子的轨道,即 2s、2p 轨道。杂化轨道理论认为 Be 原子的一个 2s 轨道和一个 2p 轨道发生杂化,形成两个 sp 杂化轨道。Be 原子的两个 sp 杂化轨道分别与 Cl 原子的 3p 轨道重叠。由于杂化轨道之间的夹角是 180°,所以 $BeCl_2$ 分子呈直线形,如图 6-6 所示。

[①]余跃东. 两种推求杂化轨道的方法[J]. 贵州教育学院学报(自然科学),2003(2):74.

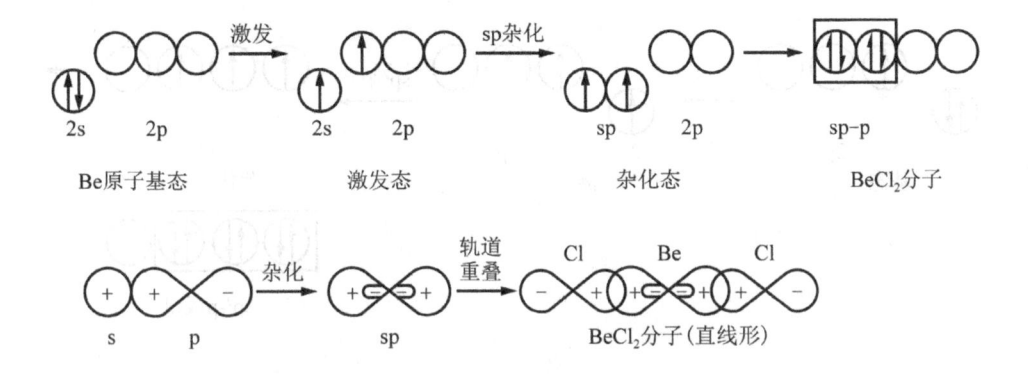

图 6-6　BeCl₂ 分子的形成示意图

（2）sp² 杂化

sp² 杂化是通过原子内部的特定轨道重新组合而成的现象。具体而言，它是由同一原子的一个 ns 轨道和两个 np 轨道相互杂化形成，这一过程中，原有的原子轨道发生线性组合，生成了三个全新的杂化轨道，每个杂化轨道均包含了 2/3 的 s 轨道成分与 1/3 的 p 轨道成分。这一比例确保了杂化轨道在能量上的稳定性和空间构型上的特定取向。

sp² 杂化轨道在几何形态上展现出独有的特征，即每个轨道均呈现出一端较大、一端较小的非均匀分布。这种形状与 sp 杂化轨道颇为相似，但因其涉及的 p 轨道数量不同，故在空间排布上有所区别。三个 sp² 杂化轨道之间的夹角固定为 120°，这一角度由杂化轨道间的相互排斥作用以及能量最小化原理共同决定，确保了分子结构在三维空间中的最稳定配置。由此形成的空间构型为平面三角形，这是 sp² 杂化分子或离子在空间中排列的典型模式。

例如，在 BF₃ 分子中，中心原子 B 的杂化，如图 6-7 所示，B 原子的电子构型为 $1s^22s^22p_x^1$，当 B 与 F 反应时，B 原子的一个 2s 电子激发到一个空的 2p 轨道上，使其电子构型变为 $1s^22s^12p_x^12p_y^1$。随后，B 原子的一个 2s 轨道与两个 2p 轨道发生杂化，形成三个 sp² 杂化轨道。这三个 sp² 杂化轨道分别与一个 F 原子的 2p 轨道进行"头碰头"同号重叠，形成三个 sp²-p 的 σ 键。由于这三个 sp² 杂化轨道在同一平面上，且夹角为 120°，所以 BF₃ 分子具有平面三角形的空间结构。

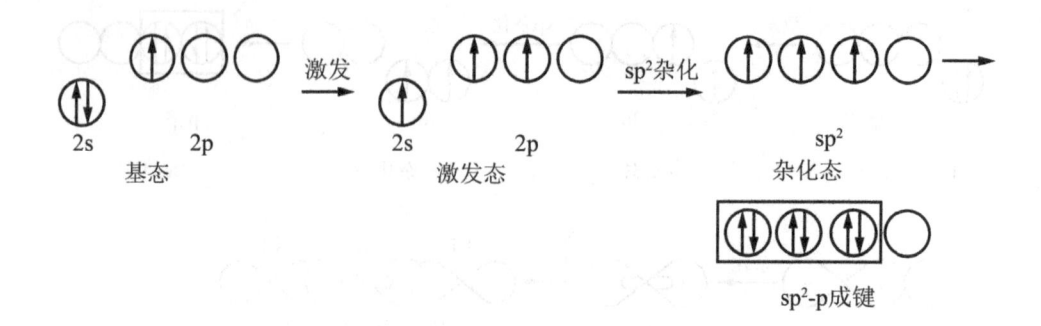

图 6-7　BF₃ 分子的形成示意图

（3）sp³ 杂化

sp³ 杂化是化学领域中一种重要的原子轨道杂化方式，它涉及同一原子上的一个 ns 轨道与三个 np 轨道的相互作用与重组，在此过程中，原始的原子轨道失去其纯粹性，形成四个全新的杂化轨道，每个杂化轨道均包含 1/4 的 s 轨道成分和 3/4 的 p 轨道成分，这一比例确保了杂化轨道在能量和空间分布上的均一性。

sp³ 杂化轨道在空间构型上展现出独特的性质，其形状表现为一头大、一头小的特征，这种不对称性使杂化轨道能够有效地在三维空间中排列。具体而言，这四个杂化轨道的大头分别指向正四面体的四个顶点，形成了高度对称的空间结构。相邻杂化轨道之间的夹角固定为 109°28'，这一特定的角度是正四面体几何构型的内在要求，也是 sp³ 杂化轨道在分子构建中遵循的基本规则。

例如，如图 6-8 所示，在形成 CH_4 分子时，基态碳原子的 2s 轨道的一个电子激发到 2p 轨道上，形成四个含有未成对电子的轨道，即 2s、$2p_x$、$2p_y$、$2p_z$。这四个激发态原子轨道经过杂化，重新组合成四个 sp³ 杂化轨道。随后，每个杂化轨道较大的一端分别与一个 H 原子的 1s 轨道发生"头碰头"重叠，形成正四面体构型的 CH_4 分子。

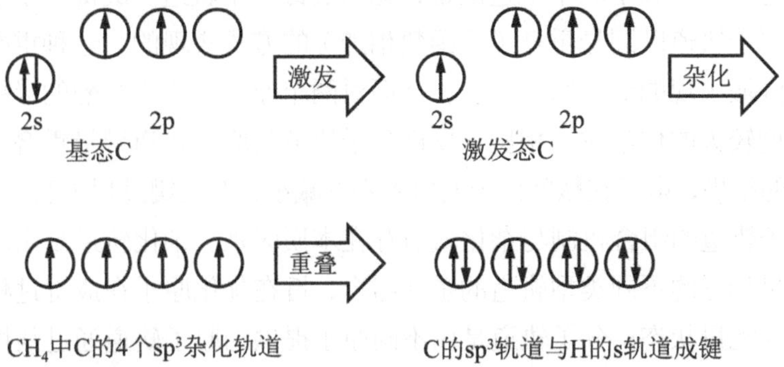

图 6-8　CH₄ 分子的形成过程

（4）不等性杂化

同类型的杂化轨道（如 sp³ 杂化）可分为等性杂化和不等性杂化两种。等性杂化是指原子轨道杂化后，所生成的杂化轨道在能量、形状及空间分布上均保持一致性。以典型的 CH₄ 分子为例，其中的碳原子经历 sp³ 杂化过程后，形成了四个完全等同的杂化轨道，每个轨道均含有 1/4 的 s 轨道成分与 3/4 的 p 轨道成分，展现了等性 sp³ 杂化的特征。

相较于等性杂化，不等性杂化则呈现出更为复杂的特性。当原子轨道在杂化时，由于孤对电子的介入，导致形成的杂化轨道并非全部等同。孤对电子作为未参与成键的电子对，占据特定的杂化轨道，进而对这些轨道的空间构型产生影响，使杂化轨道间的夹角发生偏离，不再保持均等的几何关系。不等性杂化在分子结构与性质中不仅影响了分子的空间构型，还进一步调控了分子的物理化学性质，如偶极矩、反应活性及分子间相互作用等。

（三）分子轨道理论

1. 分子轨道理论的基本要点

分子轨道理论的核心在于，它认为分子中的电子并非局限于某个特定原子周围，而是围绕整个分子进行运动，这种运动状态可以通过分子轨道来精确描述。

分子轨道的构建基础是原子轨道的线性组合。在此过程中，分子轨道的数量与构成分子的原子轨道总数相等。这些分子轨道在能量上呈现出特定分布：一半轨道的能量低于组成分子的原子轨道能量，称为成键分子轨道；另一半轨道的能量高于原子轨道能量，称为反键分子轨道。成键分子轨道的形成，是原子轨道以同号重叠（波函数相加）的方式实现的，这种重叠导致电子在核区域出现的概率密度增大，从而对两个原子核产生强烈的吸引作用，形成强度较大的化学键。相反，反键分子轨道是原子轨道异号重叠（波函数相减）的结果，电子在核间出现的概率密度减小，对成键过程不利。

分子轨道的组合机制与杂化轨道存在本质区别。杂化轨道是由同一原子内部能量相近的不同类型轨道的重新组合，旨在优化原子在成键过程中的几何构型和能量状态；分子轨道是由不同原子提供的原子轨道通过线性组合而成，这一过程跨越了原子的界限，是分子层面电子结构重组的体现。在符号表示上，原子轨道通常采用 s、p、d 等标记，而分子轨道中，成键轨道被标记为 σ、π 等，反键轨道则相应地以 σ*、π* 表示。其中，σ 轨道是由原子轨道沿键轴以"头碰头"方式重叠形成，π 轨道是通过"肩并肩"方式重叠而成。

为了确保原子轨道能够有效组合成分子轨道，必须遵循三个基本原则：①能量相近原则，只有能量相近的原子轨道才能有效地组合成分子轨道，这是形成稳定分子结构的基础；②对称匹配原则，相对于键轴具有相同对称性的原子轨道才能相互组合，这一原则确保了分子轨道的对称性和稳定性；③最大重叠原则，两个原子轨道的重叠程度越大，所形成的成键轨道能量越低，有利于增强化学键的稳定性和强度。

在分子轨道中填充电子时，必须遵循能量最低原理、泡利原理和洪特规则，能量最低原理要求电子优先填充能量较低的分子轨道，以确保体系的总能量最低；泡利原理规定了同一分子轨道中不能容纳自旋状态相同的两个电子，这一原则保证了电子分布的多样性和稳定性；洪特规则指出，在能量相等的分子轨道中，电子应尽可能以自旋相同的方式分占不同的轨道，这一规则有助于解释分子的磁性和光谱性质。

2. 分子轨道能级图

每个分子轨道都有相应的能量，分子轨道的能级顺序主要是通过光谱实验数据确定的。如果将分子中各分子轨道按能级高低排列起来，可得分子轨道能级图，如图 6-9 所示。

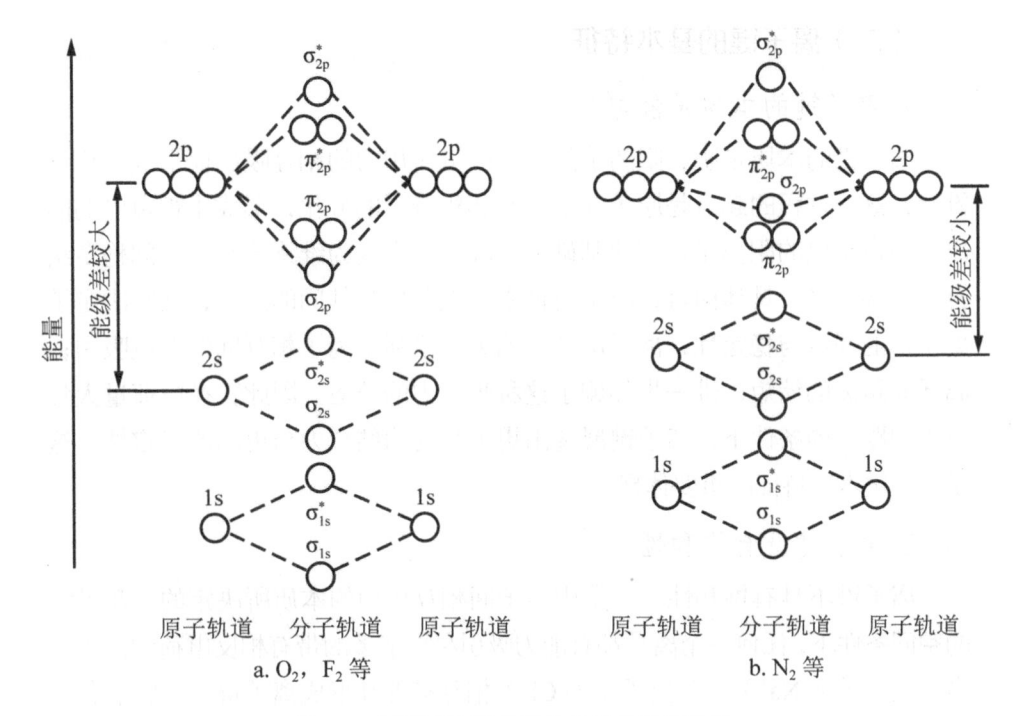

图 6-9　同核双原子分子的分子轨道能级图

二、离子键与离子

（一）离子键理论的基本要点

在化学理论的发展历程中，1916 年，基于稀有气体稳定结构的现象，离子键理论应运而生。该理论的核心在于阐释正负离子之间引力的本质，其基本要点如下：

当活泼金属元素与活泼非金属元素在特定的化学反应条件下相互靠近时，均展现出趋向于获取稀有气体那般稳定电子构型的倾向。这一过程中，鉴于两者电负性存在显著差异，活泼金属原子倾向于释放其最外层电子，从而成为带正电的正离子（亦称阳离子）。相反，活泼非金属原子则易于吸纳电子，使其最外层电子壳层达到饱和状态，从而带负电成为负离子。

正离子与负离子之间因静电吸引力的作用而相互缔合，形成所谓的离子键，这类通过离子键联结而成的化合物被归类为离子化合物。离子键不仅能在气态分子中得以体现，如气态氯化钠分子（离子型分子），其存在更为普遍的是在固体形态中。那些通过离子键结合而形成的固体物质，被专门称为离子型晶体。

（二）离子键的基本特征

1. 离子键的本质是静电作用力

离子键的本质是阴、阳离子间通过静电作用力的相互吸引而形成的化学键合，这一过程的起点是原子在电子转移机制下的分化，形成了带负电的阴离子与带正电的阳离子。在此基础上，静电引力成为维系这些离子间稳定结合的主导力量。具体而言，离子所携带的电荷量与其间的距离，共同决定了离子键的强度与稳定性，离子电荷的增大，增强了离子相互间的静电吸引；离子间距离的缩短，进一步加剧了这种吸引力的效应。因此，在电荷量大且离子间距小的条件下，离子键展现出更为强劲的结合力与更高的稳定性，这是离子键本质特征的重要体现。

2. 离子键没有饱和性

离子键不具有饱和性，这是由离子间相互作用的本质所决定的。在足够的空间条件下，任何一个离子都有能力吸引尽可能多的带有相反电荷的离子。当正离子（如Na^+）与负离子（如Cl^-）相互接近并形成离子键时，它们各自的电荷并未因成键而完全中和，这意味着每个离子依然保持着吸引来自不同方向异性电荷离子的潜力。尽管受到原子核间平衡距离的物理约束，使每个Na^+（或Cl^-）周围通常只能紧密协调6个Cl^-（或Na^+）离子，但在这一直接配位层之外，离子依然能对更远处的异号离子施加吸引力，只不过这种吸引力随着距离的增大而减弱，并非因为静电力达到了所谓的"饱和"状态。

离子键的这一非饱和特性，直接导致了离子晶体结构的连续性和整体性。在离子晶体中，无法界定出独立的"分子"单元，而是将整个晶体视为一个宏大的分子实体。以NaCl晶体为例，其中并不存在离散的氯化钠分子，NaCl这一化学式仅是用来表示晶体内部Na^+与Cl^-离子的数量比为1∶1，它并不等同于传统意义上的分子式。

离子型化合物中的离子并非纯粹的点电荷，其正负离子的原子轨道存在一定程度的重叠，这种重叠程度，以及离子键的强弱，很大程度上取决于构成元素的电负性差异。电负性差异越大，化合物中的离子性特征就越为显著，从而进一步强化了离子键在离子晶体结构中的主导作用和非饱和性质。

3. 离子键没有方向性

在离子键的构架中，构成键合的阴离子与阳离子均表现为带电球体，其电荷分布遵循球形对称的原则。球形对称的电荷分布意味着，离子在各个方向上的电荷密度是均匀一致的。因此，当考虑离子间的相互吸引时，这种均匀性导致了静电作用在空间各个方向上的等效性。换言之，对于任何一个带异电荷的离子而言，无论其从哪个方向接近，所受到的静电吸引力都是相同的，不存在某个特定方向上的吸引力更为强烈或有利的情况，这一特性对于离子晶体的结构构建具有深远影响。在离子晶体的形成过程中，离子群遵循能量最低原理，自发地排列成使整体静电能最小化的结构。由于离子键的无方向性，离子在三维空间中的排列可以更加灵活多样，不受特定方向性约束，从而能够形成多种多样稳定且有序的晶体结构。

离子键的无方向性还有助于解释离子化合物在溶解、熔融等状态下的行为，在这些过程中，离子键的断裂和重新形成并不依赖于特定的方向，而是由离子间的相互作用能和环境条件共同决定这种无方向性的特性，使离子化合物在化学反应和物理变化中展现出高度的适应性和多样性。

（三）离子的基本特征

离子的特征包括所带的电荷数、离子半径及电子构型。

1. 离子电荷

离子电荷的生成机制源于原子对电子的获取或失去过程，这一过程直接决定了电荷的绝对值，其与原子转移的电子数目相等。在化学体系中，元素形成正离子时，其所带正电荷的数量通常不会超过4个单位，这一限制主要由元素的各级电离势所决定。电离势作为原子释放电子所需能量的度量，其大小直接影响了元素形成高电荷态离子的能力。具体而言，那些原子半径较大且电离势相对较低的金属元素，如某些镧系元素，展现出形成高电荷正离子（如Th^{4+}、Ce^{4+}）的倾向，这归因于它们在外层电子排布上的特性及相对易于失去电子的性质。

相比之下，元素形成负离子时，其负电荷的数值通常被限制在3个单位以内，这一规律同样受到元素电子亲和能及分子结构稳定性的制约。复杂离子，即化学中常称的"根"离子，其电荷状态则由构成该离子的原子或原子团的氧化数总和来决定。氧化数反映了原子在化合物中得失电子的相对能力。

离子电荷量的增加增强了阴、阳离子间的静电相互作用力。这种增强的静电引力不仅提升了离子键的强度，还促进了离子晶体的稳定性和硬度的提高。因此，离子电荷的大小是理解离子化合物结构特性、溶解性以及反应活性等关键属性的重要参数。

2. 离子半径

离子半径是描述离子晶体结构特征的重要参数，其概念根植于离子化合物中阴阳离子间的相互作用机制。在离子晶体框架内，阴、阳离子通过静电吸引相互接近，而这种接近程度受限于核外电子云之间的排斥力以及原子核间的库仑斥力。当这些相互对立的作用力达到动态平衡状态时，正负离子间维持着一个最短的稳定距离，此即被定义为离子半径相关联的核间距，在结晶学领域通常以符号 d 表示。

核间距的精确测定不仅反映了离子间相互作用的强度，还间接决定了晶体的晶格能、熔点、硬度等一系列宏观性质。在众多测定方法中，X 射线衍射法凭借其非破坏性、高精度及适用范围广泛的优势，成为获取核间距数据的首选技术。该方法基于 X 射线与晶体中原子或离子的周期性排列发生衍射的原理，通过分析衍射图谱中的峰位和强度信息，可以精确计算晶体中原子或离子的相对位置，进而推导出核间距的具体数值。

离子半径的大小并非固定不变，它受到多种因素的影响，包括离子的电荷数、电子构型以及所处的晶体环境等。例如，相同元素的不同价态离子，由于其核外电子数的差异，往往展现出不同的离子半径。离子在晶体中所处的配位环境也会影响其有效半径：配位数的增加通常会导致离子半径的增大，这是由于配位离子间的空间位阻效应所致。

3. 离子的电子构型

离子的电子构型，作为原子在获取或失去电子以转化为离子状态时所展现的外层电子排列方式，是决定离子化学性质及由其构成的离子化合物特性的关键因素之一。这一构型不仅反映了离子内部的电子分布状态，还深刻影响着离子间相互作用的形式与强度，塑造了离子化合物的多样物理化学性质。

离子电子层构型对化合物性质有一定影响。即便某些离子具有相同的化合价，如众多碱金属元素与部分过渡金属元素所形成的 +1 价离子，其内在电子构型的差异仍会导致化合物性质的显著不同。碱金属元素（如 Na^+、K^+ 等）在形成离子时，遵循的是达到稳定的 8 电子外层构型的规则。这一构型特点使这些离子在形成化合物时，往往展现出较高的水溶性，如氯化钠（NaCl）和氯化钾（KCl）均易溶于水，体现了其离子键的较强极性和良好的溶解性。

相比之下，铜族元素（如铜和银）在形成 +1 价离子如（Cu^+、Ag^+）时，采用了 18 电子构型。这一相对复杂的电子排列导致了它们所形成的化合物，如氯化亚铜（CuCl）和氯化银（AgCl），在水中的溶解度显著降低，表现出难溶的特性。这种差异源于离子电子构型对离子间相互作用能、晶格能以及溶剂化能等多方面的影响，决定了离子化合物的溶解性、稳定性以及反应活性等关键性质。

（四）离子晶体的稳定性——晶格能

离子晶体的稳定性是一个复杂而重要的物理化学特性，其中晶格能扮演着核心角色，为评估离子间静电作用的强度提供了量化依据。晶格能（标记为 U）是指在标准状况下，将 1 mol 的离子晶体完全解离为气态自由离子所需要吸收的能量，这一能量参数直接关联离子键的强弱程度，晶格能的数值越大，意味着离子键的结合力越强，进而离子晶体的结构稳定性越高。

离子键的强度与键能、晶格能密切相关，它们在数值上趋于一致，均能有效反映离子间的相互作用力。在实际应用中，晶格能因其更便于理论计算和实验关联而得到广泛应用。晶格能并非直接通过实验测量获得，而是依赖于一系列精确的物理化学参数和理论模型进行间接计算得出。

晶格能的大小受多种因素影响，其中最为关键的是阴、阳离子的电荷数（Z）以及它们之间的核间距（r_0）。具体而言，在晶体结构类型相同的前提下，晶格能与离子电荷数成正比，即电荷数越多，晶格能越大；晶格能与离子间的核间距成反比，核间距的减小有助于提升晶格能，增强离子晶体的稳定性。

晶格能不仅是离子键强度的直接体现，还深刻影响着离子晶体的多项物理性质，包括熔点和硬度。对于结构类型相似的离子晶体而言，晶格能的增大往往伴随着晶体熔点的升高和硬度的增强。

第三节　分子间的作用力及晶体结构分析

一、分子间的作用力

分子间的作用力是一类很弱的作用力，但气体物质能凝聚为液态，液体物质能凝固成固态，都是分子间相互作用的结果。分子间产生作用力的根本原因是分子具有极性和变形性。分子间作用力包括取向力、诱导力和色散力。

（一）取向力

当两个极性分子达到足够接近的距离时，它们各自的固有偶极会发生一种有序排列，即同极相互排斥，异极相互吸引，这一过程被称为取向或定向排列，如图 6-10 所示。由此产生的极性分子间固有偶极的静电引力，被定义为取向力，亦称定向力。

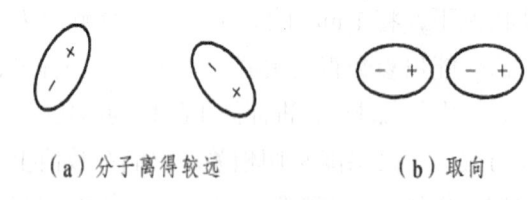

(a) 分子离得较远　　　　　(b) 取向

图 6-10　极性分子间的相互作用

取向力是极性分子间特有的相互作用形式，其本质源于静电引力。取向力的大小直接关联于极性分子的偶极矩，这一参数衡量了分子极性的强弱。具体而言，分子的极性特征越显著，其偶极矩的数值越大，相应地，所产生的取向力越强。偶极矩的变化直接影响着取向力的强弱，构成了一种正相关的关系。此外，取向力还受到环境温度的影响，表现出随温度升高而减弱的趋势，这一特性反映了分子热运动对取向有序性的破坏作用。在大多数极性分子的相互作用中，取向力所占比重相对较小，仅构成范德华力的一部分。

（二）诱导力

诱导力是分子间相互作用的一种重要形式，它源于极性分子与非极性分子，以及极性分子与极性分子之间的特定相互作用。极性分子凭借其固有的偶极，形成了一个微小的电场。当非极性分子靠近这一电场时，会受到其影响而发生极化现象，这一过程中，非极性分子的正负电荷重心发生偏离，从而产生或增大了其偶极，形成诱导偶极，如图 6-11 所示。

图 6-11　极性分子和非极性分子间的作用

诱导力的大小取决于两个关键因素：①极性分子的固有偶极矩，它决定了电场强度的大小；②被诱导分子的变形性，或称为极化率，它反映了分子在电场作用下易于发生极化的程度。极化率越大的分子，其变形性越强，因此在同一固有偶极的作用下，产生的诱导偶极矩越大，诱导力也越强。对于极化率相同的分子，若受到固有偶极矩较大的分子作用，其产生的诱导力也会相应增大。此外，分子间的距离对诱导力有着显著影响，距离越大，诱导力越弱，且随着距离的增大，诱导力会迅速减小。

（三）色散力

色散力作为分子间相互作用的一种基本形式，即便在非极性分子之间也普遍存在。非极性分子的偶极矩在静态下为零，然而，分子内部的原子核与电子始终处于永不停息的运动状态之中。在这一动态过程中，某一瞬间正负电荷重心会发生相对位移，从而赋予分子一个瞬时偶极，如图6-12（a）所示。当两个或多个非极性分子在适当条件下相互接近时，这些瞬时偶极便会导致异极相吸的现象，如图6-12（b）和（c）所示。由瞬时偶极产生的相互作用力称为色散力。

瞬时偶极虽然短暂且瞬息万变，但由于原子核和电子的不懈运动，瞬时偶极持续生成，异极相邻的状态也随之持续出现，因此色散力在分子间始终存在。色散力并非非极性分子所独有，任何分子均能产生瞬时偶极，意味着色散力同样作用于极性分子与极性分子之间，以及极性分子与非极性分子之间的相互作用中。

色散力的大小与分子的变形性密切相关。一般而言，对于组成和结构相似的分子，其相对分子质量越大，分子越容易变形，其色散力也相应增大。这一特性揭示了分子间相互作用力与分子本身物理性质之间的内在联系。

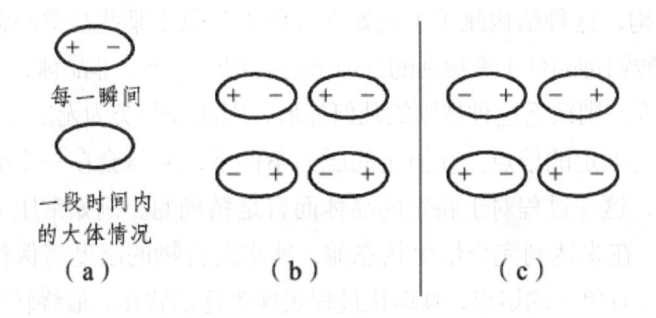

图6-12 非极性分子间的相互作用

（四）分子间力对物质性质的影响

分子间力，相较于化学键而言，其强度显得微不足道，即便在分子晶体结构内部或分子彼此紧密接近的情形下，这种作用力的表现依旧颇为微弱。仅当分子间的距离缩减至 500 pm 以下时，分子间力方才显现其存在，并且随着分子间距的逐渐增大，该力迅速衰减。由此彰显了分子间力作为一种短程作用力的特性，它不具备方向性，亦无饱和性的限制。

就物质的熔点和沸点而言，共价化合物的熔化与汽化过程，实质上是一个克服分子间力的过程。分子间力的强弱，直接关联物质熔点和沸点的高低，分子间力愈强，物质的熔点和沸点相应提升。在元素周期表的框架内，由同一族元素所构成的单质或同类化合物，其熔点和沸点往往呈现出随相对分子质量增大而增高的趋势。这一规律深刻体现了分子间力对物质物理性质的重要影响。

在溶解性方面，结构相似的物质之间存在着较易相互溶解的倾向。具体而言，极性分子倾向于溶解在极性溶剂之中，非极性分子更易于溶解在非极性溶剂之中，这一现象被概括为"相似相溶"原理，其内在机理在于，遵循此原理进行溶解，能够使溶解前后分子间力的变化保持在一个较小的范围内，从而有利于溶解过程的进行。

二、晶体结构分析

（一）晶体的主要特征

固体物质作为构成自然界多样形态的基础之一，以其特定的体积和形状存在，通常被划分为晶体与非晶体两大类别。在自然界广泛存在的固态物质中，晶体占据了主导地位，并展现出一系列独特且基本的特征。

晶体以其规则的几何外形而著称。在微观尺度下，完整的晶体呈现出高度有序的结构，这种结构赋予了它如立方体（类似于某些盐类晶体）或正八面体（如硫酸铝钾晶体）等规则的几何形态。相比之下，非晶体，诸如玻璃、松香及沥青等，则缺乏这种规则的几何外形，因此被归类为无定形体。

晶体拥有固定的熔点。在恒定的压力条件下，晶体会在一个确定的温度下开始熔化，这一过程对于特定的晶体而言是精确的。例如常压下冰的熔点恒定于 0℃，在未达到完全熔化状态前，冰水混合物的温度将保持不变。相反，非晶体没有单一的熔点，其熔化过程表现为逐渐软化，最终转变为液态，且这一过程的温度范围较宽。

晶体还展现出各向异性的特性。以云母薄片为例，当其一面涂覆薄层石蜡并用热钢针加热另一面时，融化的石蜡会呈椭圆形扩张，揭示了云母在不同方向上的导热性存在差异。晶体在导热性、导电性、光学及力学性质等方面沿不同方向表现出不同数值的现象，即为各向异性。相比之下，非晶体（如玻璃）在破碎时不会沿特定方向裂开，而是形成形状各异的碎片，体现了其各向同性的性质。

1. 晶体配位数和配位多面体

晶体材料的基本性能与其结构的相邻原子或离子之间的相互作用密切相关。配位原子（C、N）或配位多面体是用于描述一个原子或离子周围的近邻状况的概念。配位数是指在晶体结构中，围绕一个原子或离子直接相邻的原子数量或异号离子的数目。因此，晶胞内的每个原子或离子（无论正负）都拥有一个特定的配位数。不过，由于长程相互作用的存在，精确界定与中心原子直接相互作用的邻近范围相当困难。为此，通常将原子间的距离作为确定最近邻原子的参考依据。

例如，在金属锑中，每个 Sb 原子有 3 个相距 0.291 nm 的近邻原子和 3 个相距 0.336 nm 的原子，后者距离仅比第一原子的壳层距离长 15%。在这种情况下，通常可以用 "3+3" 表示锑原子的配位数。但这种表示方法形式较为复杂，一般适用描述复杂的化合物晶体。通常，配位数更多的是采用平均或"有效"的概念，即全部具有权重因子的相邻原子的总数。这些原子可以作为具有 0 和 1 之间权重因子的分数原子。如果一个原子远离中心原子，则其权重因子趋向于零。

为便于描述一个中心原子周围的原子分布，引入了配位多面体的概念。配位多面体是通过连接相邻配位原子的中心而形成的。与一个多面体相关的对称性和配位数是确定化合物几何形状和化学成分的基本因素。因此，在某些情况下，原子的小位移可能导致一个多面体转变为另一个多面体，从而引发晶体的性能变化。在微观层面，晶体的结构可以被视为由无数配位多面体通过共享顶角、面和棱构成的体系。在宏观层面，晶体的外形也常呈现出多面体的形状。两个相连的多面体之间的公共原子被称为桥位原子。在共面的多面体中，中心原子间的距离相对较近；在共顶的多面体中，中心原子间的距离则相对较远。这些连接构型的转变将导致晶胞的相变和结构变化，这也是许多结构演变现象的基础。

在构建多面体时，一般选择正离子为中心原子。此类配位多面体常被用作构建化合物结构的基本单位。具有配位数2、3、4和6的配位多面体是最常见的结构形式。例如，NaCl离子晶体的微观结构是典型的配位多面体组合形式。在这些晶体中，较大的负离子（如Cl^-）配位在较小的正离子（如Na^+）周围形成配位多面体。整个晶体结构就是这些多面体以一定的方式连接所形成的三维形式。其中正离子处于配位多面体的中心，负离子则位于多面体的顶角。

多面体大体可分为两类：规则多面体和半规则多面体。规则多面体所有的面与同心球面相切，所有的顶角位于同心球面之上。实际晶体中仅有五种规则多面体，包括四面体、八面体、立方体、十二面体、二十面体。如果一个多面体有f个面和c个顶角，而另一个多面体有c个面和f个顶角，则这两个多面体称为共轭多面体。例如，八面体和立方体之间存在共轭关系；十二面体和二十面体互为共轭多面体；而四面体本身则是自身共轭体。规则多面体的所有面都是同一类的规则多边形。所谓的半规则多面体就是指使多面体的面不全是同一类型的规则多边形。多面体的面数f、顶角数c和棱数e，存在Euler（欧拉）关系，即：$c+f=e+2$。

2. 晶体的同型性和多型性

晶体结构的同型性指的是它们的原子以相同的对称性方式排列分布。当结构中一种元素的原子被另一种元素的原子取代，并且不改变这些原子在晶体结构中的相对位置时，一个晶体通过替换元素原子生成另一个晶体。晶胞尺寸和原子间距可以不相同，原子配位数也可以有微小变化，但是晶体结构（几何晶体学中提出的晶格常数的绝对值）必须保持不变，即两个晶型结构在所有原子位置上满足一一对应的关系。如果化学键合条件也相同，则称这类结构为化学同型晶体。

如果两种化合物具有同型结构，并且能够形成混合晶体（或原子替换过程能够精确连续地完成），则称之为晶体的结构具有同型性。

如果两种离子化合物有相同类型的结构，但是一种化合物中阳离子的位置对应于另外一种化合物中阴离子的位置，并且反过来也是如此，则这种化合物被称为反型结构。例如，在Li_2O中，Li^+离子占位与CaF_2中的F^-离子相同，而O^{2-}离子占位与Ca^{2+}离子相同。因此，Li_2O可以归类于"反CaF_2型"结构。

具有相同化学成分但结构不同的晶体称为多晶型。其中,不仅晶体的原子空间排列不同,而且在物理和化学性能上也不同的多晶型又称为同素异构体。这种结构上的差异可以产生从微小变化到完全不同的原子排列。化合物的同素异构体可以产生性质截然不同的相,这些相通常以希腊字母来表示。例如,铁在912 ℃以下为体心立方结构,称为α-Fe;在912 ℃～1394 ℃之间,具有面心立方结构,称为γ-Fe;温度超过1394 ℃至熔点间,又变成体心立方结构,称为δ-Fe。由于不同晶体结构的致密度不同,当金属由一种晶体结构变为另一种晶体结构时,将伴随着质量体积的跃变。

具有同层但不同堆垛顺序结构的多晶型称为多型体。多型体之间的区别通常在于堆垛次序。例如六方密堆结构中,堆垛次序是ABABAB…;在立方密堆中,堆垛次序为ABCABC…。由于生长条件的影响,实际上许多同种化合物的晶体结构中还可以有其他重复的方式,如四层重复、六层重复等。

多晶型现象是一种特殊类型的同分异构体现象。一种化合物的多晶型结构的形成主要依赖于制备条件和结晶条件,包括合成方法、温度、压力、溶剂种类、冷却或加热速率、溶解或结晶、合成与聚合等因素。具有一级相变的化合物通过改变温度、压力等热力学条件,使一相转变为另一相的过程,属于多晶型中的同分异构体转变。由于一级相变是一种突然的变化,因此,同分异构体的转变反映在宏观性能上,会引起系统的热焓、热效应和体积等的突变。而且一级相变表现出来的滞后特性,是因为相变过程中涉及接触物质的转变焓的交换和原子重排,这些都需要时间。此外,相变过程的速率还取决于新相的成核和长大。通常一级相变会以较慢的速率进行,特别是在温度较低时,相变过程中的不稳定相能以非常缓慢的速度转变到稳定相。因此,在相变的中间状态下,人们能够有条件对热力学不稳定的问题或因素进行比较细微的分析研究。例如,采用快速冷却或压力变化的方法,能够在室温的条件下获得高温稳定相的实验。通常,这些不稳定相都具有非晶或准晶结构,属于介于晶体和非晶体之间的固体结构,在它们的原子排列中,其结构是长程有序的,这点和晶体相似,但是不具备平移对称性,这一点又和晶体不同。普通晶体具有二次、三次、四次或六次的旋转对称性,但是准晶的布拉格衍射图可能具有五次对称性或更高的六次以上的对称性。这类准晶结构的材料具有非常特殊的物理、化学性能。二级相变是在一个温度区间内发生的,相结构经历连续变化,且没有明显的滞后特性。与一级相变会有较多的不同。

（二）晶体的基本类型

1. 原子晶体

原子晶体作为一类独特的固态物质结构，其晶格结点上的原子以有序且交替的方式排列，并通过强有力的共价键相互连接，构成了一个连续无界的大分子网络，而非由独立的小分子组成。这类晶体的结构基石在于共价键的结合机制，这种结合不仅牢固异常，而且其共用电子对呈现出高度的定域性，缺乏流动性，这一特性深刻影响了原子晶体的物理和化学性质。

原子晶体的特征主要包括：①硬度极高，这一特性源自其内部原子间强大的共价键连接，使外力难以破坏其晶体结构；②原子晶体的熔点通常极高，这是因为破坏共价键所需能量巨大，远超一般化学键的解离能；③在电学性质方面，原子晶体多表现为绝缘体或半导体，如硅和碳化硅等，它们在特定条件下能够展现导电性，这一特性在半导体工业中具有极其重要的应用价值；④原子晶体在溶解性方面表现出明显的惰性，它们不溶于大多数常见溶剂，进一步体现了其结构的稳定性和共价键的强固性；⑤由于缺乏金属键所赋予的塑性变形能力，原子晶体通常不具备延展性，这一特点使其在材料科学中占据了独特地位。

例如，金刚石就是典型的原子晶体。在金刚石晶体中，每个 C 原子以 sp^3 杂化轨道与周围 4 个 C 原子通过共价键连接成一个三维骨架结构。金刚石的莫氏硬度为 10，是所有材料中最硬的，熔点为 3552 ℃，远高于离子晶体的熔点（通常 < 2700 ℃）。此外，诸如金刚砂（SiC）、石英（SiO_2）、氮化硼（BN）以及氮化铝（AlN）等物质，均属于典型的原子晶体范畴，它们以独特的晶体结构和性质，在材料科学、电子工业以及众多高新技术领域中发挥着不可替代的作用。

2. 分子晶体

分子晶体的结构特性在于其晶格结点上排列的是极性分子或非极性分子，这些分子内部通过较强的共价键紧密相连，展现了分子内部的稳定性。而在分子与分子之间，则是通过相对较弱的分子间作用力或氢键相互维系，这种弱相互作用力直接决定了分子晶体的诸多物理性质。具体而言，由于分子间作用力的脆弱性，分子晶体通常表现出较低的硬度，意味着它们在外力作用下容易发生形变；熔点也相对较低，反映了分子间相互作用能在较低温度下即可被克服，从而导致晶体熔化。

在电学性质方面，分子晶体普遍呈现出导电性差的特点，大多数情况下表现为绝缘体，这是因为在分子晶体中，缺乏自由移动的电子或离子来传导电流。然而，当分子晶体由极性分子构成时，其在水溶液中能够发生电离，产生自由离子，从而赋予水溶液一定的导电性。

分子晶体的溶解性遵循"相似相容"原理，即非极性分子形成的分子晶体倾向于溶解在非极性溶剂中，而极性分子形成的分子晶体则更易溶于极性溶剂。

在自然界和人工合成物质中，分子晶体广泛存在。例如，固态 CO_2（干冰）就是一种典型的分子晶体，其结构如图 6-13 所示。此外，非金属单质（如 H_2、O_2、N_2、P_4、S_8、卤素）、非金属化合物（如 NH_3，H_2O，SO_2）以及绝大多数有机化合物，在固态时均归属于分子晶体的范畴，展现了分子晶体在物质世界中的普遍性和重要性。

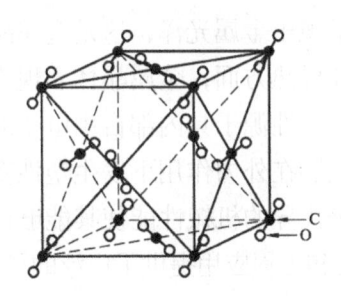

图 6-13　干冰的晶体结构

3. 离子晶体

离子晶体的本质特征在于晶格结点上阴、阳离子的有序交替排。这些离子通过强大的离子键相互联结，共同构成晶体的骨架。在这类晶体中，并不存在传统意义上的独立小分子，整个晶体结构被视为一个宏大的分子实体，其化学组成通常以化学式来精确表述。

离子晶体的物理及化学性质，从根本上讲，是由晶格结点上离子的种类及其复杂的相互作用力所决定的。离子晶体的显著特性表现为晶格内部阴、阳离子通过离子键紧密结合，这种结合方式赋予了离子晶体极高的结构稳定性。因此，离子晶体通常具有高硬度、高熔点和高沸点的特性，在常温环境下，它们以固态形式存在。

由于离子晶体具有显著的极性特征，使它们往往易于溶解在极性较强的溶剂中，水（H_2O）便是其中的典型代表。在固态条件下，离子晶体中的阴、阳离子被牢固地固定在晶格中的特定位置，缺乏自由移动的能力，因此固态离子晶体表现为电绝缘体。然而，一旦离子晶体熔融或溶解于水中，离子获得自由移动的能力，在外加电场的作用下便能展现出良好的导电性能。

离子晶体在水中的溶解性呈现出显著的差异性。一部分离子晶体，如氢氧化钠（NaOH）、氯化钠（NaCl）和硝酸钾（KNO_3），极易溶于水；而另一部分，如碳酸钙（$CaCO_3$）、硫酸钡（$BaSO_4$）和氯化银（AgCl），则表现出难溶于水的性质。

4. 金属晶体

金属晶体构成于晶格节点之上，其间排列着有序的金属原子或离子，这些构成单元通过金属键相互联结，共同构筑了这类独特的晶体结构。作为由同种原子通过金属键结合而成的巨型分子体系，金属晶体展现出一系列鲜明的物理特性。它们通常呈现出金属光泽，这是金属晶体内部自由电子集体运动的外在表现。在导电和导热方面，金属晶体表现出极为优越的性能，是电和热传导的良导体，这一特性源于其内部自由电子的高效流动。此外金属晶体具备出色的延展性，能够在外力作用下发生塑性变形，而不易像离子晶体那样发生脆性断裂。这种优异的机械性能使其能够被加工成各种形状，包括细丝和薄片，为材料加工和工程应用提供了广泛的可能性。

第七章 配位化合物及其应用

配位化合物在化学领域犹如一颗璀璨明珠，闪耀着独特的光芒。随着化学研究的不断深入，人们发现其在众多领域具有广泛而深远的应用前景。从精细化工到材料科学，从生物医学到环境治理，配位化合物都扮演着不可或缺的角色。铂类抗癌药物的成功研发，更是让配位化合物在医学领域大放异彩，为人类攻克癌症难题带来了新的希望。本章将深入剖析配位化合物的结构、化学键理论、配位平衡以及合成方法，并进一步探索其在铂类抗癌药物中的应用，以期为相关领域的科研与实践提供有益的参考和启示。

第一节 配位化合物及其结构

一、配位化合物

配位化合物，简称配合物，是一类组成复杂且应用广泛的化合物。作为现代无机化学的重要研究领域之一，其研究对分析化学、生物化学、电化学和催化动力学等领域具有深远的理论与实际意义。在生化检验、环境监测以及药物分析等领域，配位化合物已展现出多方面的应用价值。配位化合物是一类用途广泛且作用巨大的化合物，极大地促进了社会的发展。随着科学的不断进步，配位化合物在科学研究和生产实践中的许多领域都发挥着越来越重要的作用[1]。

---

[1] 王超飞，邹淑君．配位化合物在医药领域的研究与应用[J]．黑龙江医学，2023，47（11）：1402-1405．

配位化合物的特殊性质使其成为生物体内过渡金属元素的重要存在形式。在植物中，光合作用依赖于含镁的配位化合物叶绿素来完成光能的捕获与转化。在动物体内，血红蛋白以含铁的配位化合物形式存在，负责氧气的运输功能。此外，人体所需的多种酶以金属配位化合物形式发挥其催化功能，这种作用在生命活动的维持和调节中不可或缺。

（一）配位化合物的组成

配位化合物是一类重要的化学物质，其组成和结构不仅体现了化学键理论的独特应用，还在化学、材料科学和生物化学等领域具有广泛的应用价值。配位化合物由内界和外界两部分构成：内界通常称为配离子，其内部由中心原子与配体通过配位键结合而成；外界由与内界相结合的离子组成。

1. 中心原子

中心原子是配位化合物的核心组成部分，通常为金属原子或金属离子，尤其是过渡金属元素的离子（如 Fe^{3+}、Co^{3+}、Cu^{2+} 等）。中心原子的特性在于其外围电子层具有空轨道，能够接受配体提供的孤对电子，从而形成配位键。以 $[Cu(NH_3)_4]^{2+}$ 为例，铜离子（Cu^{2+}）作为中心原子，与四个 NH_3 分子通过配位键结合。这一特性使中心原子在配位化合物的形成中起决定性作用。此外，某些非过渡金属原子也可作为中心原子，例如 Ni 在 $[NiCO_4]$ 中为中心原子。

2. 配体与配位原子

配体是含有孤对电子的中性分子，如 NH_3、H_2O 或阴离子（Cl^-、CN^-）。配体中的孤对电子可以填充中心原子的空轨道，形成配位键。

配位原子是指配体中直接与中心原子形成配位键的原子。例如，在 NH_3 分子中，氮原子是配位原子；在 H_2O 分子中，氧原子是配位原子。配位原子通常是周期表中高电负性的元素，如氮、氧、硫等。根据与中心原子结合的配位原子数目，配体可以分为单齿配体、多齿配体和螯合物。

单齿配体：仅含有一个配位原子，如 NH_3、H_2O、Cl^-。

多齿配体：含有两个或多个配位原子，可以同时与中心原子形成多个配位键。例如，乙二胺（$NH_2—CH_2CH_2—NH_2$）是双齿配体，其两个氮原子均可与中心原子结合；氨基三乙酸则是四齿配体，其氨基和羧基均能参与配位。

螯合物：由多齿配体与中心原子形成的环状结构配位化合物。例如 $[Cu(en)_2]^{2+}$，乙二胺 (en) 分子通过两个氮原子与铜离子配位，形成了两个五元环。

3. 配位数

配位数指的是中心原子与配位原子直接结合的数目。常见的配位数为 2、4、6。例如：

在 $[Ag(CN)_2]^-$ 中，银离子的配位数为 2。

在 $[Cu(NH_3)_4]^{2+}$ 中，铜离子的配位数为 4。

在 $[Cr(H_2O)_4Cl_2]^+$ 中，铬离子的配位数为 6。

对于多齿配体，配位数等于配体数与每个配体的配位原子数的乘积。例如：

在 $[Cu(en)_2]^{2+}$ 中，每个乙二胺分子含有两个配位原子，两分子乙二胺共形成四个配位键，因此铜离子的配位数为 4。

在 $[Ca(EDTA)]^{2-}$ 中，EDTA 为六齿配体，其六个配位原子均与钙离子配位，因此配位数为 6。

4. 配离子的电荷

配离子的电荷等于中心原子与配体电荷的代数和。例如，在 $[Cu(NH_3)_4]^{2+}$ 中，铜离子电荷为 +2，而四个 NH_3 配体为中性，因此配离子的总电荷为 +2。

在 $[HgI_4]^{2-}$ 中，汞离子的电荷为 +2，四个 I^- 配体的总电荷为 −4，因此配离子的电荷为 −2。

此外，配离子的电荷也可通过外界离子来确定。例如，在 $K_3[Fe(CN)_6]$ 中，外界三个钾离子的总电荷为 +3，因此配离子的电荷为 −3。

（二）配位化合物的分类

1. 简单配位化合物

简单配位化合物是指由一个中心离子与若干个单基配体形成的配位化合物，如 $[Cu(NH_3)]SO_4$、$K_2[HgI_4]$、$[Ag(NH_3)_2]^+$ 等均属于这种类型。简单配位化合物是一种结构相对直观的配位化合物，由中心离子与若干单基配体通过配位键结合形成。这类化合物的中心离子多为过渡金属离子，而配体通常为带孤对电子的中性分子或负离子。其结构一般不包含环状特征，表现出较高的对称性和规则性。在溶液中，简单配位化合物具有显著的逐级生成与逐级解离特性。配体与中心离子的结合过程通常分步进行，各步骤生成的中间物质亦具有化学意义。这种逐级反应机制为研究其生成动力学与热力学行为提供了丰富的信息。此外，简单配位化合物的形成通常受金属离子与配体之间相

/127

互作用强度的影响，具体体现在配体场对中心离子 d 轨道电子分布的调控上。通过对其生成条件与溶液行为的研究，可以更好地揭示金属离子与配体在特定环境下的协同作用模式。

2. 螯合物

螯合物的形成依赖于多齿配体中多个配位原子与中心离子的多重键合作用。这类配位化合物的显著特征在于环状结构的存在，这种环状结构赋予螯合物优异的稳定性，其热力学稳定性通常远高于简单配位化合物。其中，五原子环与六原子环尤为稳定，其原因可以归结为环的几何刚性和键角适配性的优化。螯合配体的作用不仅限于提供孤对电子与中心离子结合，还通过空间约束效应增强了分子整体的构型刚性，减少了不必要的分子内应力。此外，螯合物的稳定性受溶液环境、pH 值以及配体种类的显著影响，这些因素决定了中心离子与配体的结合能力与结合方式。通过研究螯合物的形成与稳定性规律，可以深化对金属离子络合作用机制的理解，为配位化学的理论完善与实际应用提供重要依据。这种分类方式不仅反映了配位化合物在结构上的多样性，也展现了配体与中心离子间复杂而精细的相互作用。这一研究框架为探索不同条件下的金属离子配位行为提供了有力支持，并进一步揭示了配位化学在催化、分离与分析等领域中的潜在应用价值。

二、配位化合物的结构

（一）配位化合物的价键理论

1. 价键理论的基本要点

价键理论是解释配位化合物结构和键合特性的重要理论，其核心在于通过描述形成体与配位原子之间的配位键形成机制，从微观层面揭示配位化合物的成键规律与空间构型特征。配位原子通过其孤对电子与形成体的空轨道相互作用，从而实现电子对的转移与共享，这种结合过程体现了共价键的基本特性。

在价键理论的框架下，形成体通过提供与配位数相等数量的空轨道，作为电子对的接受体；而配位原子则通过其孤对电子作为给予体，与形成体的空轨道发生有效重叠，形成配位键。形成体的空轨道在成键前会经历杂化过程，生成的杂化轨道不仅数目等同于配体数目，而且能量相同，并具有特定的空间伸展方向。配位键的形成主要依赖于配位原子孤对电子与形成体杂化轨道之间沿键轴方向的重叠效应，这种重叠直接决定了键合的强度与稳定性。

形成体杂化轨道的空间取向性决定了配体在形成体周围的空间排布方式，从而赋予配位化合物特定的空间构型。具体而言，杂化轨道的取向既要最大限度地减少轨道间的静电排斥，也要保证键合的对称性与能量最优。以中心原子为几何基准，形成的空间构型在很大程度上由杂化轨道的类型决定。例如，在特定条件下，形成体的杂化轨道可能表现为正八面体、四面体或平面正方形的几何排布形式。这种构型上的规律性是解释配位化合物化学性质的重要依据。

2. 配位化合物的稳定性

配位化合物的稳定性主要受配位键性质和中心原子轨道利用的影响。尽管配离子在溶液中通常表现出较高的稳定性，但不同配离子的稳定性存在显著差异。这种差异可以通过价键理论解释，其中配位键类型的不同是影响稳定性的关键因素。

内轨配键是形成体利用次外层 d 轨道与配体孤对电子杂化成键的配位形式。由于次外层 d 轨道的能量较低，与配体形成的配位键更强，因此内轨配位化合物在能量上更加稳定。这种低能量状态有效降低了配位化合物解离的可能性，从而提高了配位化合物的稳定性。外轨配键则是形成体利用最外层 d 轨道与配体成键，由于外层 d 轨道的能量较高，与配体形成的键强较弱，因此外轨配位化合物的稳定性相对较低。这一特性在许多配离子中得以体现，即使配位数相同，内轨型配离子通常比外轨型配离子更加稳定。

配位化合物的稳定性不仅与配位键类型相关，还受到配体性质的显著影响。配体的电子云密度、极性以及与中心原子的相互作用强度会显著改变配位化合物的稳定性。例如，电负性较高的配体通常更容易与中心原子形成强配位键，从而增强配位化合物的稳定性。此外，配体与形成体之间的轨道重叠程度越大，键合能量越高，配位化合物的稳定性越显著。

从分子结构的角度分析，配位数和几何构型的对称性也是影响配位化合物稳定性的因素之一。高对称性构型通常意味着分子内应力较小，从而有利于分子整体的稳定性。对于某些中心原子，特定配位数下的几何构型会因轨道能量的最小化而表现出更高的稳定性，进一步体现了配位化学中能量与几何之间的内在联系。

3. 配位化合物的磁性

配位化合物的磁性源于中心原子或离子中未成对电子及其自旋运动产生的磁效应。这一特性与电子构型密切相关，能够通过价键理论和杂化轨道类型进行分析。若中心原子或离子中的正自旋和反自旋电子数量相等，所有电子均成对存在，则自旋磁效应相互抵消，此类配位化合物表现为反磁性或抗磁性。相反，若存在未成对电子，且正自旋和反自旋电子数目不等，则总磁效应不能完全抵消，这种配位化合物表现为顺磁性。未成对电子的数量直接决定了顺磁性的强弱。

在配位化合物中，中心原子与配体配位时，杂化轨道类型会影响未成对电子的分布及其磁性。例如，采用外轨型杂化轨道（如 sp^3d^2 杂化）时，次外层 d 轨道的电子未被参与成键的配体电子填充，可能会保留较多未成对电子。这种情况通常表现为较强的顺磁性。而采用内轨型杂化轨道（如 d^2sp^3 杂化）时，次外层 d 轨道参与杂化，与配体电子成键后，未成对电子数量通常会减少，表现出弱顺磁性或反磁性。

此外，配体场强度也是决定配位化合物磁性的关键因素。强场配体倾向于诱导中心原子的 d 轨道电子重新排列，从而填满部分次外层 d 轨道，减少未成对电子的数量，使配位化合物表现出弱磁性或抗磁性。弱场配体对中心原子电子的影响较小，未成对电子的数量通常较多，表现出强顺磁性。

（二）配位化合物的晶体场理论

配位化合物的晶体场理论是理解和解释配位化学中中心金属原子的电子结构、配体与金属之间相互作用，以及物质性质的基础理论之一。该理论主要通过描述配体所产生的场对中心金属原子的影响，进而解释配位化合物的光谱性质、磁性、稳定性等行为。在晶体场理论中，核心的概念是"晶体场作用"，即配体所带来的电场作用如何导致中心金属原子 d 轨道的能级分裂，并进一步影响其物理化学性质。

1. 中心原子 d 轨道的能级分裂

在配位化合物中，中心原子通常是过渡金属元素，具有未成对的 d 电子。配体分子通过与中心金属原子相互作用，产生一个电场，称为"晶体场"，使中心原子原本简并的 d 轨道能级发生分裂。晶体场作用的强度和类型决定了 d 轨道能级的分裂方式，而这种能级的分裂是晶体场理论中最关键的现象之一。在没有外部场（如配体场）作用下，中心金属原子的 d 轨道能级是简并的，意味着所有的 d 轨道能量相同。当配体围绕中心金属原子形成配位键时，配体的负电荷通过电场影响中心金属原子的 d 轨道电子，导致 d 轨道中的电子分布不再均匀，能级出现分裂。晶体场理论提出了三种常见的配位几何形状，其中最为典型的是八面体、四面体和方形平面。不同配位几何形状下，d 轨道的分裂模式和分裂程度各不相同。

（1）八面体配位场

在八面体配位场中，中心金属原子的 d 轨道会分裂为两个能级，其中一个能级较高，另一个较低。这是因为在八面体配位结构中，配体与 d 轨道的相互作用不均匀，导致某些轨道处于较强的配体场区域，另一些轨道则处于较弱的区域。d 轨道分裂为两个不同能量的子能级：低能级的 e_g 轨道和高能级的 t_{2g} 轨道。e_g 轨道与配体轴方向对齐，t_{2g} 轨道则与配体轴方向垂直。由于配体与轨道间的相互作用，e_g 轨道的能量较高，而 t_{2g} 轨道的能量较低。

（2）四面体配位场

四面体配位场中的 d 轨道分裂模式与八面体场有所不同。在四面体结构中，配体与金属原子之间的相互作用较为均匀，因此四面体的对称性使 d 轨道的分裂更加对称。具体而言，四面体配位场使 t_{2g} 轨道和 e_g 轨道发生了不同程度的能级分裂，但这种分裂程度较八面体场要小。其中，t_{2g} 轨道（与配体轴垂直）能量较高，而 e_g 轨道（与配体轴对齐）的能量较低。

（3）方形平面配位场

方形平面配位场相比于八面体和四面体配位场，其 d 轨道的分裂更为复杂。在方形平面结构中，配体位于金属原子的 xy 平面内，因此对金属 d 轨道的影响主要集中在该平面内。由于方形平面配位的特殊性，d 轨道分裂的方式与其他两种配位场不同，因此通常呈现出更为显著的能量差异。

2. 分裂能

中心离子的 d 轨道受不同构型配体电场的影响，能级发生分裂，分裂后最高能级和最低能级之差称为分裂能，以 Δ 表示。例如，在正八面体场中，分裂能通常用 Δo 表示。分裂能的大小与配体场的强弱、中心金属原子的电子结构及其氧化态密切相关。强场配体产生较强的电场，导致 d 轨道的能级分裂更加显著，从而使分裂能增大。反之，弱场配体则引起较弱的电场作用，导致较小的分裂能。配体类型是分裂能变化的关键因素之一。常见的强场配体包括氰根离子等，而水分子等则属于弱场配体。除配体的性质外，中心金属的氧化态同样对分裂能有显著影响。高氧化态的金属离子通常会导致较大的分裂能，因为较高的氧化态会使金属离子的电子云更加紧密，从而增强配体场与金属离子间的相互作用。

配位几何结构也在一定程度上影响分裂能的大小。在八面体配位场中，d 轨道通常分裂为两个能级：低能级的 t_{2g} 轨道和高能级的 e_g 轨道，分裂能 Δo 决定了这两个能级之间的能量差。八面体配位结构的对称性较高，配体沿着轴向分布，因此对金属原子的影响较为不均匀，导致显著的能级分裂。在四面体配位场中，d 轨道的分裂方式与八面体不同，分裂能 Δt 通常较小，这是由于四面体结构的对称性较低，配体与金属原子间的相互作用较为均匀。

分裂能的大小直接决定了配位化合物的电子跃迁能量，进而影响材料的光学吸收和发射特性。在分裂能较大的情况下，电子跃迁所需的能量较高，因此往往表现出较宽的光谱带宽或较窄的吸收带。分裂能还与配位化合物的磁性特性密切相关。较大的分裂能可能导致电子配对，表现为低磁性，较小的分裂能则使未配对电子的存在更为常见，从而表现为较强的磁性。通过精确调控分裂能，可以设计具有特定磁性和光学特性的材料，从而满足在催化、传感和能源转换等领域的应用需求。

第二节　配位化合物的化学键理论

配位化合物的化学键理论包括价键理论、晶体场理论和分子轨道理论，以下主要阐述价键理论。

一、配位化合物价键理论的基本要点

配位化合物的价键理论是理解其金属离子与配体之间相互作用的重要理论之一。该理论为配位化合物的结构、稳定性以及化学性质提供了系统的解释，并通过杂化轨道理论阐述了金属中心离子或原子与配体之间的结合方式。其基本要点包括对中心离子和配体之间的结合机理、轨道的杂化以及空间结构的形成等方面的深刻探讨。

金属中心离子或原子通常提供空轨道，配体则通过其孤对电子与金属中心离子或原子的空轨道相互作用，形成配位键。这些配位键通常用 M-L 表示，其中 M 代表金属中心离子或原子，L 代表配体。配位键的形成是配位化合物稳定性的基础，其强度直接影响配位化合物的物理化学性质。通过电子的共享和轨道重叠，配体和金属中心离子或原子共同作用，形成稳定的化学键。

金属中心离子或原子提供的空轨道在配位化合物中往往不是单一的，而是一组等性杂化的轨道。杂化轨道的数量与配位数的数量相等，这种杂化是为了最大化轨道重叠，从而增强配位键的强度和配位化合物的稳定性。杂化轨道的类型和数量通常取决于金属中心离子或原子的电子配置及其所处的化学环境。杂化后的轨道不仅在能量上更为合理，还能提供合适的空间方向，以适应配体的空间需求。

配位单元的空间结构由金属中心离子或原子的杂化轨道空间构型决定。不同的杂化方式导致配位化合物呈现出不同的几何结构。例如，在八面体结构中，金属中心离子或原子通常会形成 d^2sp^3 杂化轨道，而在四面体结构中，可能会形成 sp^3 杂化轨道。杂化轨道的空间方向决定了配体的排布和配位化合物的几何形状，因此，配位化合物的空间结构可以通过分析其杂化轨道来进行合理的预测。

价键理论通过对杂化轨道、配位键形成以及空间结构等方面的系统阐述，为配位化合物的性质和结构提供了深刻的理解。该理论不仅能够解释配位化合物的几何形状，还能对其电子结构、稳定性以及化学反应性等方面提供重要指导。

二、杂化方式和配位化合物的空间构型

中心离子或原子在配位化合物中的杂化方式对于理解其空间构型和配位键的稳定性至关重要。杂化方式的选择受中心离子或原子本身的电子结构特征以及外部配位环境的影响。中心离子的电子轨道能量水平和形状决定了哪些轨道能够参与杂化，从而形成不同类型的杂化轨道。这些杂化轨道在配位化合物中发挥着关键作用，决定了其几何构型和配位体的空间排布。

金属中心离子或原子的杂化方式与其结构特性密切相关。每个原子或离子具有一定数量的原子轨道，且这些轨道具有不同的能量水平。能量相近的轨道通常会相互作用并通过杂化形成新的轨道，这些新的杂化轨道在空间中

以特定的几何形状进行排列。杂化的类型取决于金属中心离子或原子的电子配置及其所需的电子轨道数目。为了形成稳定的配位键，金属中心离子或原子必须提供一定数量的杂化轨道，而这些轨道的数目与配位数直接对应。配位数的大小决定了所需杂化轨道的数量，从而影响最终的空间构型。

金属中心离子或原子与配体之间的相互作用要求金属中心离子或原子提供与配位数相等的杂化轨道，这些杂化轨道会围绕中心离子均匀地分布。在配位化合物中，不同的配位数对应不同类型的杂化。例如，配位数为4时，中心离子通常采用sp^3杂化形成四面体结构；而配位数为6时，常见的是d^2sp^3杂化，形成八面体结构。不同的杂化方式赋予了配位化合物不同的几何形状，这不仅影响配体的空间排布，还决定了配位化合物的稳定性和反应性。

在配位化合物的形成过程中，杂化轨道的空间构型直接影响配体的排列。为了最大化轨道重叠并增强配位键的稳定性，配体必须从特定的空间位置接近中心离子。杂化轨道的空间方向性要求配体在确定的几何结构中占据特定位置。例如，在四面体结构中，配体会排列在四个顶点；而在八面体结构中，配体则会均匀分布在六个顶点的位置。杂化轨道的排列不仅减少了电子间的排斥力，还确保了最稳定的键合方式。

杂化轨道的类型和排列方式为我们提供了关于配位化合物几何形状的重要信息，也揭示了配位化合物稳定性、反应性及物理化学性质的本质。因此，杂化方式和空间构型的研究不仅是配位化学中的基本内容，也是设计新型配位化合物、优化其性能的基础。

三、内轨型配位化合物和外轨型配位化合物

配位化合物的分类依据多种因素，其中内轨型配位化合物和外轨型配位化合物是最常见的两种分类方式。这种分类方法的核心在于配位体与金属中心离子或原子之间相互作用的电子轨道参与程度。内轨型配位化合物和外轨型配位化合物在结构、性质及稳定性等方面存在显著差异，了解这些差异对于深入研究配位化合物的电子结构、反应机理及其应用具有重要意义。

（一）内轨型配位化合物

内轨型配位化合物是指配位体通过金属中心原子或离子内层的电子轨道与其形成配位键的配位化合物。在这类配位化合物中，配体的孤对电子主要与金属中心的d轨道或较内层的轨道发生重叠与相互作用。金属的内层电子

轨道通常包括其较为接近核的 d 轨道或 s 轨道，这些轨道的能量较低，因此更容易参与配位反应。

内轨型配位化合物的特点之一是其配位键通常较为强健，这是因为配位体的孤对电子能够与金属中心离子或原子的内层轨道有效重叠，产生较强的电子相互作用。此外，内轨型配位化合物通常具有较高的稳定性，这与金属中心离子或原子内层轨道的能量较低且电子密度较大有关。在内轨型配位化合物中，由于配位体与金属中心离子或原子之间的轨道相互作用较强，通常会形成稳定的几何构型。这类配位化合物常见于较小的金属中心离子或原子和具有较强亲和力的配体之间的配位反应。

在内轨型配位化合物中，金属中心离子或原子的电子云较为紧密，能够有效地引导配体的电子云分布，从而影响其几何构型。通常，配体的排列会按照金属中心离子或原子轨道的空间方向性进行有序分布，以最大化轨道重叠并降低能量。配位数较小的内轨型配位化合物，往往采用较为简单的几何形状，如四面体或八面体等。

尽管内轨型配位化合物通常较为稳定，但也存在一些缺点。由于配位体与金属中心离子或原子内层轨道的强烈相互作用，可能导致配位体的电子云受到较强影响，从而降低其反应性。这种配体的电子云被金属中心离子或原子"锁住"，使配体在某些反应条件下的反应活性较低。

（二）外轨型配位化合物

外轨型配位化合物是指配位体通过金属中心原子或离子的外层电子轨道与其形成配位键的配位化合物。在这类配位化合物中，配体的孤对电子主要与金属中心的 s 轨道或外层的 d 轨道发生重叠与相互作用。与内轨型配位化合物相比，外轨型配位化合物中的金属离子内层轨道相对较少参与配位键的形成，而更多依赖于外层电子轨道。

外轨型配位化合物的特点是其配位键通常较弱，主要是由于金属离子外层电子轨道的能量较高，电子密度较低，因此与配体孤对电子的相互作用较弱。这导致外轨型配位化合物的稳定性通常较低，尤其在溶液中，容易发生配体交换反应。外轨型配位化合物较易受到外界条件的影响，容易发生解离或重新配位，这种性质在某些催化反应中具有重要应用价值。

当外轨型配位化合物的配位数较大时，其几何构型通常呈现较为复杂的形式。这是因为外层轨道的空间方向性较为分散，需要更多的空间来容纳与配体的相互作用。例如，某些外轨型配位化合物可能呈现八面体或十二面体等复杂的几何形状。在这些配位化合物中，配体往往以一定的规则排列，以确保与金属离子外层轨道的最大化重叠，从而增强配位键的稳定性。

尽管外轨型配位化合物通常具有较低的稳定性，但它们具有较高的反应性，尤其是在催化反应中，其反应性常常较为显著。这种高反应性主要源于金属离子的外层轨道能量较高，易于参与化学反应，并且能够与不同类型的配体进行交换或结合。因此，外轨型配位化合物常用于催化反应和其他需要金属离子高反应性的领域。

第三节 配位化合物的配位平衡

配位化合物是化学体系中重要的一类物质，其形成与解离过程均涉及配位平衡。配位平衡是金属离子与配体相互作用的动态平衡状态，直接决定配位化合物的稳定性和行为特征。这一平衡状态通常与溶液中的酸碱平衡和沉淀平衡密切相关。

一、配位平衡和酸碱平衡的关系

配位平衡和酸碱平衡是溶液化学中两种重要的平衡形式，它们在化学反应过程中相互影响。配位平衡的本质是金属离子与配体之间通过配位键形成配位化合物的过程，而酸碱平衡涉及质子（H^+）在溶液中的转移，两者的耦合往往决定溶液中化学物种的存在形式和分布。配体的酸碱性质直接影响其配位能力：碱性较强的配体具有较高的亲核性，更容易与金属离子形成稳定的配位化合物。例如，含有孤对电子的氨基、羟基或羧基等基团的配体，其碱性越强，与金属离子的结合能力越强。这种酸碱性质的差异使配体的选择性配位成为可能，从而显著影响配位平衡的方向和程度。

（一）配位平衡中的质子竞争效应

在溶液中，配体与金属离子之间的配位平衡是一个动态过程，其中质子竞争效应对配位化学反应产生显著影响。配体的配位能力与溶液的酸碱度密切相关。在强酸性条件下，溶液中的质子浓度较高，质子容易与配体中的孤对电子发生相互作用，这种相互作用使配体的可用电子云发生变化，从而降低了配体与金属离子之间的配位能力。质子不仅屏蔽配体的电子云，还可能通过形成氢键或其他非共价作用抑制配体与金属离子的结合。在强酸性环境中，质子竞争效应使配体与金属离子之间的配位反应受到显著抑制。

在弱酸性或中性条件下，溶液中的质子浓度降低，配体的可用电子云不易被质子干扰，因此配体的配位能力增强。此时，配体能够有效地与金属离子结合，形成稳定的配位化合物。此外，溶液的酸碱度对配体的离子化程度也有重要影响。弱酸性或中性条件下，配体往往保持较高的离子化程度，更多的活性位点可以参与与金属离子的结合，进而增强配位反应的效率。在这一环境中，配体与金属离子之间的相互作用趋于平衡，形成的配位化合物稳定性较强，配位反应能够顺利进行。

当溶液的 pH 值转向弱碱性时，配体的离子化程度通常会进一步增强。这是因为在碱性条件下，配体中的酸性氢离子会被溶液中的氢氧根离子中和，导致配体的负离子形式更加显著。负离子形式的配体具有更高的亲核性和电荷密度，更容易与金属离子发生配位，进而提高配位平衡的稳定性。在弱碱性环境中，质子的竞争作用减弱，配体的活性位点得以更多地暴露出来，配位反应的驱动力也有所增强。

配位平衡中的质子竞争效应凸显了溶液酸碱度对配位化学反应的深远影响。通过合理调节溶液的酸碱条件，可以有效控制配位反应的进行和配位化合物的稳定性。这一原理不仅对铂类药物的配位化学具有重要意义，也为药物设计、催化反应等领域提供了理论指导。

（二）配位平衡的 pH 依赖性

配位平衡的 pH 依赖性是配位化学中的一个重要特征，溶液的酸碱度对配体与金属离子之间的相互作用具有显著影响。配体的配位能力受溶液 pH 值变化的调控，尤其在多齿配体的情况下，pH 的变化可能导致其配位结构和配位能力发生显著变化。对于许多含有酸性或碱性基团的配体，其配位能力随溶液 pH 值的变化而发生变化，进而影响配位平衡的移动和配位化合物的稳定性。

在低 pH 条件下，溶液中氢离子的浓度较高，许多配体中的酸性基团，如羧基和氨基，容易质子化。质子化后的配体基团因带有正电荷，减弱其与金属离子之间的电子相互作用，从而削弱了配体的配位能力。在这种酸性环境中，配体的电子云发生改变，与金属离子结合的能力下降，配位平衡倾向于向自由配体和金属离子之间的状态移动，不利于形成稳定的配位化合物。因此，在低pH下，配体与金属离子形成配位化合物的难度增大，配位反应的有效性和配位化合物的稳定性受到抑制。

随着pH值的升高，溶液中的氢离子浓度下降，配体中的酸性基团逐渐失去质子，进入去质子化状态。此时，配体的负电荷增大，电子云密度增加，使其具有更强的亲核性和更高的配位能力。在此过程中，配体的配位能力增强，更容易与金属离子结合，配位平衡向配位化合物形成的方向转移。在中性或碱性条件下，许多配体的配位能力显著增强，能够与金属离子形成更加稳定的配位化合物。

pH值对配位平衡的影响不仅限于配体的电子结构变化，还涉及配体的离子化程度。随着pH的提高，某些配体的离子化程度增加，使其更容易与金属离子形成稳定的配位结构。此时，配体的多个活性位点能够与金属离子发生配位，从而促进配位反应的发生，提高配位化合物的稳定性。在这种条件下，配位平衡趋向于配位化合物的形成，配位化合物的稳定性较高，反应的驱动力增强。

配位平衡的pH依赖性揭示了溶液酸碱条件对配位化学反应的深刻影响，反映了配体与金属离子之间相互作用的动态变化。通过调节溶液的pH值，能够有效地控制配位反应的进行和配位化合物的形成，从而为化学反应的优化和新型配位化合物的设计提供理论依据。在药物化学、催化反应等领域，对pH依赖性的理解有助于提高反应的选择性和效率，进而推动相关领域的发展。

二、配位平衡和沉淀平衡的关系

配位平衡和沉淀平衡在许多化学反应体系中同时存在，它们之间的相互作用对于理解配位化合物的形成、解离以及溶解度的变化具有重要意义。

（一）配位平衡对金属离子浓度的调控

配位平衡的形成通过络合金属离子，显著降低溶液中自由金属离子的浓度。这一过程直接影响沉淀平衡的动态特征，因为沉淀的生成取决于溶液中金属离子和阴离子浓度的乘积是否大于溶解度积（K_{sp}）。在存在稳定配位平衡的体系中，金属离子部分或全部与配体结合，导致其有效浓度下降，使体系中沉淀的生成倾向明显降低。

配位平衡的这一特性为溶液化学中的沉淀控制提供了重要的调控手段。当配体与金属离子的亲和力较强时，配体通过形成稳定的配位化合物减少了金属离子的自由态比例。金属离子浓度的降低，使其与阴离子间的结合能力减弱，难以达到过饱和状态，从而抑制了沉淀的产生。通过精确调控配体种类和浓度，可以在保持溶液体系稳定性的同时，显著控制沉淀反应的发生。

配位平衡的调控效应还可以应用于复杂体系的化学设计中。在多种金属离子共存的体系中，不同金属离子与配体的结合能力存在差异，这种差异性为选择性络合金属离子提供了可能。通过配位平衡对金属离子浓度的精确调控，可以实现对沉淀形成条件的有效调整。这一特性在化学分离、污染控制以及工业合成领域中都具有重要意义，能够帮助优化反应条件并提高体系的操作效率。

配位平衡与沉淀平衡的动态相互作用展现了化学反应体系的复杂性和可调性。通过研究和掌握配位平衡对金属离子浓度的调控机制，可以进一步推动溶液化学领域的发展，为解决相关化学问题提供科学依据。

（二）配位平衡和沉淀选择性分离

在复杂化学体系中，金属离子因其电子构型和化学特性存在差异，表现出不同的配位能力和沉淀倾向，这为通过调控配位平衡实现选择性分离提供了理论基础和实践可能。配位平衡的调控依赖于配体与金属离子的结合强度以及金属离子在溶液中存在的化学形态。当特定配体加入体系后，会优先与某些金属离子形成稳定的配位化合物，以降低这些离子的自由浓度，进而改变它们的沉淀倾向。与此同时，未被配体络合的其他金属离子则可能通过沉淀方式从体系中分离。

配体的种类和浓度可以灵活调整，从而实现对目标金属离子的精确选择性控制。此外，不同金属离子对配体的亲和力差异较大，通过设计合理的配位平衡体系，可以在共存体系中实现复杂金属离子的分步分离。这种方法避免了仅依赖沉淀反应可能导致的混合沉淀问题，从而显著提升了分离的纯度和效率。

在应用层面，通过配位平衡实现选择性分离在分析化学和工业化学中具有广泛应用。在分析化学中，该方法被用于分离和检测微量金属离子，为多组分样品的精确分析提供了重要工具。在工业化学中，通过选择性络合与沉淀分离的结合，可以提高资源的利用效率，有效降低加工过程中的能源消耗和环境负担。

配位平衡与沉淀选择性分离的相互作用反映了化学反应过程的高度可控性和复杂性。通过深入研究配体与金属离子的相互作用规律，并优化体系的配体选择和操作条件，可以进一步提升选择性分离的精确性和高效性。这不仅拓展了配位化学的应用范围，也为解决实际生产和环境治理中的分离问题提供了科学依据和技术支持。

（三）配位平衡与沉淀体系的耦合作用

配位平衡与沉淀平衡在多组分化学体系中常以耦合的方式共存，这种相互作用在调控化学反应和分离过程中发挥重要作用。配位平衡通过配体与金属离子的络合作用调控金属离子的自由浓度，沉淀平衡则取决于溶液中离子的浓度是否达到溶解度积的临界值。当配位平衡和沉淀平衡共同作用时，金属离子的化学行为表现出复杂的动态特性。

在配体浓度较低或金属离子浓度较高的情况下，金属配位化合物可能因配体不足以维持其稳定性而发生解离。这种解离行为导致溶液中自由金属离子浓度增加，从而可能超过溶解度积的限值，诱发沉淀的生成。这种机制表明，配位平衡的变化能够显著影响沉淀的生成条件，体现出两者之间的密切关联。当溶液中配体浓度较高时，配位平衡的增强会促进金属离子与配体的结合，从而降低金属离子的自由浓度。在这种情况下，即使体系中存在过饱和的沉淀，配体的络合作用也可能通过溶解沉淀中的金属离子，使其重新进入溶液并形成稳定的配位化合物。这一过程不仅避免了沉淀的过度形成，还能够在一定程度上恢复溶液的均相性，进一步扩大化学反应的调控范围。

这种耦合作用为多组分化学体系提供了广阔的调控空间，特别是在复杂化学反应和分离过程中，配位平衡与沉淀平衡的协同作用可用于精确控制离子浓度、优化化学反应条件以及提高分离效率。此外，通过调整配体种类和浓度，可以在一定程度上实现对沉淀和配位化合物形成过程的主动调控，为实际应用中的精细化操作提供了理论支持和实践基础。这种化学体系的耦合特性揭示了分子间相互作用的复杂本质，也反映了配位化学在多相反应调控中的潜在价值。

第四节 配位化合物的合成方法

通过选择适当的反应条件和合成路径，配位化合物的合成可以调控目标配位化合物的性质和结构。根据反应介质和机理的不同，配位化合物的合成方法主要包括水溶液中的取代反应、非水溶液中的取代反应、加成和消去反应以及氧化还原反应。这些方法各具独特特点，广泛应用于实验室研究和工业生产中。

一、水溶液中的取代反应

在水溶液环境中，取代反应是一种高效且常用的配位化合物合成途径，其核心过程为配体交换，即通过新配体取代金属中心上原有的水分子或其他弱配体，从而形成目标配位化合物。此过程受多种化学因素的驱动和调控，具有良好的灵活性和广泛的适用性。

配位平衡在该反应中起到关键作用。取代反应发生的主要驱动力是新生成配位化合物相较于反应物具有更高的稳定性。这种稳定性通常受配体本身的电子效应、空间构型及与金属中心离子或原子的相互作用影响。具有较强配位能力的配体，如含有高电子密度的供电子基团或特殊几何结构的配体，往往能够显著提高配位化合物的热力学和动力学稳定性。这种稳定性优势不仅促使反应发生，还为后续的纯化和应用奠定了基础。

水溶液作为反应介质，因其高极性和优良的溶解性，在配位化学中展现出独特的优势。水的高极性可有效溶解多种金属盐，为金属离子和配体的相互作用提供了适宜的环境。同时，水良好的传质性能有助于反应物质迅速扩散与接触，从而提高反应速率。此外，水作为环境友好的溶剂，避免了有机溶剂可能带来的毒性和环境污染问题，使取代反应更加符合绿色化学的原则。

反应条件的控制在水溶液中的取代反应至关重要。通过调节溶液的pH值，可影响金属离子与配体的结合能力，如弱酸性或弱碱性环境下，某些配体的去质子化可能更有利于配位键的形成。另外，离子强度的调整能够改变配体与金属离子间的静电相互作用，从而影响反应的选择性与效率。此外，温度是决定反应速率与平衡位置的关键因素，适当升高温度通常可以加快反应速率，但需要避免可能引发的副反应或配位化合物的热分解。

二、非水溶液中的取代反应

非水溶液中的取代反应是配位化合物合成领域中一种重要的化学方法，其特点在于通过使用无水或低水含量的有机溶剂作为反应介质，有效规避水分子对配位中心的干扰。与水溶液体系相比，非水溶液环境提供了更高的灵活性，能够满足特定化合物的合成需求，特别是当某些配位化合物在水中难以形成时，非水溶液成为不可或缺的选择。

非水溶液中的取代反应机制与水溶液类似，主要依赖于新配体对金属中心离子或原子的取代。然而，由于非水溶剂的极性、黏度及配位能力的差异，其反应路径和最终产物的稳定性往往表现出独有的特征。非水溶剂通常具有较低的极性，使金属离子与配体的相互作用更容易受到调控，从而形成特定稳定性和构型的配位化合物。此外，某些非水溶剂能够稳定高价态的金属中心离子或原子以及特殊配位环境，从而拓宽了合成具有复杂结构和功能的配位化合物的可能性。

反应条件的控制在非水溶液中的取代反应尤为重要。溶剂的选择是影响反应结果的关键因素，如极性溶剂有助于溶解离子型反应物，低极性溶剂则适用于非极性或弱极性体系。此外，温度的调节对非水溶液中的取代反应具有显著作用，适当升温可以加快反应速率，同时还可能对特定反应路径产生选择性影响。反应物的配比及加入顺序也能够显著影响配位化合物的构型和产率，正是这种高度可控性使非水溶液体系在精细化学和材料科学中具有广泛的应用潜力。

非水溶液环境下的反应具有一定的独特性。例如，非水溶剂对副反应的抑制能力较高，能够有效提高目标产物的纯度。某些特殊溶剂能够直接参与配位，进而对最终配位化合物的性质产生深远影响。因此，通过综合考虑溶剂种类、反应条件及反应体系的特性，非水溶液中的取代反应能够实现对目标化合物结构与性能的精确调控，为复杂配位化合物的设计和制备提供了丰富的手段。

三、加成和消去反应

加成反应与消去反应是配位化合物合成中关键的两类化学途径，它们通过调节配位中心的配体数量或电子环境，实现对配位化合物结构与性质的调控。两类反应在化学本质和实现途径上具有明显差异，但在合成具有特定功能的配位化合物时均展现出广泛的适用性。

加成反应的主要特征在于通过增加配位中心的配体数量，改变金属配位化合物的电子结构和几何构型。这类反应通常发生在配位中心具有空余轨道或未完全配位的情况下，具体表现为新的配体分子与金属中心形成配位键。驱动加成反应的关键在于新形成的配位键的稳定性比反应物中的原有键更高，因而能够降低体系的总能量。此外，反应的条件优化是实现加成反应选择性的重要因素。例如，通过调节温度以控制反应速率，或者改变配体浓度以提高产物的收率和纯度。加成反应为设计多功能配位化合物提供了有效手段，尤其是在需要引入额外活性配体以增强催化或光学性能的场合。

消去反应的化学过程涉及配位中心配体的移除，从而减少配体数量并形成新的配位化合物。消去反应可通过多种途径实现，包括热分解、溶剂化效应以及副产物生成等。在热分解反应中，温度升高引起的能量输入使配位键断裂，而溶剂化效应通常以改变配体在溶液中的溶解性或稳定性来促使其从配位中心脱离。此外，消去反应中生成挥发性或不溶性副产物可以进一步推动反应平衡向产物方向移动，从而提高目标配位化合物的收率。这类反应在合成具有特定立体构型或电子环境的金属配位化合物时具有重要意义，尤其是在催化和材料科学中。

两类反应在合成策略中的选择依赖于目标化合物的性质及反应条件的可控性。加成反应适用于通过增加配体数量实现功能拓展的需求，消去反应则适用于构造具有特定简约配位环境的化合物。通过综合利用加成和消去反应，可以有效实现对配位化合物结构与性能的精确调控，为高性能材料和催化剂的开发奠定基础。

四、氧化还原反应

氧化还原反应利用金属中心氧化态的变化，能够有效调控配位化合物的电子结构与功能特性。通过氧化还原反应，金属离子的氧化态可以在合成过程中被精确调节，从而形成具有不同物理化学性质的配位化合物。尤其是在合成高氧化态或低氧化态配位化合物时，氧化还原反应展现出较为显著的优势。

在氧化还原反应中，氧化剂和还原剂是两类反应的关键。一方面，氧化剂通过将金属离子氧化，使其氧化态升高，从而形成具有较高氧化态的配位化合物，这一过程通常伴随着配体的重新排列与化学环境的变化。另一方面，使用还原剂则可以降低金属离子的氧化态，生成具有低氧化态的配位化合物。在这一过程中，氧化还原电位的选择性与控制至关重要，因为其直接影响反应的选择性与产物的稳定性。此外，反应的温度、溶液的酸碱度、溶剂的性质等反应条件，亦是影响氧化还原反应顺利进行的关键因素。

氧化还原反应在配位化学中具有广泛的应用。它不仅能够调控配位化合物的电子结构，还为精确设计其光学、电学与磁学性能提供了可能。通过适当的氧化还原反应，可以在分子级别上调整配位化合物的电子密度与分子轨道，从而赋予其特殊的光学吸收、荧光发射或磁性特征。这种方法的优势在于反应条件相对温和，反应路径灵活，能够适应多种反应体系，因此，其在合成过程中具有较强的适应性与可操作性。

氧化还原反应的灵活性使其在配位化学及相关领域中得到广泛应用，尤其是在催化、传感器以及材料科学等研究方向。通过调整氧化还原反应条件，可以获得具有特殊功能的金属配位化合物，从而在多个领域推动新材料的发现与应用。

第五节　配位化合物在铂类抗癌药物中的应用

一、配位化合物在铂类抗癌药物研究中的新进展

随着分子靶向治疗理念的不断发展，铂基配位化合物的结构和功能设计也得到了显著提升。铂类抗癌药物，如顺铂、卡铂和奥沙利铂，已被广泛应用于多种恶性肿瘤的治疗中，其抗癌机制主要通过与DNA的交联作用抑制癌细胞的增殖。然而，铂类药物的毒副作用以及耐药性问题仍然是制约其临床应用的主要因素。因此，通过配位化合物对铂类药物的进一步优化，已成为当前药物研究中的一个重要方向。

在铂类药物的研究中，配位化合物的设计及其与金属中心的结合特性被认为是提高药物选择性、降低毒性及改善药效的关键。通过精确调控配位化

合物中的配体，研究人员能够改善铂基药物在体内的稳定性和靶向性，这一改进能够减少药物与非靶向组织的相互作用，从而降低其毒副作用。尤其是在配体的改造过程中，能够通过引入亲水性或疏水性基团、电子效应或空间位阻效应，调节铂药物的亲和力、穿透力及其在癌细胞内的分布。这些策略均能有效提高药物的抗肿瘤活性。

近年来，铂基配位化合物在药物靶向传递方面的应用研究取得了显著进展。通过与不同类型的配体相配位，铂类药物可以通过特定的受体介导进入癌细胞或肿瘤组织中，从而增加药物的累积浓度，提高治疗效果。这种靶向性增强的设计不仅能够使药物更为集中地作用于肿瘤部位，而且能降低对健康组织的损害，减少不必要的副作用。

配位化合物在铂类药物研究中的显著进展还体现在其对药物耐药性的克服方面。铂类药物在长期临床使用中常面临癌细胞产生耐药性的问题，部分原因在于铂药物与DNA的交联作用被某些蛋白质或酶系统所修复或解除。通过设计新的配位化合物，可以调节铂药物与DNA的结合方式，改变其交联特性，增强铂药物对耐药癌细胞的杀伤效果。此外，配位化合物能够通过调控药物的释放方式，使药物在癌细胞内更有效地积累，从而克服细胞对药物的排斥现象。

在临床研究方面，铂基配位化合物的改造不仅限于改善药效，还包括减少其不良反应。通过改变铂药物的结构，使其与生物大分子（如血浆蛋白）的亲和力提高，延长药物在血液中的半衰期，从而减少急性毒性反应的发生。配位化合物的设计可以进一步调节药物的分布和代谢路径，使其在治疗过程中更加高效，并避免或减轻如肾毒性、神经毒性等常见副作用。

（一）铂类抗癌药物的作用机理

铂类抗癌药物的作用机制主要通过其与DNA的结合来实现。铂类药物进入细胞后与DNA分子发生反应，导致DNA的交联或单体添加，从而破坏DNA的结构和功能。这一过程是铂类抗癌药物发挥细胞毒性作用的关键。

1. 铂类药物与DNA的相互作用

铂类药物进入细胞后，首先在细胞质中通过水解反应去除配位氯离子，形成更为活跃的水合物形式。这种水合铂化合物具备更强的生物学反应性，能够与DNA分子发生直接的化学反应，特别是与DNA中的嘌呤基团进行配位反应。铂离子与嘌呤碱基中的氮原子结合形成稳定的铂-DNA复合物，这一过程中不仅改变了 DNA 的空间构象，还对其结构产生了破坏。铂类药物的这种作用方式主要表现为两种交联模式：单功能交联和双功能交联。

在单功能交联中，铂类药物的一个配体与 DNA 的一个核苷酸结合，通常是在嘌呤碱基的氮原子上进行配位，从而引发 DNA 链的局部损伤。这种损伤虽然相对较为局部，但依然能导致 DNA 结构的局部扭曲，影响其正常的复制和转录过程。而在更为复杂的双功能交联机制中，铂类药物的两个配体分别与 DNA 分子中的两个不同核苷酸结合，造成 DNA 双链之间的交联。这种交联使两条 DNA 链紧密结合，严重影响了 DNA 的解旋与复制功能，从而导致细胞在分裂过程中出现障碍。

由于 DNA 链的交联效应，铂类药物能够有效地抑制 DNA 的解旋与复制过程，阻断细胞周期的正常进行，最终导致细胞死亡。这种机制使铂类药物在抗癌治疗中展现了显著的细胞毒性，尤其对快速分裂的肿瘤细胞具有较强的抑制作用。尽管铂类药物能够引发强烈的 DNA 损伤，但癌细胞具有一定的修复机制来应对这些损伤。某些情况下，癌细胞通过增强 DNA 修复能力或改变药物摄取与排斥机制，可能产生不同程度的耐药性。因此，铂类药物与 DNA 的相互作用不仅决定了其疗效，还与耐药性的产生密切相关。

2.DNA 损伤的修复与抗癌作用

铂类药物与 DNA 相互作用导致的损伤，发挥了重要的抗癌作用。药物通过与 DNA 中的嘌呤环的氮原子发生配位反应，形成铂-DNA 复合物，从而引发 DNA 的结构性损伤，阻止 DNA 的正常复制和转录。这些损伤在癌细胞的增殖过程中产生尤为显著的影响。尽管铂类药物能有效抑制肿瘤细胞的生长，但细胞内存在一系列复杂的 DNA 修复机制，用于修复因药物作用而引起的损伤。当 DNA 损伤未能得到及时修复，损伤不断积累，最终诱发细胞程序性死亡，抑制肿瘤的生长与扩散。

细胞内的 DNA 修复机制通过多种途径对损伤进行修复，涉及核苷酸切除修复、同源重组修复及非同源末端连接等一系列复杂的过程。这些机制可以识别和修复铂类药物引起的 DNA 交联损伤，防止 DNA 损伤的进一步积累，从而保持细胞的正常功能。修复机制的高效性在很大程度上影响着铂类药物的抗癌效果。如果细胞能够高效地修复这些损伤，那么铂类药物的治疗效果就会受到削弱，甚至可能出现耐药性。耐药性的产生通常是由于细胞通过增强 DNA 修复机制或改变药物的摄取、排除途径等方式，降低药物在细胞内的有效浓度和作用时间。

癌细胞通过激活某些修复基因和增加相关酶类的表达，提升 DNA 修复能力，克服铂类药物造成的损伤，进而导致药物疗效的降低。例如，某些癌细胞通过上调同源重组修复通路中的关键蛋白，能够有效修复铂类药物诱导的 DNA 交联损伤，使其保持正常的增殖能力。细胞对铂类药物的摄取途径或排出机制的改变，也可能影响药物在细胞内的浓度，进一步导致耐药性的发展。铂类药物的抗癌效果因此在很大程度上受到 DNA 修复能力的调节，修复机制的高效性与耐药性的出现相互作用，成为影响临床治疗成功的关键因素。

3. 铂类药物的细胞毒性与副作用

铂类药物的细胞毒性主要源自其对 DNA 的干扰作用，尤其是对快速分裂细胞的影响。癌细胞因其快速增殖的特性，往往具有较高的 DNA 复制需求，因此成为铂类药物作用的主要靶点。这些药物通过与 DNA 分子形成交联，阻碍 DNA 的正常复制和转录，进而干扰癌细胞的增殖过程。基于这一机制，铂类药物对肿瘤细胞具有较强的抑制作用。然而，尽管其主要针对癌细胞，但铂类药物的毒性并非完全局限于肿瘤细胞，尤其是快速分裂的正常细胞（如骨髓细胞、肠道上皮细胞等）同样会受到影响。此类细胞的高分裂速率使其成为铂类药物作用的非特异性靶点，导致这些正常细胞的结构和功能受损，从而引发一系列副作用。

铂类药物的副作用最为明显的特征包括骨髓抑制、肾毒性、恶心呕吐等。骨髓抑制是铂类药物最常见的副作用之一，表现为白细胞、红细胞及血小板的减少，从而降低机体的免疫力、造血功能及凝血能力。肾毒性也是铂类药物使用中的一项严重问题，长期或高剂量使用铂类药物可能对肾小管造成损害，严重时可能引发急性肾衰竭。此外，恶心与呕吐是铂类药物的另一类常见不良反应，通常在用药后数小时内发生，严重影响患者的生活质量。尽管这些副作用在铂类药物治疗中不可避免，但其影响程度通常与药物的剂量和治疗周期密切相关。

为了提高铂类药物的治疗效果并减少副作用，研究人员在药物设计方面做出了持续努力。通过改善药物的分子结构，特别是通过修改药物的配体结构，能够增加其在特定靶标上的选择性结合，从而降低对正常细胞的毒性。例如，某些新型铂类药物通过引入可逆配体或更具靶向性的配体，增强了药物对癌细胞的特异性作用，减少了对健康组织的伤害。另一种策略是开发纳米药物载体系统，通过靶向输送药物至肿瘤区域，避免全身暴露，降低副作用的发生率。这些方法在一定程度上优化了铂类药物的治疗窗口，使其在临床应用中具有更好的安全性和疗效。

（二）配位化学对铂类抗癌药物的影响

铂类药物的配位化学不仅影响药物的药效，还与药物的毒性、选择性以及耐药性密切相关。配体的选择性、结构稳定性，以及与铂（Ⅱ）中心的结合强度，都对药物的体内分布、与 DNA 的结合亲和力，以及耐药性的形成起着决定性作用。

1. 配体的选择性和药效

配体的选择性直接影响药物与靶分子，尤其是 DNA 的相互作用及其药效。铂类药物通过与生物分子形成配位化合物，介导抗癌效应，而这一过程的核心在于配体与目标分子的结合特性。配体的选择性不仅决定了药物的生物活性，还对药物的药代动力学、毒性以及最终的治疗效果产生深远影响。铂类药物中的配体，通常包括氨基配体、卤素配体等，它们的稳定性与目标分子的结合能力不同，进而影响药物的抗癌性能。

氨基配体因其较高的稳定性而不易被替代，使其在药物与生物大分子相互作用时发挥了关键的作用。相比之下，卤素配体（如氯离子）在药物进入体内后较容易被水分子或其他生物分子替换。这一置换反应是铂类药物能够实现药效的基础，且这一过程的发生常常影响药物与 DNA 的结合方式。不同的配体结构对铂离子与 DNA 分子的结合能力具有显著影响，从而决定了药物的效力和毒性。例如，氯离子配体被替换后，可能会产生对 DNA 的单一交联效应，进而造成 DNA 链的断裂或扭曲，抑制癌细胞的增殖。与之相比，某些具有更高亲和力的配体则能增强药物与 DNA 的交联效应，导致更强的细胞毒性和抗癌效果。

在铂类药物的开发中，通过优化配体结构来提高药物的选择性和靶向性是实现更高治疗效果的重要途径。优化配体的设计不仅有助于增强药物对癌细胞的亲和力，还能够减少对正常细胞的副作用。不同的配体在选择性与毒性上的差异，要求药物研发人员深入理解配体与靶分子间相互作用的机制，并通过结构修饰实现对这些因素的精确控制。进一步的研究可通过分子对接、量子化学模拟等手段，预测不同配体在药物作用过程中的表现，为新型铂类抗癌药物的设计提供理论支持。

药物配体的选择性还受其与诸如酶、蛋白质等生物大分子相互作用的影响。配体与目标分子之间的亲和力和稳定性对于药物的疗效至关重要。优化配体结构以提高对肿瘤细胞的特异性结合，不仅能够提升药物的抗癌效果，还能够减少药物对非靶细胞的毒性作用。这一策略对于克服铂类药物常见的耐药性问题具有重要意义，通过改善配体的选择性，可能有效避免药物的代谢途径被癌细胞利用，从而提高治疗效果和延缓耐药性的发生。

2. 药物耐药性的形成

铂类药物的耐药性形成是多因素相互作用的结果，涉及细胞对药物的吸收、分布、代谢以及排泄过程。耐药性机制的核心在于细胞对铂离子的排斥作用、DNA 修复能力的增强以及药物转运机制的改变等方面。细胞内铂离子的有效积累是铂类药物发挥抗癌作用的基础，而耐药性的发生往往与细胞对铂离子的排斥有关。肿瘤细胞在长期药物暴露过程中可能通过增强外排泵的活性来减少铂离子的累积，从而降低药物的细胞毒性。

DNA 修复机制的增强在铂类药物耐药性的形成中起着关键作用。铂类药物通过与 DNA 结合产生损伤，从而抑制癌细胞的增殖和分裂。某些癌细胞能够通过上调 DNA 修复相关酶的表达，增强修复能力，迅速修复铂类药物造成的 DNA 损伤。DNA 修复能力的提高使这些细胞能够在铂类药物的作用下维持其增殖活性，从而产生耐药性。

药物转运机制的变化也是铂类药物耐药性形成的一个重要途径。铂类药物进入细胞通常依赖于某些转运蛋白，如铜转运蛋白和有机阳离子转运蛋白等。当这些转运蛋白的表达受到抑制或发生改变时，细胞对铂类药物的摄取减少，导致药物效力下降。此外，肿瘤细胞还可以通过改变药物外排机制，如增加 ABC 转运蛋白的表达，加速药物的排出，从而降低药物的疗效。

在铂类药物耐药性问题的解决上，配位化学结构的变化成为新一代铂类药物设计的一个重要方向。通过改变配体的电子性质和几何结构，药物的靶向性和选择性得到了显著提高。这些变化不仅增强了药物与靶分子的亲和力，还改善了药物在肿瘤细胞内的积累，减少了细胞外排泵的作用，从而部分克服了传统铂类药物的耐药性问题。例如，通过优化配体的设计，能够增加药物在肿瘤组织中的选择性分布，减少对正常细胞的毒性作用，提高治疗效果并延缓耐药性的发生。

新一代铂类药物的开发还借助了药物递送系统的创新，如纳米技术和靶向药物递送技术。这些技术能够提高药物在肿瘤部位的浓度，从而增强治疗效果。通过结合分子靶向治疗策略，能够更精确地对抗肿瘤细胞的耐药机制，减少肿瘤细胞的逃逸能力。因此，未来的铂类药物将更加注重通过改善药物设计、优化药物递送途径以及靶向修饰来克服耐药性，提高癌症治疗的临床疗效。

二、金属抗癌药物的应用现状

在新型抗癌药物中，金属类抗癌药物已成为重要的一类。金属类抗癌药物有许多其他药物无法比拟的独特性质，近年来，研究人员持续合成出新的高效、低毒、具有抗癌活性的金属化合物。其中包括铂类抗癌药物、有机锡及其配位化合物等[1]。金属抗癌药物的作用机制通常涉及与癌细胞内的生物大分子，尤其是 DNA 的相互作用，通过干扰癌细胞的 DNA 复制和转录过程，抑制肿瘤细胞的增殖。此外，金属离子的化学特性使其能够与细胞内的其他重要生物分子发生反应，进一步增强其抗癌效能。

当前，铂类药物（如顺铂和卡铂等）在临床治疗中应用广泛，并已成为抗癌治疗的重要组成部分。铂类药物能够通过与 DNA 形成跨链连接，阻止癌细胞的分裂和增殖。这类药物的临床应用成功，有力推动了金属药物的进一步研究，尤其是在其他金属离子药物的开发方面。然而，铂类药物的耐药性问题仍然是其治疗效果受限的重要因素。为了克服这一挑战，近年来的研究开始聚焦于优化金属药物的结构设计，以提高药物的靶向性和选择性，从而增强治疗效果并减轻副作用。

除铂类化合物外，诸如锑、钌、金和铑金属元素等的配位化合物，在抗癌药物研究领域也取得了显著进展。通过调控金属离子的配位环境和结构，研究人员致力于开发更具选择性和较低毒性的金属抗癌药物。这些金属药物不仅能够通过改变肿瘤微环境中的金属离子浓度来实现抗癌效果，还能够通过与肿瘤细胞特定靶点的结合，提升其抗肿瘤活性。与此同时，一些新型金属抗癌药物的临床研究已经显示出对多种癌症类型的有效抑制作用，展现了广阔的应用前景。

（一）铂类抗癌药物

铂类抗癌药物属于细胞周期非特异性药物，常用的药物包括顺铂、卡铂、

---

[1] 徐新华，张国刚，王林，等. 金属类抗癌药物的研究进展 [J]. 大连医科大学学报，2012，34（5）：511-514.

奥沙利铂等，目前在妇科肿瘤、消化系统肿瘤等疾病中获得了广泛运用。此类药物进入细胞核，作用于 DNA 分子后可形成 Pt-DNA 化合物，能使 DNA 结构变形，使其复制转录出现障碍，进而导致细胞死亡[①]。铂类抗癌药物因其显著的抗肿瘤效果，已成为癌症化疗治疗中不可或缺的一类药物。此类药物的主要作用是与 DNA 发生交联反应，破坏 DNA 的结构，从而抑制癌细胞的增殖和分裂。铂离子与 DNA 中的嘌呤碱基形成共价结合，导致 DNA 的结构扭曲，进而干扰 DNA 的复制与修复，最终触发细胞的凋亡过程。铂类药物对快速分裂的肿瘤细胞具有显著影响，能有效抑制其生长，在多种类型的癌症治疗中，表现出良好的临床效果。

铂类药物的应用具有广泛的适应症，可用于治疗肺癌、卵巢癌、膀胱癌和头颈部肿瘤等多种恶性肿瘤。其抗癌效果得益于铂离子与 DNA 的高亲和力及其形成的交联结构。然而，随着临床使用的深入，铂类药物的耐药性问题逐渐显现，成为其治疗效果受限的主要原因之一。癌细胞通过改变药物的摄取、增强 DNA 修复能力或增加铂离子的排出，会导致药物在肿瘤细胞中的积累减少，从而降低药物的治疗效果。这一耐药现象为铂类药物的进一步研究和临床应用带来了挑战。

为了克服耐药性问题，研究人员正在积极探索新的铂类药物或其衍生物，同时致力于优化其分子结构。例如，改变配体的电子性质和空间结构、开发新的配体系统，可以提高药物的靶向性与选择性，从而增强其对肿瘤细胞的选择性杀伤作用。此外，纳米技术的应用也为铂类药物的靶向递送提供了新思路，通过纳米载体将药物精准输送至肿瘤部位，能够提高药物在肿瘤细胞内的浓度，降低对正常细胞的毒性，从而提高疗效并减少副作用。

1. 第一代铂类抗癌药物

第一代铂类抗癌药物顺铂是一种重要的化疗药物，其广泛的抗癌效果使其成为癌症治疗中的重要组成部分。顺铂的作用机制主要通过与 DNA 结合，形成 DNA 铂交联，从而阻止 DNA 的复制与修复，致使肿瘤细胞的死亡。这一机制使其在治疗多种癌症中展现出显著的疗效，特别是在卵巢癌、非小细胞肺癌和膀胱癌等癌症的治疗中取得了较好的临床结果。自 20 世纪 60 年代

---

① 李海燕. 铂类抗癌药物作用靶点及耐药机制的研究进展 [J]. 天津药学，2018，30（5）：62-66.

其抗癌活性被发现以来，顺铂就逐渐进入了临床治疗领域，并成为癌症化疗的基础药物之一。

顺铂的临床应用也伴随着显著的副作用，其中最为突出的副作用是其肾毒性和胃肠道反应。肾毒性通常表现为急性肾衰竭，其机制可能与顺铂进入肾小管上皮细胞后形成的铂-DNA 交联物有关。为了解决这一问题，研究人员通过调整剂量、采用利尿剂等策略，有效缓解了顺铂的肾毒性。此外，胃肠道不适（如恶心、呕吐等）副作用也限制了顺铂的使用。随着对这些副作用机制的深入研究，相关的对症治疗手段逐渐被引入临床，从而改善了患者的治疗体验。

除副作用问题外，顺铂的水溶性差和交叉耐药性也是其应用的两大局限。为了提高顺铂的临床效用，研究人员对其分子结构进行优化，设计了大量的铂类配位化合物。特别是在配体设计上，通过引入较大的有机基团，不仅改变了顺铂的空间结构，还有效改善了其药物动力学特性。顺铂的配体优化可以使其与 DNA 的结合更具选择性，减少对正常细胞的毒性，同时增强其抗肿瘤活性。

尽管第一代铂类抗癌药物顺铂面临一定的应用挑战，但其对癌症治疗的贡献不可忽视。其机制的深入研究和临床经验的积累为后续铂类药物的开发奠定了基础。随着对顺铂副作用的逐步认识以及新型药物的研发，铂类药物在抗癌治疗中的应用前景依然广阔。

2. 第二代铂类抗癌药物卡铂

第二代铂类抗癌药物卡铂在临床治疗中逐渐成为替代顺铂的重要选择之一，特别是对顺铂产生耐药性或无法耐受其副作用的患者群体。卡铂与顺铂相比，具有一些显著的优势，尤其是在减少肾毒性和胃肠道不适等方面。卡铂的结构与顺铂相似，但在配体的设计上进行了调整，其中铂离子与大环配体的配位方式以及配体的化学性质发生了变化。这种结构上的差异使卡铂与 DNA 的结合模式有所不同，从而在某些类型的肿瘤细胞中展示出更强的选择性。

卡铂在机制上通过形成铂-DNA 交联与肿瘤细胞的 DNA 结构相互作用，阻止 DNA 复制和修复过程，最终导致细胞死亡。这一机制与顺铂相似，但卡铂的不同配体设计使其在某些情况下表现出更为突出的效果。在肿瘤治疗中，卡铂不仅保留了铂类药物的传统抗癌特性，还通过改善药物的药代动力学性质，减轻副作用的同时还提高了临床疗效。

卡铂的主要优势之一是其在临床中显著降低了对肾脏的毒性，这一特点使卡铂在治疗过程中对患者的耐受性相对较高。卡铂在体内的代谢过程较为缓慢，且在肾脏的积累较少，有效减少了因药物积累而造成的肾功能损害。因此，卡铂在那些有肾脏疾病的患者中具有较好的适应性，成为治疗肾毒性问题的理想选择。

此外，卡铂对胃肠道的影响也相对较轻，其恶心和呕吐副作用的发生率较低，使患者在接受治疗时的生活质量得到改善。由于这些优势，卡铂被广泛应用于多种癌症的治疗，特别是在对顺铂耐药的肿瘤类型中，卡铂往往能发挥更好的疗效。

尽管卡铂在临床应用中取得了显著成效，但在某些特定肿瘤类型中的效果并不总是优于顺铂。这促使更多的研究工作聚焦于卡铂的进一步优化，旨在通过调整配体结构和药物剂型，进一步提高药物的靶向性和抗癌效能。总的来说，第二代铂类药物卡铂凭借其独特的药物特性，在铂类抗癌药物的治疗领域中占据了重要地位。

3. 第三代新型铂类抗癌药物

第三代新型铂类抗癌药物，即"创新型"铂类抗癌药物，是针对传统铂类药物的局限性而研发的一类具有更高疗效和更低副作用的抗癌药物。这些药物在结构设计和药理特性上进行了创新，旨在克服如肾毒性、胃肠道反应等问题，并在耐药性肿瘤的治疗中展现出更强的治疗潜力。第三代铂类药物的设计不仅关注药物与 DNA 的结合方式，还强调药物在肿瘤细胞内的靶向性和选择性，从而提高了治疗效果。

这类新型铂类药物的核心创新之一是通过改变配体的化学结构和空间构型，增强药物与肿瘤细胞特定分子靶点的亲和力。这种结构优化提高了药物在肿瘤部位的浓度富集，同时降低了药物在正常细胞中的分布，最大限度地减少了对健康组织的毒性作用。配体的改变不仅提升了药物的靶向性，还有助于改善其药代动力学特性，特别是在体内代谢过程中的稳定性和生物利用度。

针对铂类药物耐药性问题，第三代铂类抗癌药物在临床实践中也取得了突破性的进展。通过精确的分子设计，新的铂类药物能够在抗药性肿瘤细胞中有效发挥作用，克服了传统铂类药物在面对细胞排斥、DNA 修复增强及药物转运改变时的局限性。该类药物不仅在细胞内与 DNA 的交联效应更加显著,还通过调控细胞的代谢通路和抗药性机制,增强了药物的持续抗癌效应。

第三代铂类抗癌药物的临床优势表现在其较低的副作用上。通过靶向性增强,药物在肿瘤组织内的浓度提高,从而使更小剂量的药物便能产生较强的疗效,同时减少了全身性副作用,如肾毒性和胃肠道不适等。通过改进的制剂技术和药物递送系统,药物的稳定性和生物半衰期得到了显著提高,进而增强了治疗的持续性和有效性。

尽管这类新型药物在治疗效果和耐药性克服方面展示出优异前景,但仍然需要进一步的临床试验和研究,以评估其长远的疗效和安全性。随着对肿瘤生物学理解的深入和药物研发技术的不断进步,第三代铂类抗癌药物有望在癌症治疗领域发挥更大作用,特别是在针对多药耐药性肿瘤的治疗中。

(二)其它金属抗癌药物

金属抗癌药物作为化学治疗领域的重要组成部分,逐渐成为抗肿瘤治疗中的研究热点。除了广为人知的铂类抗癌药物之外,近年来,其他金属络合物也展现出良好的抗肿瘤活性。钌络合物、有机锗络合物、金属茂类抗癌络合物、有机锡配位化合物以及钯配位化合物等金属化合物,它们凭借其独特的化学特性,成为抗癌药物研究的新方向。下面将详细探讨这些金属抗癌药物的性质、机制及其潜在的临床应用。

1. 钌络合物

钌(Ru)作为一种过渡金属元素,因其独特的化学性质和较低的毒性,近年来在抗癌药物研究中得到了广泛关注。钌的化学行为与铂相似,但其生物相容性更优,毒性较低,使钌络合物成为一种具有巨大开发潜力的抗肿瘤药物。与铂类药物不同,钌络合物在多药耐药性癌症的治疗中展现出卓越的优势,这一特性使其在癌症治疗领域具有独特的应用前景。

钌络合物的抗癌机制主要通过与癌细胞的DNA发生交联作用,从而抑制肿瘤细胞的增殖与分裂。与传统铂类药物通过与DNA碱基形成共价结合不同,钌络合物通过其独特的化学结构,与DNA中的磷酸骨架结合,破坏DNA的稳定性,进而导致基因信息的丧失。这一作用不仅能使肿瘤细胞无法正常复制,还可以激活细胞内的DNA修复机制,进一步触发细胞的程序性死亡。此外,钌络合物的作用还涉及细胞内的其他生物过程,如能量代谢的干扰。通过抑制癌细胞的能量供应,钌络合物能够破坏肿瘤细胞的生存微环境,从而增强其对癌症的治疗效果。

与铂类药物相比，钌络合物在抗药性肿瘤中的疗效尤为突出。在许多情况下，铂类药物因其常见的副作用和耐药性问题，导致疗效减弱，特别是在那些存在多药耐药性的癌症中，铂类药物常因肿瘤细胞的排斥作用而失去治疗效能。钌络合物则能够突破这一障碍，呈现出不同的药理作用机制，通过靶向不同的细胞内靶标，减轻或避免了铂类药物常见的耐药性问题。因此，钌络合物在多药耐药性癌症的治疗中具有显著的优势，成为研究人员关注的重点。

除了其独特的抗肿瘤机制外，钌络合物的生物学活性还与其在体内的分布和积累特性密切相关。研究表明，钌络合物能够有效地靶向肿瘤细胞，并在肿瘤部位较为集中地积累，从而提高治疗的靶向性和选择性。这种特性使钌络合物能够有效地集中其抗癌作用于肿瘤区域，同时减少对正常细胞的毒性作用。相较于传统的化疗药物，钌络合物具有更高的选择性和更低的副作用，因此在临床应用中表现出更好的耐受性和治疗效果。

钌络合物作为一种新型金属抗癌药物，其研究和应用前景非常广阔。随着对钌络合物抗肿瘤机制的进一步研究，预计它们将能够在癌症治疗中发挥越来越重要的作用，尤其是在治疗多药耐药性肿瘤时，提供了新的思路和方案。通过进一步优化其结构，改进其药物递送系统和提高其生物利用度，钌络合物有望成为一种重要的临床抗癌药物，为癌症患者带来新的治疗选择。

2. 有机锗络合物

有机锗络合物作为一种有机金属化合物，其抗肿瘤活性源自癌细胞内成分的相互作用，以及调节氧化还原反应和增强免疫系统功能等作用机制。与传统抗肿瘤药物相比，有机锗络合物具有独特的作用方式，使其在肿瘤治疗中展现出独特的潜力。

有机锗的抗癌机制主要通过与癌细胞内的酶类反应，调节细胞的氧化还原状态，进而导致癌细胞死亡。锗原子能够与细胞内的氧化还原酶、超氧化物歧化酶等分子发生相互作用，改变细胞内的氧化还原平衡。氧化还原反应的失衡在癌细胞中常常表现为过度的氧化应激，导致细胞损伤甚至凋亡。通过调节这一平衡，有机锗络合物能够有效地促进肿瘤细胞的死亡，进而发挥抗癌作用。这种通过细胞内环境调节实现的抗肿瘤机制，使有机锗化合物在癌症治疗中具有一定的优势，特别是在应对多种不同类型肿瘤时，其作用效果较为显著。

有机锗化合物的另一重要作用机制是通过增强机体免疫反应来促进抗肿瘤效果。有机锗能够通过提高免疫细胞的活性，特别是 T 细胞和自然杀伤细胞（NK 细胞），增强机体的抗肿瘤免疫反应。T 细胞和 NK 细胞在肿瘤免疫监视中发挥着重要作用，通过识别和清除肿瘤细胞来阻止肿瘤的发展。通过调节免疫系统的功能，有机锗络合物能够增强机体对肿瘤的清除能力，提高抗癌治疗的效果。此外，锗原子还能通过调节免疫细胞的分泌功能，进一步增强免疫反应的强度，帮助机体更有效地对抗肿瘤。

有机锗络合物被认为具有一定的抗氧化特性，这一特性使其在癌症治疗中发挥着辅助作用。化疗过程中，患者通常会面临严重的副作用，如恶心、呕吐、免疫功能下降等。研究发现，有机锗化合物能够通过其抗氧化特性减轻化疗药物引起的氧化应激，缓解这些副作用，从而提高患者的耐受性。这一特点使有机锗络合物不仅在直接治疗肿瘤方面发挥重要作用，还能够改善患者的生活质量，减少化疗带来的不适感。

在临床应用方面，有机锗化合物的研究稳步推进，展现出其作为一种新型抗肿瘤药物的巨大潜力。与传统的化学疗法相比，有机锗络合物在抗肿瘤过程中具有较低的毒性和较好的生物相容性，能够有效地减少对正常细胞的损伤，减少副作用的发生。由于其免疫调节和抗氧化的双重机制，有机锗化合物在增强免疫反应和提高患者化疗耐受性方面具有独特优势。

有机锗化合物作为一种新型的抗肿瘤治疗药物，在未来的临床应用中展现出广阔的前景。随着对其作用机制的深入研究，预计它将在多种癌症的治疗中发挥重要作用，并为患者提供更为有效、低毒的治疗选择。通过进一步优化其化学结构和提升其生物利用度，有机锗化合物有望成为未来癌症治疗的一个重要组成部分，为肿瘤治疗带来新的希望。

3. 金属茂类抗癌络合物

金属茂类抗癌络合物，特别是含有钛、钒、锆等过渡金属的配位化合物，近年来成为抗癌药物研究的重要方向之一。由于这些化合物具备较为稳定的结构及独特的生物活性，因此在抑制肿瘤细胞增殖和抗癌治疗中展现出较强的潜力。金属茂类配位化合物通过多重作用机制影响癌细胞的生理过程，成为一种具有广泛应用前景的抗肿瘤治疗策略。

金属茂类抗癌络合物的作用机制之一是通过与 DNA 的交联作用，从而破坏肿瘤细胞的基因信息。与铂类抗癌药物类似，金属茂类化合物能够与 DNA

发生相互作用，形成稳定的配位化合物，干扰 DNA 的正常复制与转录过程。通过这种作用，金属茂类配位化合物能够有效地抑制肿瘤细胞的增殖，从而发挥显著的抗癌效果。这种与 DNA 的交联作用不仅可以直接抑制肿瘤细胞的分裂，还可能引发 DNA 修复机制的错误，从而进一步加剧癌细胞的死亡。金属茂类配位化合物在细胞内的作用机制也不仅限于对 DNA 的影响，还可能通过与细胞内金属酶的相互作用，改变酶的催化功能，抑制细胞的代谢过程，尤其是影响肿瘤细胞中关键酶的活性。金属酶的功能失常会直接影响细胞的能量代谢，进一步削弱癌细胞的生长和扩散能力。

金属茂类化合物的抗癌机制还涉及它们在细胞内的代谢途径，特别是能够干扰肿瘤细胞的能量代谢，影响细胞内的 ATP 生成和物质运输。肿瘤细胞对能量的需求极为旺盛，导致肿瘤细胞对能量代谢的依赖性较高。金属茂类配位化合物能够通过干扰细胞的代谢途径，抑制肿瘤细胞的增殖，并可能导致肿瘤细胞的代谢紊乱，使其在能量供应上受到限制，从而无法维持生长和分裂所需的条件。通过这种方式，金属茂类抗癌络合物不仅能抑制肿瘤细胞的生长，还能够抑制肿瘤的转移进程。

在耐药性肿瘤的治疗中，金属茂类抗癌络合物展示了其独特的优势。在许多传统铂类药物无法有效治疗耐药性肿瘤的情况下，金属茂类化合物通过不同的作用机制突破了铂类药物的局限性，提供了新的治疗策略。这些化合物的多重作用途径使它们能够对多种类型的肿瘤产生抗癌效果，特别是在面临多药耐药性癌症时，金属茂类抗癌络合物展现出了较为显著的治疗潜力。

对金属茂类抗癌络合物的研究正日益成为癌症治疗领域的前沿课题。随着对这些化合物作用机制的深入研究，预计金属茂类配位化合物将在未来的肿瘤治疗中发挥更大的作用，并成为抗肿瘤药物的有力补充。通过优化其化学结构与药物递送体系，有望提高其生物利用度和治疗效果，为抗癌治疗提供更多的选择。

4. 有机锡配位化合物

有机锡配位化合物作为一种重要的金属络合物，其独特的化学性质和相对较低的毒性使其成为潜在的抗癌药物。有机锡化合物的抗癌作用主要通过抑制肿瘤细胞增殖、诱导细胞凋亡及干扰细胞的信号传导途径等机制来实现。通过这些机制，有机锡化合物能够有效地抑制癌细胞的生长和扩散，提供一种有潜力的治疗选择。

有机锡化合物对癌细胞的抑制作用通常与其能够干扰细胞内的信号传导途径密切相关。肿瘤细胞的增殖和迁移受到多种信号通路的调控，特别是某些特定的蛋白激酶和转录因子在肿瘤细胞的异常生长中扮演着重要角色。有机锡化合物通过作用于这些关键分子，抑制相关信号通路的活性，从而阻止癌细胞的增殖与扩散。此外，这些化合物还能够通过改变细胞内的环境，促进肿瘤细胞的自噬作用。自噬作用在癌细胞中的调节通常是复杂的，有机锡化合物通过诱导肿瘤细胞的自噬过程，促进癌细胞的自我降解进程，从而进一步促使其死亡。

有机锡化合物的优势之一在于其相对较低的毒副作用，这一特性使其在与其他化疗药物联合使用时，能够减少化疗药物所带来的不良反应。相比于传统的铂类药物，有机锡化合物能够降低患者在治疗过程中对药物的耐受性问题，提高生活质量。特别是在癌症化疗过程中，药物的副作用常常对患者的健康造成较大影响，而有机锡化合物在降低这些副作用方面显示出较为显著的优势。与其他抗癌药物联合使用时，有机锡化合物的疗效得到了进一步的增强，尤其在治疗具有耐药性的肿瘤时展现出更强的治疗潜力。耐药性肿瘤是癌症治疗中的一大挑战，而有机锡化合物在这一领域的研究成果为肿瘤耐药性治疗提供了新的突破口。

有机锡化合物的另一个优势是其在肿瘤耐药性治疗中的潜力。耐药性是目前癌症治疗面临的一个重要难题，许多常用的抗癌药物在长期使用中，癌细胞会对其产生耐药性，导致治疗效果显著下降。有机锡化合物通过不同的作用机制，在与其他抗癌药物联合使用时，能够有效克服耐药性，增强治疗效果。这一特性使有机锡化合物在癌症治疗中的应用前景更加广阔，尤其在面对耐药性肿瘤的情况下，为患者提供了更为可行的治疗选择。

有机锡配位化合物在抗癌药物研究中的逐步应用展示了其作为潜力药物的独特价值。随着研究的不断深入，有望进一步揭示其具体的作用机制并优化其临床应用。

5. 钯配位化合物

钯本身具有较强的催化活性，这一特性使其配位化合物在抗肿瘤机制中发挥关键作用。钯配位化合物的抗癌作用主要通过与 DNA 的结合，形成交联结构，从而抑制肿瘤细胞的 DNA 复制与修复。这一过程对癌细胞的生长和分裂产生了显著的抑制作用，使肿瘤细胞的增殖得到有效抑制。钯配位化合物的这种机制与传统的铂类抗癌药物类似，但其在细胞内的表现更加灵活且具有一定的优势。

钯配位化合物在癌细胞中的靶向性强，能够优先被肿瘤细胞摄取并集中在肿瘤细胞内。通过调节肿瘤细胞的氧化还原状态，钯配位化合物不仅能促进癌细胞的凋亡，还能在一定程度上使细胞周期停滞。这一机制使钯配位化合物在治疗过程中具备双重作用，即通过直接破坏 DNA 结构和调节细胞代谢，抑制癌细胞的生长。此外，钯配位化合物在细胞内的作用还与其对肿瘤微环境的影响密切相关。研究发现，钯配位化合物能够通过改变肿瘤细胞内部的氧化还原环境，干扰癌细胞的正常功能，从而增强其抗肿瘤效果。

钯配位化合物的一个显著优势在于其较低的副作用和较好的生物相容性。与铂类化合物相比，钯配位化合物在治疗过程中对正常细胞的毒性较低，使其在临床应用中表现出更为优越的耐受性。为了进一步提高钯配位化合物的治疗效果，研究人员在其设计过程中，通常会着重对配体进行优化。这一优化不仅能增强其选择性，使药物更精准地靶向肿瘤细胞，还能够提升药物在体内的稳定性和生物利用度。通过这一方式，钯配位化合物能够有效地减少对非靶向细胞的影响，提高治疗效果，减少不良反应。

钯配位化合物的药物设计策略也在不断发展，力求通过精细调控分子结构增强其抗肿瘤活性。通过优化配体的种类和结构，钯配位化合物不仅能够提高其对肿瘤的靶向性，还能够通过改变药物在体内的释放方式和代谢路径，提高其生物学效能。随着相关研究的深入，钯配位化合物在抗肿瘤治疗中的应用前景越来越广阔，特别是在治疗难治性肿瘤和提高化疗耐受性方面，具有极大的潜力。

（三）金属抗癌物的抗癌理论

在现代癌症治疗中，金属抗癌物质的应用正逐渐成为一个重要的研究领域，特别是金属络合物在抗肿瘤药物中的巨大潜力，已成为学术界和临床研究的热点。在金属抗癌药物的作用机制中，涉及多个理论模型和机制的探索，旨在通过精确理解金属配位化合物的抗肿瘤效果，进一步推动其在临床上的应用。其中，两极互补理论（TPCT）和抗癌双配位键合理论是当前研究中两个极具影响力的理论框架，它们为深入理解金属抗癌物质的作用机理提供了深刻的见解和指导。

1. 两极互补理论

两极互补理论（TPCT）是一种解释金属抗癌物质作用机制的理论框架，该理论主要关注金属络合物与癌细胞之间相互作用的特性，强调金属离子与靶细胞分子之间的相互补充效应。在这一理论下，金属络合物的抗癌活性并非单纯依赖于金属离子的毒性作用，而是依赖于金属络合物与靶标分子之间的结构和电荷互补性。

根据TPCT，金属抗癌物的有效性来自其所携带的金属离子与癌细胞靶标分子之间的特定结合。通常，金属离子在药物分子中呈现某种形式的电荷或极性，通过与靶分子（如DNA、RNA或特定酶类）特定部位的电荷相互作用，达到精确定位与选择性作用。这种互补性不仅决定了药物分子在体内的分布和积累，还决定了其进入细胞后的功能表现。例如，金属离子通过与DNA形成稳定的金属-核酸复合物，破坏DNA的正常结构，从而抑制癌细胞的复制和增殖。金属络合物的配体部分也可能在这一作用中发挥重要作用，通过形成更为稳定的配位键，与癌细胞内的金属酶或其他靶标分子发生相互作用，进一步增强抗癌效果。

TPCT的核心观点在于，金属抗癌物不仅通过药物与肿瘤细胞的直接接触来产生疗效，还通过精确的电荷和结构互补性，提供了更高的靶向性和选择性。这一理论的提出为金属络合物的设计提供了理论支持，尤其在药物设计时，能够通过优化金属离子和配体的选择，进一步提升药物的疗效和降低副作用。因此，TPCT理论不仅有助于深入理解金属抗癌物质的作用机制，也为开发新型的金属抗癌药物提供了宝贵的指导。

2. 抗癌双配位键合理论

抗癌双配位键合理论进一步细化了金属抗癌物质与靶标分子之间的相互作用机制，重点强调了金属配位化合物中的金属离子与配体之间双重配位键的作用。根据这一理论，金属抗癌物通过金属离子与配体以及配体与靶标分子之间分别形成两种不同类型的配位键，以此实现更为精确和强效的抗肿瘤作用。

在传统的金属抗癌药物中，金属离子通常通过单一的配位作用与靶分子相结合，生成较为稳定的配位化合物。相比之下，抗癌双配位键合理论则提出，金属离子不仅可以与配体形成配位键，还能够借助双重配位机制，与靶标分子（如DNA、蛋白质、脂质等）建立双重协同作用。这一机制的优势在于，通过金属离子与配体的双重配位，不仅增加了药物分子的稳定性和生物相容性，还通过增强靶向性，提供了比传统药物更高效的抗癌效果。

基于双配位键合理论的框架，金属配位化合物的抗癌作用不仅依赖于金属离子对靶标分子的直接作用，还依赖于配体的调控作用。配体通过与金属离子形成稳定的配位键，进一步调节金属离子的生物活性和与癌细胞靶标的亲和力。特别是对于 DNA 分子，双配位键合能够形成更为稳固的金属-核酸复合物，从而增强药物的抗肿瘤效果。同时，金属离子与配体的双重作用还可能干扰癌细胞内部的信号传导、能量代谢等多个生物学途径，从而进一步增强药物的综合疗效。

这一理论为金属抗癌药物的设计提供了全新的思路，特别是在配体设计方面。通过优化配体的结构和功能，可以有效调节药物的选择性和靶向性，提升治疗效果并降低副作用。例如，设计具有双重配位功能的配体，可以有效增强药物与肿瘤细胞的结合力，并在细胞内迅速释放活性金属离子，以达到更为持久的抗癌效果。因此，抗癌双配位键合理论为未来金属抗癌药物的研发提供了重要的理论基础，并推动了新型抗肿瘤药物的设计与开发。

第八章 化学元素及其在药物中的应用

化学元素在药物的研发与应用中扮演着不可替代的角色，不同元素的化学性质决定了这些药物在药物中的功能特性与应用潜力。本章着眼于化学元素在医学中的具体应用，系统分析 p 区元素、s 区元素及过渡元素在药物领域的应用。通过开展元素化学与药理学的交叉研究，为新型药物设计与优化提供理论基础与实践指导。

第一节 p 区元素及其在药物中的应用

一、p 区元素概述

p 区元素是指基态组态电子为 $ns^2np^{1\sim6}$ 的元素，包括ⅢA～ⅦA和0族元素，即除氢以外的所有非金属元素和部分金属元素。在周期表中，以 B、Si、As、Te、At 为起点绘制一条对角线，该线右上方的元素通常为非金属，左下方则为金属，位于该线及其附近的元素可被视为"准（半）金属"。这些元素中，部分具有半导体特性（如 B、Si、Ge 等）。此外，C、P、As、Se、Te 等元素常表现出非金属（浅色）与金属（深色）之间的多种变体，体现出其在物理和化学性质上的多样性。

（一）p 区元素的特点

p 区元素具有以下特点：

第一，p 区元素的原子半径在同一族内从上到下逐渐增大。随着原子半径的增大，其获得电子的能力逐渐减弱，导致非金属性逐渐减弱，金属性则逐步增强。

第二，p区元素在众多化合物中以共价键形式结合。除了 In 和 Tl 外，p 区其他元素形成的氢化物大多表现为共价型化合物。

第三，p区元素的价层电子构型为 $ns^2np^{1\sim6}$，使大多数 p 区元素能够形成多种氧化态。对于非金属元素，其最高氧化态通常等于其所在主族的族序数。然而，F 并无正氧化态。

第四，ⅢA 至 ⅤA 族同族元素在化合物中的氧化态稳定性存在一定规律：自上而下，低氧化数化合物的稳定性增强，而高氧化数化合物的稳定性则减弱，这一现象被称为惰性电子对效应。

（二）p区元素的单质

F_2、Cl_2、Br_2、O_2、P、S 等均属于活泼非金属单质，易与金属元素形成卤化物、氧化物、硫化物、氢化物或含氧酸盐等。此外，非金属元素之间也可形成共价化合物。大部分非金属单质不与水反应，卤素仅部分与水反应，碳在高温条件下才与水蒸气反应。非金属一般不与非氧化性稀酸反应，C、S、P、I_2 能被浓硝酸和浓硫酸氧化。除碳、氮、氧外，部分非金属单质可和碱溶液反应，对于有变价的非金属元素主要发生歧化反应。例如：

$$Cl_2 + 2NaOH \longrightarrow NaClO + NaCl + H_2O$$
$$3S + 6NaOH \longrightarrow 2Na_2S + Na_2SO_3 + 3H_2O$$
$$4P + 3NaOH + 3H_2O \longrightarrow 3NaH_2PO_2 + PH_3$$
$$Si + 2NaOH + H_2O \longrightarrow Na_2SiO_3 + 2H_2\uparrow$$
$$2B + 2NaOH + 2H_2O \longrightarrow 2NaBO_2 + 3H_2\uparrow$$

（三）p区元素的氢化物

非金属都有以共价键结合的分子型氢化物。例如：

$$\begin{array}{cccc}
B_2H_6 & CH_4 & NH_3 & H_2O & HF \\
 & SiH_4 & PH_3 & H_2S & HCl \\
 & & AsH_3 & H_2Se & HBr \\
 & & & H_2Te & HI \\
\end{array}$$

通常情况下 p 区元素的氢化物为气体或挥发性液体。

（四）氧化物及水合物

1. p 区元素的氧化物

（1）同周期元素的最高价氧化物从左到右酸性逐渐增强（B 代表碱 base，A 代表酸 acid）。

Na_2O	MgO	Al_2O_3	SiO_2	P_2O_5	SO_3	Cl_2O_7
B	B	AB	A	A	A	A

（2）同主族同价态氧化物从上到下碱性增强。

N_2O_3	P_2O_3	As_2O_3	Sb_2O_3	Bi_2O_3
A	A	AB	AB	B

（3）同一元素多种价态的氧化物氧化数高的酸性强。

MnO	MnO_2	MnO_3	Mn_2O_7
B	AB	A	A

2. 氧化物水合物的酸碱性

在同一周期内，p 区元素的最高价氧化物的水合物表现出由左至右酸碱性逐渐变化的趋势。具体而言，随着周期的推进，其水合物的碱性逐渐减弱，酸性逐步增强。例如，在 H_3BO_3、H_2CO_3 和 HNO_3 中，酸性依次增强。在同一族元素中，相同化合价的氧化物水合物，其酸性自上而下逐渐减弱，碱性则增强。例如，HClO、HBrO 和 HIO 的酸性依次减弱。此外，在同一元素的不同化合物氧化物水合物中，一般来说，高价氧化物的水合物酸性较强，低价氧化物的水合物酸性较弱，碱性则呈相反趋势。例如，$HClO_4$ 比 HClO 酸性强，碱性则呈递减趋势。

（五）p 区元素化合物的氧化还原性

含氧酸（盐）氧化还原性变化规律：

在同一周期内，各元素的最高氧化态含氧酸（盐）的氧化性一般从左至右递增。

在同一主族中，各元素的最高氧化态含氧酸（盐）的氧化性通常随着原子序数的增加呈现锯齿形升高的变化趋势。从第二周期到第三周期，元素最高氧化态（或中间氧化态）含氧酸（盐）的氧化性呈现下降趋势；而从第三周期到第四周期，元素最高氧化态含氧酸（盐）的氧化性再次升高，且第四周期元素最高氧化态含氧酸（盐）的氧化性突出，往往在同族元素中最强。此外，第六周期元素最高氧化态含氧酸（盐）的氧化性相较于第五周期元素最高氧化态含氧酸（盐）的氧化性更为强烈。

同一元素在不同氧化态下形成的含氧酸，其低氧化态的氧化性通常较强，而稳定氧化态含氧酸的氧化性则相对较弱。此现象表明，不同氧化态含氧酸在氧化还原反应中的表现存在明显差异。例如下列含氧酸的氧化性强弱排序为：

$$HClO > HClO_2 > HClO_3 > HClO_4$$
$$HNO_2 > HNO_3; \quad H_2SO_3 > H_2SO_4; \quad H_2SeO_3 > H_2SeO_4$$

高氧化态含氧酸（盐）表现氧化性，低氧化态含氧酸（盐）表现为还原性，而处于中间氧化态的既有氧化性又有还原性。

浓酸的氧化性比稀酸强，含氧酸的氧化性一般比相应盐的氧化性强。同一种含氧酸盐在酸性介质中的氧化性比在碱性介质中强。

二、卤素

卤族元素包括 F、Cl、Br、I 和 At 五种元素，其中 At 是放射性元素。

卤素为典型的非金属元素，其价电子构型为 ns^2np^5。该族元素的核电荷数在同周期元素中最大，原子半径最小。因此，卤族元素倾向于接受电子形成阴离子（X⁻）。这一特性使卤素在同周期中表现出最强的非金属性，具备显著的氧化性，故被认为是强氧化剂。根据标准电极电势，卤素单质的氧化性强度呈 F_2、Cl_2、Br_2、I_2 递减的趋势。氟气在水溶液体系中表现为最强的氧化剂。然而，尽管氟的氧化性最强，其电子亲和能却非该族元素中最高。氯的电子亲和能大于氟，这主要归因于氟的原子半径较小，导致电子云密度较高，造成电子间的排斥作用较大，从而结合电子时释放的能量减少。

卤族最常见的氧化值是 −1。在含氧酸及其盐中表现出正氧化数 +1、+3、+5、+7。氟的氧化值只有 −1，卤素的性质见表 8-1[①]。

[①] 刘云霞. 无机化学 [M]. 成都：西南交通大学出版社，2018：166.

表 8-1 卤素的性质

卤素（ⅦA）	F	Cl	Br	I
原子序数	9	17	35	53
价电子构型	$2s^22p^5$	$3s^23p^5$	$4s^24p^5$	$5s^25p^5$
氧化值	−1	−1, +1, +3, +5, +7	−1, +1, +3, +5, +7	−1, +1, +3, +5, +7
共价半径 /pm	64	99	114	127
第一电离能 /KJ·mol^{-1}	1681	1251	1140	1008
电子亲和能 /KJ·mol^{-1}	327.9	348.8	324.6	295.3
电负性	4.0	3.0	2.8	2.5
$E(X_2/X^-)$ /V	2.87	1.36	1.07	0.54

卤素在化合时，价电子层中有一个成单的 p 电子，可形成一个非极性共价键，如 F_2、Cl_2、Br_2、I_2；也可以形成极性共价键，如 CH_3Cl、$KClO_3$；还能形成离子键，如 NaCl、KCl。卤离子 X^- 作为配体能与许多金属离子形成稳定的配合物，如 $[AgCl_2]^-$、$[AlCl_4]^-$。

（一）卤素单质

1. 卤素单质的物理性质

卤素的单质均为双原子非极性分子。由 F_2 到 I_2，随着分子量的增大，分子间的色散力增强，熔、沸点依次升高，密度增大，颜色加深（表 8-2）。所有卤素单质均有毒，具有刺激性气味，能强烈刺激眼、鼻、气管等，吸入较多的蒸气会严重中毒，甚至死亡。它们的毒性从 F_2 到 I_2 逐渐减轻。吸入氯气，会发生窒息，须立即转移至空气新鲜处，可吸入适量酒精和乙醚混合蒸气解毒。Br_2 蒸气有催泪作用，液溴会深度灼伤皮肤，造成难以治愈的创伤，不慎溅到皮肤上，应立即用大量水冲洗，再用 5% Na_2CO_3 溶液淋洗，最后敷上药膏。我国规定企业排放的废气中含氯量不得超过 1mg·m^{-3}。

表 8-2 卤素单质的物理性质

卤素（ⅦA）	F_2	Cl_2	Br_2	I_2
分子间力	小 ──────→ 大			
熔点 t_m/℃	−220	−101	−7.3	113
沸点 t_b/℃	−188	−34.5	59	183
物态	气体	气体	液体	固体
颜色	淡黄色	黄绿色	红棕色	紫黑色

Cl_2 极易液化，常温时液化压力约为 600 kPa，市售品均以液氯储存在钢瓶中。I_2 加热时易升华，利用这一性质可进行粗碘精制。卤素单质在水中的溶解度较小。Cl_2 微溶于水，氯水呈黄绿色；Br_2 溶解度稍大于 Cl_2，溴水呈黄色；I_2 难溶于水，加入 KI 则溶解度增大，反应如下：$I_2 + I^- \rightleftharpoons I_3^-$。$F_2$ 不溶于水，可使水分解：$2F_2 + 2H_2O \rightleftharpoons 4HF + O_2$。氯、溴和碘的水溶液分别被称为氯水、溴水和碘水。卤素单质在有机溶剂中的溶解度通常远大于在水中的溶解度。它们可以溶解于乙醇、乙醚、氯仿、四氯化碳、二硫化碳等多种有机溶剂中。例如，医用碘酒便是由含有 2%～5% 碘的酒精溶液组成。I_2 在不同溶剂中的颜色差异与 I_2 是否与溶剂形成加合物，以及加合物中的键强度密切相关。在某些溶剂中，I_2 与溶剂形成加合物时，可能导致溶液颜色发生显著变化，反映了加合物的结构和稳定性的差异。

2. 卤素单质的化学性质

（1）卤素单质的氧化性

卤素是很活跃的非金属元素（表 8-3）。卤素单质的氧化性是其最典型的化学性质。随着原子半径的增大，卤素单质的氧化性依次减弱。相应地卤素阴离子的还原能力依次增强。F_2 反应活性最大。除 O_2、N_2、He、Ne、Ar 几种气体外，F_2 能与绝大多数的金属和非金属直接化合，且反应剧烈，常伴有燃烧和爆炸。常温下，F_2 能与 Fe、Cu、Mg、Pb、Ni 等金属反应，在金属表面形成一层保护性的金属氟化物薄膜；加热时，F_2 能与 Au、Pt 生成氟化物。

表 8-3 卤素单质的化学性质

卤素（ⅦA）	F_2	Cl_2	Br_2	I_2
$E(X_2/X^-)/V$	2.87	1.36	1.07	0.54
X_2 氧化性	强─────────────→弱			
X^- 还原性	弱─────────────→强			

Cl_2 也能与大多数金属和非金属（除 O_2、N_2、稀有气体外）直接化合，反应比较剧烈，但有些反应需要加热，如 Na、Fe、Cu 都能在氯气中燃烧。潮湿的 Cl_2 在加热条件下能与 Au、Pt 反应。干燥的 Cl_2 不与 Fe 反应，因此可用钢瓶盛装液氯。一般能与 Cl_2 反应的金属（除贵金属外）和非金属同样也能与 Br_2、I_2 反应，只是反应活性降低，特别是 I_2，需要较高的温度才能反应。

卤素单质都能与氢反应：

$$X_2 + H_2 \longrightarrow 2HX$$

（2）卤素与 H_2O 反应

卤素与水发生两类重要的化学反应。第一类反应是卤素置换水中氧的反应：

$$X_2 + H_2O \longrightarrow 2H^+ + 2X^- + O_2$$

第二类反应是卤素的歧化反应：

$$X_2 + H_2O \rightleftharpoons H^+ + X^- + HXO$$

卤素单质与水发生第一类反应的激烈程度同样按 $F_2 > Cl_2 > Br_2 > I_2$ 的次序递变。氟的氧化性最强，只能与水发生第一类反应，且反应是自发的、激烈的放热反应：

$$2F_2 + 2H_2O \longrightarrow 4HF + O_2$$

氯只有在光照下缓慢地与水反应放出 O_2，溴与水作用放出 O_2 的反应极其缓慢。碘与水不发生第一类反应，但能与溶液中的 I^- 结合，生成可溶性的 I_3^-。

$$I_2 + I^- \rightleftharpoons I_3^-$$

相反，氧可以作用于碘化氢溶液，析出单质碘。Cl_2、Br_2、I_2 与水主要发生第二类反应，且反应是可逆的。在 25℃时，Cl_2、Br_2、I_2 歧化反应的标准平衡常数分别为：$K^{\ominus}(Cl_2) = 4.2 \times 10^{-2}$，$K^{\ominus}(Br_2) = 7.2 \times 10^{-9}$，$K^{\ominus}(I_2) = 2.0 \times 10^{-13}$。

$$Cl_2 + H_2O \rightleftharpoons HCl + HClO$$

次氯酸见光分解而放出氧气：

$$2HClO \longrightarrow 2HCl + O_2 \uparrow$$

所以氯水有很强的漂白、杀菌作用。

当溶液的 pH 增大时，卤素的歧化反应平衡向右移动。

（3）与碱的反应

卤素的歧化反应与溶液的 pH 值和温度有关。碱性介质有利于氯、溴和碘的歧化反应。Cl_2、Br_2、I_2 与冷的碱溶液发生歧化反应：

$$X_2 + 2OH^- \longrightarrow X^- + XO^- + H_2O \quad (X = Cl_2, Br_2)$$

$$3I_2 + 6OH^- \longrightarrow 5I^- + IO_3^- + 3H_2O$$

Cl_2、Br_2 与热的碱溶液发生另一种反应：

$$3X_2 + 6OH^- \longrightarrow 5X^- + XO_3^- + 3H_2O \quad (X = Cl_2, Br_2)$$

三、卤化氢和氢卤酸

（一）卤化氢

卤化氢均为无色气体，有刺激性气味。卤化氢与空气中的水蒸气结合形成酸雾，在空气中会产生白雾现象。卤化氢都是极性共价型分子，分子中共价键的极性按 HF、HCl、HBr、HI 的顺序减弱，卤化氢分子不导电，不显酸性。熔点、沸点很低，随着相对分子质量的增大，范德华力依次增大，熔点、沸点按 HCl、HBr、HI 顺序递增，见表 8-4。氟化氢的熔点、沸点反常高是由于氢键的存在使 HF 分子发生了缔合作用。

表 8-4　卤化氢的性质

卤化氢	HF	HCl	HBr	HI
相对分子质量	20.0	36.46	80.91	127.91
键长 l/pm	91.8	127.4	140.8	160.8
键能 E/kJ·mol^{-1}	568.6	438.1	365.7	298.7

续表 8-4

卤化氢	HF	HCl	HBr	HI
分子偶极距 $\mu/10^{-30}$C·m	6.4	3.61	2.65	1.27
熔点 t_m/℃	−83.1	−114.8	−88.5	−50.8
沸点 t_b/℃	19.5	−84.9	−67	−35.4
饱和溶液质量分数 w/%	35.3	42	49	57

卤化氢分子中 H—X 键的键能从 HF 到 HI 依次递减，故它们的热稳定性急剧下降，即 HF > HCl > HBr > HI。实际上 HI 在常温时就有明显的分解现象。

（二）氢卤酸

卤化氢溶于水即得氢卤酸（HX）。纯氢卤酸都是无色液体，易挥发，其沸点随浓度不同而异。氢卤酸的化学性质主要有以下方面：

1. 酸性

氢卤酸的酸性按 HF < HCl < HBr < HI 的顺序依次增强。其中，除氢氟酸为弱酸（$K_a^\ominus = 6.9 \times 10^{-4}$）外，其他的氢卤酸都是强酸，氢溴酸、氢碘酸的酸性甚至强于高氯酸。在氢氟酸中，HF 分子间以氢键缔合成 $(HF)_x$，影响了氢氟酸的解离，如 0.1 mol·L^{-1} 的氢氟酸的解离度约为 8%。在一定浓度范围内氢氟酸与一般的酸不同，其解离度随着溶液浓度的增大而增大。

2. 还原性

除氢氟酸外，其他氢卤酸都具有还原性，卤化氢或氢卤酸还原性强弱的顺序是 HF < HCl < HBr < HI。事实上，HF 不能被任何氧化剂氧化，HCl 只能被一些强氧化剂（如 KMnO$_4$、MnO$_2$、PbO$_2$、K$_2$Cr$_2$O$_7$ 等）氧化。

$$2KMnO_4 + 16HCl \longrightarrow 2KCl + 2MnCl_2 + 5Cl_2\uparrow + 8H_2O$$
$$PbO_2 + 4HCl \longrightarrow PbCl_2 + Cl_2\uparrow + 2H_2O$$
$$K_2Cr_2O_7 + 14HCl \longrightarrow 2CrCl_3 + 2KCl + 3Cl_2\uparrow + 7H_2O$$

HBr 较易被氧化。HI 更易被氧化，空气中的氧能将 I$^-$ 氧化成单质，所以，氢碘酸和碘化物溶液易变成黄色：

$$4I^- + O_2 + 4H^+ \longrightarrow 2I_2 + 2H_2O$$

3. 氢氟酸特性

氢氟酸能与 SiO_2 和硅酸盐反应，生成气态的 SiF_4：

$$SiO_2 + 4HF \longrightarrow SiF_4\uparrow + 2H_2O$$

$$CaSiO_3 + 6HF \longrightarrow CaF_2 + SiF_4\uparrow + 3H_2O$$

氢氟酸因其特殊性质，被广泛应用于分析化学领域，特别是在测定矿物或金属材料中二氧化硅含量方面作用显著。同时，它也常用于玻璃器皿的蚀刻工艺中，用以制作标记、图案或磨砂玻璃制品。由于氢氟酸能够强烈腐蚀玻璃，因此通常采用塑料容器储存，避免使用玻璃制品。另外，氢氟酸作为一种关键原料，广泛用于单质氟和氟化物的制备，例如生产被誉为"塑料之王"的聚四氟乙烯。

卤化氢及其相应的氢卤酸均具有腐蚀性，其中氢氟酸因其毒性和对皮肤的强烈侵蚀性而备受关注。高浓度氢氟酸接触皮肤后会导致严重灼伤，且愈合过程极为困难。当皮肤不慎接触氢氟酸时，应迅速用大量清水冲洗，并进一步使用5%的碳酸氢钠溶液或1%的氨水进行处理，以减轻伤害并降低化学反应的持续性。

四、氧族元素

氧族元素包括氧（O）、硫（S）、硒（Se）、碲（Te）和钋（Po）。这些元素的共同特点是外层电子构型为 ns^2np^4，具有六个价电子，表现出明显的非金属性。随着原子序数的增加，其物理和化学性质展现出规律性变化，从氧的典型非金属性逐渐向钋的弱金属性过渡。

（一）氧及其化合物

1. 氧气和臭氧

（1）物理性质

氧是地壳中分布最广的元素，其质量约占地壳总质量的一半，并在自然界以多种形式存在。大气中的氧以单质状态存在，空气中体积分数约为21%，质量分数约为23%；在海洋中则主要以水的形式存在，氧的质量分数高达89%。此外，氧在岩石和土壤中以硅酸盐、氧化物及含氧阴离子的形式广泛分布，其质量分数约为47%。

自然界中的氧存在三种稳定同位素 ^{16}O、^{17}O、^{18}O，其中 ^{16}O 占绝大多数，为氧原子总数的99.76%。^{18}O 作为一种稳定的同位素，可通过水的分馏富集，并常用于化学反应机理的研究。

氧有 O_2 和 O_3 两种单质。氧气分子为非极性分子，结构式为 O═O，具有顺磁性。在液态氧中，存在缔合分子 O_4，在特定条件下表现出反磁性。氧气是无色、无臭的气体，在 −183 ℃下凝结为淡蓝色液体，在 −218 ℃时凝固为蓝色固体。氧气难溶于水，但溶解的氧对于水生动植物的生存至关重要。在工业生产中，氧气主要通过分馏液态空气或电解水获得，实验室中则常通过氯酸钾的热分解制备氧气。

臭氧是一种有特殊鱼腥味的浅蓝色气体。其分子为极性分子，比氧气更易溶于水。臭氧主要分布于距地面 20～40 公里的高空，形成臭氧层，能吸收太阳光中99%的紫外线，对地球生物起到保护作用。液态臭氧与液态氧不互溶，可通过分级液化的方法提纯。

此外，与氧气相比，臭氧具有更高的化学活性，但稳定性较低。在常温下，臭氧会缓慢分解，在 200 ℃以上分解速率显著加快，反应生成氧气。某些催化剂如二氧化锰可加速其分解，水蒸气则对其具有一定的抑制作用。纯臭氧因其不稳定性，具有易爆性，在储存和使用过程中需要特别注意安全。

（2）化学性质

氧单质的化学性质主要以其强氧化性为特征。在氧族元素中，O_2 和 O_3 均表现出显著的氧化能力。根据电极电势的对比表明，臭氧是一种比氧气的氧化性更强的氧化剂，其氧化性在酸性和碱性条件下均优于氧气。作为已知最强的氧化剂之一，臭氧能够氧化除金和铂族金属外的大多数金属及非金属。

第一，与单质的直接化合。氧气分子的键解离能较高，常温下仅能氧化某些强还原性的物质，如一氧化氮或亚硫酸。只有在加热条件下，氧气才能与绝大多数元素发生直接化合反应，生成对应的氧化物。贵金属和稀有气体在氧气中表现出较低的化学活性，几乎不发生反应。氧与变价金属反应时，通常生成高价态的氧化物。相比之下，臭氧在常温下可与多种不活泼单质发生反应，其化学活性显著高于氧气。例如，湿润的硫可以被臭氧氧化为硫酸，同时释放氧气。这种高反应性使臭氧在特定化学过程中具有重要应用。

第二，与化合物的反应。氧气和臭氧均能够与多种化合物发生氧化反应，特别是与氢化物和低价态化合物的反应尤为显著。例如，氧气可以氧化硫化氢、氨或甲烷，而臭氧则能进一步氧化某些物质至更高价态。臭氧与碘离子的反应常用于其含量的测定，体现其在分析化学中的特殊作用。

氧气和臭氧的强氧化性使其在工业和日常生活中得到广泛应用。氧气被用于医疗、炼钢和金属焊接领域，液态氧在航天领域中作为火箭燃料的助燃剂。臭氧因其独特的氧化能力和无二次污染的特点，被广泛用于水处理、漂白和脱色等领域。特别是在饮用水和污水深度处理中，臭氧与活性炭的联合使用已成为主流技术。

2. 过氧化氢（H_2O_2）

（1）过氧化氢的分子结构。过氧化氢分子具有立体结构，其中两个氧原子通过过氧键相连，并以 sp^3 杂化轨道形成键。其结构呈现非平面构型，分子中氢原子与氧原子间形成的键角和键长，使其在物理性质上与水分子存在显著差异。分子内的过氧键赋予其独特的化学活性和反应性。

（2）过氧化氢的性质。过氧化氢既表现出氧化性，又表现出还原性，具体性质受反应条件影响。在酸性环境中，过氧化氢是一种较强的氧化剂，能够氧化多种低价态化合物；在碱性条件下，其分解速率加快，同时表现出还原性。过氧化氢因热稳定性较差，在光照或催化剂作用下容易分解生成水和氧气，因此需要储存在深色容器中以减缓分解速率。过氧化氢的工业用途主要包括漂白、消毒和化学合成领域。

（二）硫及其化合物

硫在自然界以单质和化合态两种形式存在。单质硫矿床主要分布在火山附近（H_2S 与 SO_2 作用生成）。以化合物形式存在的硫分布较广，主要有硫化物和硫酸盐两大类。其中，FeS_2 是最重要的硫化物矿，广泛用于制造硫酸，是一种基本的化工原料。煤和石油中也含有硫。此外，硫是细胞的组成元素之一，它以化合物形式存在于动植物有机体内。

1. 单质硫

硫具有多种同素异形体，其中斜方硫和单斜硫最为常见。斜方硫为柠檬黄色固体，单斜硫为暗黄色针状固体，二者的转变温度为 95.5 ℃。这两种同素异形体均为分子晶体，其基本单元由 8 个硫原子组成的环状结构构成，表现出典型的分子晶体特性。

硫在物理性质上不溶于水，但能够溶解于二硫化碳和四氯化碳等非极性溶剂。化学性质方面，硫的化学活性较高，能与多种金属反应生成硫化物，甚至在室温下即可与汞发生化合。此外，硫可以与卤素（除碘外）、氢、氧、碳及磷直接作用生成共价化合物，但不能与稀有气体、单质碘、氮、碲及某些贵金属直接化合。

硫能与具有氧化性的酸（如硝酸、亚硝酸、浓硫酸）作用：

$$S + 2HNO_3 \longrightarrow H_2SO_4 + 2NO_2$$

$$S + 2H_2SO_4 \longrightarrow 3SO_2 + 2H_2O$$

也能溶于热的碱液生成硫化物和亚硫酸盐：

$$3S + 6NaOH \xrightarrow{\Delta} 2Na_2S + Na_2SO_3 + 3H_2O$$

当硫过量时则可生成硫代硫酸盐：

$$4S(过量) + 6NaOH \longrightarrow 2Na_2S + Na_2S_2O_3 + 3H_2O$$

硫在工业、农业和医药领域用途广泛。化工生产中，硫主要用于硫酸的制造；在橡胶工业中，用于橡胶硫化，从而提高其弹性和韧性；在农业上，硫常用作杀虫剂；在医药领域，硫用于制备硫黄软膏以治疗皮肤疾病。此外，硫还可用于制造黑火药和火柴等产品。

2. 硫化氢和硫化物

（1）硫化氢

硫化氢分子的构型与水分子相似，呈 V 形，但 H—S 键长（136pm）比 H—O 键略长，而键角∠HSH（92°）比∠HOH 小。H_2S 分子的极性比 H_2O 弱，且不形成氢键。

H_2S 对人体有显著的毒性，其中毒性机制主要包括与血红素中的 Fe^{2+} 结合生成 FeS 沉淀，从而使 Fe^{2+} 失去正常的生理功能。硫化氢广泛存在于火山喷发气体、动植物体和矿泉水中。该气体对中枢神经及呼吸系统有严重影响，吸入少量可引起头晕和恶心，长时间暴露会导致嗅觉丧失，对生命构成威胁，因此硫化氢在制取和使用过程中必须确保通风良好。

硫化氢的沸点为 -60 ℃，熔点为 -86℃，均低于同族的 H_2O、H_2Se、H_2Te。硫化氢的水溶性较小，20 ℃时 1 体积的水可溶解约 2.5 体积的硫化氢气体。在化学性质上，硫化氢是一种弱二元酸，能够与金属离子反应形成正盐（硫化物）或酸式盐（硫氢化物）。这些化学性质使硫化氢在许多反应和应用中具有特定的功能。

$$2H_2S + 3O_2 \longrightarrow 2H_2O + 2SO_2 (燃烧完全，蓝色火焰)$$
$$2H_2S + O_2 \longrightarrow 2H_2O + 2S\downarrow (空气不足)$$
$$H_2S + Br_2 \longrightarrow S + 2HBr$$

硫化氢具有还原性，能与氧化剂作用生成单质硫：

$$H_2S + H_2SO_4(浓) \longrightarrow SO_2 + 2H_2O + S\downarrow$$
$$H_2S + 2Fe^{3+} \longrightarrow S + 2H^+ + 2Fe^{2+}$$

当 H_2S 溶液在空气中放置时，容易被空气中的氧所氧化而析出单质硫，使溶液变浑浊，所以要现用现配。过硫化氢（H_2S_2）与过氧化氢的结构相似。

（2）金属硫化物

金属硫化物大多数具有颜色，如 Na_2S、ZnS 为白色，CdS 为黄色，MnS 为肉色，FeS、PbS、HgS、CuS、Ag_2S 为黑色。碱金属硫化物和 BaS 易溶于水，其他碱土金属硫化物微溶于水（BeS 难溶）。除此以外，大多数金属硫化物难溶于水，部分甚至难溶于酸。酸式金属硫化物皆溶于水。个别硫化物由于完全水解，在水溶液中不能生成，如 Al_2S_3 和 Cr_2S_3，因此必须采用干法制备。可以利用硫化物的上述性质来分离和鉴别各种金属离子。

所有金属硫化物无论易溶或微溶，均具有一定程度的水解性。例如，Na_2S 溶于水几乎全部水解：

$$Na_2S + H_2O \longrightarrow NaHS + NaOH$$

其溶液作为强碱使用，工业上称 Na_2S 为硫化碱。Cr_2S_3、Al_2S_3 遇水完全水解，所以这类化合物只能用"干法"合成：

$$Al_2S_3 + 6H_2O =\!=\!= 2Al(OH)_3\downarrow + 3H_2S\uparrow$$

CuS、PbS 微弱水解。

可溶性硫化物与硫共热可生成多硫化物，其产物通常为含有不同硫原子数的混合物。随着硫原子数的增加，多硫化物的颜色逐渐从黄色过渡到橙黄色，最终呈现红色。硫原子数为 2 的多硫化物被称为过硫化物。多硫化物表现出一定的氧化性，但相较于过氧化物，其氧化性较弱。

多硫化物与酸反应会生成不稳定的多硫化氢 H_2S_x，该化合物易分解为硫化氢和单质硫，导致溶液浑浊，其稳定性随着硫原子数的增加而降低。

$$S_x^{2-} + 2H^+ = H_2S\uparrow + (x-1)S\downarrow$$

多硫化物在皮革工业中用作原皮的除毛剂。在农业上，多硫化物作用杀虫剂来防治棉花红蜘蛛及果木的病虫害。

五、氮族元素

（一）氮族元素概述

氮族元素包括氮（N）、磷（P）、砷（As）、锑（Sb）和铋（Bi）五种元素。从上至下，随着原子半径的递增，电负性递减。

氮族元素的价电子构型为 ns^2np^3，与氧族、卤素相比，得电子能力较弱。仅电负性较大的 N 和 P 可与碱金属或碱土金属形成极少数离子型固态化合物，如 Li_3N、Na_3P、Mg_3N_2、Ca_3P_2 等。由于 N^{3-}、P^{3-} 离子半径较大，容易变形，因此 N^{3-} 和 P^{3-} 只能存在于干态，遇水强烈水解生成 NH_3 和 PH_3：

$$Mg_3N_2 + 6H_2O = 3Mg(OH)_2 + 2NH_3$$

$$Na_3P + 3H_2O = 3NaOH + PH_3$$

氮族元素常见的氧化数有 +5、+3、-3，且形成 -3 氧化数的趋势从 N 到 Sb 依次降低。Bi 不形成 -3 氧化数的稳定化合物。氢化物（除 NH_3 外）都不稳定。N、P 氧化数为 +5 的化合物比 +3 的化合物稳定。As 和 Sb 常见氧化数为 +3 和 +5，Bi 氧化数主要是 +3（见表 8-5）。

氮族元素形成的化合物大多数是共价化合物，大致可分为以下四类：

（1）形成三个共价单键，如 NH_3，N 为 sp^3 杂化。

（2）形成一个共价双键和一个共价单键，如 —N=O，N 为 sp^2 杂化。

（3）形成一个共价三键，如 N_2、CN^-，N 为 sp 杂化。

（4）N 原子还可以有氧化数为 +5 的氧化态，如 NO_3^-。

表 8-5　氮族元素的基本性质

氧化值	N	P	As	Sb	Bi
氧化值	+5, +4, +3, +2, +1, -3	+5	+5	+5	+5
		+3	+3	+3	+3
		-3	-3	-3	
原子半径	70	110	121	141	152
电负性	3.0	2.1	2.0	1.9	1.9
最大配位数	4	6	6	6	6
M_2O_3	酸性	酸性	两性	两性	碱性
MH_3	NH_3	PH_3	AsH_3	SbH_3	BiH_3
	碱性减弱，稳定性下降				

N 元素与同族其他元素的差异表现在：① N 的最大配位数为 4，而 P、As 可达到 5 或 6；② N 有形成氢键的倾向，但氢键强度比 O 和 F 弱。

（二）氮及其化合物

1. 氮气

氮气是一种无色、无臭、无味的气体。沸点为 -195.8℃。微溶于水。由于组成 N_2 分子的两个 N 原子以三键结合，键能大，故氮气在常温下化学性质极不活泼，常用作保护气体。然而，在高温或有催化剂存在时，氮气能和某些金属（如 Li、Ca、Mg 等）反应生成氮化物，也能与氢、氧反应。氮原子间能形成多重键，因而能形成本族其他元素难以形成的化合物，如叠氮化物（N_3^-），偶氮化合物（—N=N—）等。

工业上大量的氮气由分馏液态空气制得，通常以约 150MPa 装入钢瓶中备用。实验室常用加热饱和氯化铵溶液和固体亚硝酸钠的混合物来制取氮气。

$$NH_4Cl + NaNO_2 \longrightarrow NH_4NO_2 + NaCl$$
$$NH_4NO_2 \xrightarrow{\Delta} N_2\uparrow + 2H_2O$$

工业上的氮气主要用于合成氨、制取硝酸、作为保护气体及深度冷冻剂。

2. 氨及铵盐

（1）氨气

氨分子的构型为三角锥形，N 原子通过 3 个 sp³ 不等性杂化轨道与 3 个氢原子成键，并保留一对孤对电子，结构如图 8-1 所示。

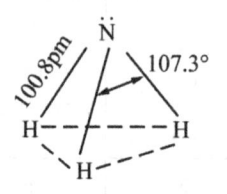

图 8-1 氨气结构

氨分子是极性分子。NH_3 极易溶于水，常温时 1 体积水能溶解 400 体积的 NH_3。NH_3 溶于水后体积显著增大，故氨水浓度越高，溶液密度反而越小。市售氨水浓度为 25%～28%，密度约为 0.9 g·mL^{-1}。氨（NH_3）是无色有刺激性臭味的气体，容易被液化。液态氨的汽化焓较大，可用作制冷剂。氨是氮的最重要化合物之一，是最重要的氮肥，是产量最大的化工产品之一。

实验室一般用铵盐与强碱共热来制取氨：

$$2NH_4Cl + Ca(OH)_2 \longrightarrow CaCl_2 + 2H_2O + 2NH_3(g)$$

工业上目前主要是采用合成的方法制氨：

$$N_2 + 3H_2 \xrightarrow[Fe]{450\sim500℃,30MPa} 2NH_3$$

NH_3 的化学性质主要有以下三方面：

第一，加合反应。NH_3 与水通过氢键加合生成氨的水合物，已确定的氨的水合物有 $NH_3·H_2O$ 和 $2NH_3·H_2O$ 两种，通常表示为 $NH_3·H_2O$。NH_3 溶于水后生成水合物的同时，发生部分解离而显碱性。反应方程式为：

$$NH_3 + H_2O \rightleftharpoons NH_3·H_2O \rightleftharpoons NH_4^+ + OH^- \quad K_b = 1.76 \times 10^{-5}$$

NH_3 与 H^+ 通过配位键结合成 NH_4^+，并与许多金属离子通过配位键结合成氨合离子，如 $[Cu(NH_3)_4]^{2+}$、$[Ag(NH_3)_2]^+$ 等：

$$H^+ + NH_3 \longrightarrow NH_4^+$$

$$Ag^+ + 2NH_3 \longrightarrow \left[Ag(NH_3)_2\right]^+$$

第二，还原性。氨分子中 N 的氧化值为 –3，是 N 的最低氧化值，所以氨具有还原性。NH_3 在空气中不能燃烧，但在氧气中可以燃烧生成水和氮气：

$$4NH_3 + 3O_2(纯) \longrightarrow 2N_2 + 6H_2O$$

在催化剂存在下，NH_3 可被 O_2 氧化为 NO。NH_3 在空气中的爆炸极限浓度为 16%～27%：

$$4NH_3 + 5O_2(空气) \xrightarrow{Pt} 4NO + 6H_2O$$

氨在水溶液中能被 Cl_2、H_2O_2、$KMnO_4$ 等氧化：

$3Cl_2 + 2NH_3 \rightarrow N_2 + 6HCl$

若 Cl_2 过量则得 NCl_3：

$$3Cl_2 + NH_3 \longrightarrow NCl_3 + 3HCl$$

第三，取代反应。NH_3 与活泼金属反应时，其中的 H 可被取代，生成氨基（—NH_2）、亚氨基（＝NH）和氮（≡N）的化合物。例如：

$$2NH_3 + 2Na \xrightarrow{350℃} 2NaNH_2 + H_2$$

$NaNH_2$ 是有机合成中的重要缩合剂。此外，金属氮化物（如氮化镁 Mg_3N_2）可视为氨分子中的 3 个氢原子全部被金属原子取代而形成的化合物。

NH_2^- 还能以氨基或亚氨基取代其他化合物中的原子或原子团，如：

$$HgCl_2 + 2NH_3 = Hg(NH_2)Cl\downarrow + NH_4Cl$$
$$\text{（白色）}$$

$$COCl_2(光气) + 4NH_3 =\!= CO(NH_2)_2(尿素) + 2NH_4Cl$$

氨是一种重要的化工原料，主要用于制造氮肥，还用来制造硝酸、铵盐、纯碱等。氨也是尿素、纤维、塑料等有机合成工业的原料。

（2）铵盐

氨与酸作用生成各种相应的铵盐。铵盐与碱金属盐非常相似，尤其是与钾盐特别相似，这是因为 NH_4^+ 的离子半径为 143 pm，接近于钾的半径（133 pm），因此铵盐的性质类似于碱金属盐类，且常与钾盐、铷盐同晶，并有相似的溶解度。

铵盐多为无色晶体，皆溶于水。但酒石酸氢铵与高氯酸铵等少数铵盐的溶解度较小，其相应的钾盐和铷盐溶解度也较小。例如，在 20 ℃时，硝酸铵的溶解度为 192 g/100 g H_2O，高氯酸铵的溶解度为 20 g/100 g H_2O，高氯酸钾的溶解度为 1.68 g/100 g H_2O。铵盐都是重要的化学肥料。铵盐有以下通性：

第一，水解性。由于氨水具有弱碱性，所以铵盐都有一定程度的水解：

$$NH_4^+ + H_2O \Longleftrightarrow NH_3 \cdot H_2O + H^+$$

而在任何铵盐溶液中加入碱并稍加热，都会有氨气放出。例如：

$$2NH_4Cl + Ca(OH)_2 \Longleftrightarrow 2NH_3\uparrow + 2H_2O + CaCl_2$$

实验室利用此反应制取氨气，常用来鉴定 NH_4^+ 的存在。或用奈斯勒试剂（$K_2[HgI_4]$ 的碱性溶液）来鉴定 NH_4^+，生成红棕色沉淀：

$$NH_4^+ + 2[HgI_4]^{2-} + 4OH^- \longrightarrow \left[O \begin{matrix} Hg \\ Hg \end{matrix} NH_2 \right] I + 7I^- + 3H_2O$$

第二，热稳定性差。固体铵盐加热时极易分解，其分解产物因酸根性质不同而异。

稳定性规律：与 NH_4^+ 结合的阴离子碱性越强，铵盐越不稳定。如卤化铵 NH_4X 的热稳定性按 $NH_4F \rightarrow NH_4I$ 的顺序递增。

非氧化性酸形成的铵盐加热时分解为氨和相应的酸或酸式盐：

$$NH_4HCO_3 \longrightarrow NH_3\uparrow + CO_2 + H_2O$$
$$NH_4Cl \longrightarrow NH_3\uparrow + HCl\uparrow$$
$$(NH_4)_2SO_4 \longrightarrow NH_3\uparrow + NH_4HSO_4$$
$$(NH_4)_3PO_4 \longrightarrow 3NH_3\uparrow + H_3PO_4$$

而易挥发的氧化性酸形成的铵盐分解时，生成的 NH_3 会立即被氧化，并随温度升高而生成不同产物：

$$NH_4NO_3 \xrightarrow{210℃} N_2O\uparrow + 2H_2O\uparrow$$

在制备、贮存、运输、使用 NH_4NO_3、NH_4NO_2、NH_4ClO_3、NH_4ClO_4、NH_4MnO_4 等铵盐时，应格外小心，防止受热或撞击，以避免发生安全事故。

铵盐中最重要的是硝酸铵 NH_4NO_3 和硫酸铵 $(NH_4)_2SO_4$，它们广泛用作肥料。硝酸铵还用来制造炸药（反应放出大量气体和热量）。在金属焊接时，氯化铵常用于清除待焊金属物件表面的氧化物，使焊料更好地与焊件结合。当氯化铵接触到红热的金属表面时，分解为氨和氯化氢，氯化氢立即与金属氧化物反应生成易溶或挥发性的氯化物，这样金属表面就被清洗干净。

六、碳族元素

（一）碳族元素概述

碳族元素包括碳（C）、硅（Si）、锗（Ge）、锡（Sn）和铅（Pb）五种元素。C 和 Si 是非金属元素，Ge 是准金属元素，性质与硅相似，都是半导体材料。Sn 和 Pb 是金属元素，但均表现出两性。

碳族元素的价电子构型为 ns^2np^2，不易形成离子，而易形成共价化合物。在化合物中，C 的主要氧化数有 +4 和 +2，Si 的氧化数都是 +4，而 Ge、Sn、Pb 的氧化数有 +2 和 +4。C 和 Si 能与氢形成稳定的氢化物 CH_4 和 SiH_4。

碳在同族元素中，由于原子半径最小，电负性最大，电离能高且没有 d 轨道，所以它与本族其他元素之间的差异较大，其差异主要表现在：①碳的最高配位数为 4；②碳的成键能力最强；③碳原子间易形成多重键，并能与其他元素如氮、氧、硫和磷形成多重键。硅与ⅢA族的硼在周期表中处于对角线位置，它们的单质及化合物的性质相似。

（二）碳的单质

碳有 ^{12}C、^{13}C、^{14}C 三种主要的同位素。在自然界以单质状态存在的碳为金刚石和石墨，以化合物形式存在的碳有煤、石油、天然气、碳酸盐、二氧化碳等，动植物体内也含有碳。

碳有金刚石和石墨两种同素异形体。金刚石是原子晶体，不与一般酸碱和化学物质反应。石墨是层状晶体，质软，有金属光泽，可以导电。石墨化学性质较活泼，能被强氧化剂如浓硫酸、浓硝酸和高锰酸钾等氧化，并能与许多金属生成碳化物。现已确认无定形碳是微晶型石墨。通常无定形碳如焦炭、炭黑等，都具有石墨结构。活性炭是经过加工处理所得的无定形碳，具有极大的比表面积和良好的吸附性能，广泛用于气体干燥和提纯，水净化及食品工业中。碳纤维是一种新型的结构材料，具有质轻、耐高温、抗腐蚀、导电等性能，机械强度很高，广泛用于航空、机械、化工和电子工业及外科医疗领域。碳纤维也是一种无定形碳。

工业上石墨被大量用于制造电极、坩埚、高温热电偶、润滑剂、铅笔芯和染料，还可作为原子反应堆的中子减速剂。金刚石除可作为钻石装饰外，还可用于制钻头、刀具以及精密轴承等。金刚石薄膜既是一种新颖的结构材料，又是一种重要的功能材料。

（三）碳的化合物

碳的化合物几乎都是共价型的，绝大部分碳的化合物属于有机化合物。仅有一小部分碳的化合物被视为无机化合物。碳的氧化值除在 CO 中为 +2 外，在其他化合物中均为 +4。

1. 一氧化碳（CO）

CO 是无色、无臭、有毒的气体，微溶于水。CO 可视为甲酸 HCOOH 的酸酐，但实际上它并不能和水反应生成甲酸。实验室可以用浓硫酸从 HCOOH 中脱水制备少量的 CO。碳在氧气不充分的条件下燃烧生成 CO。工业上 CO 的主要来源是水煤气。CO 分子中碳原子与氧原子间形成三重键，即 1 个 σ 键和 2 个 π 键。与 N_2 分子所不同的是其中 1 个 π 键是配键，这对电子由氧原子提供。CO 分子的结构式为：

$$:\mathrm{C}\!\equiv\!\mathrm{O}: \quad 或 \quad :\mathrm{C}\!-\!\mathrm{O}:$$

CO 的偶极矩几乎为零。因为从原子的电负性看，电子云偏向氧原子，但形成配键的电子对是碳原子提供的，碳原子略带负电荷，氧原子略带正电荷，这与电负性的效果正好相反，相互抵消，所以 CO 的偶极矩近于零。这样 CO 分子中碳原子的孤电子对易与其他有空轨道原子形成配键。

CO 是重要的化工原料和燃料。CO 是无色有毒气体，能在空气或氧气中燃烧。CO 之所以对人体有毒是因为它能与血液中的血红蛋白（Hb）形成稳定的配合物 COHb。CO 与 Hb 的亲和力约为 O_2 与 Hb 的 230～270 倍。COHb 配合物的形成使血红蛋白丧失了输送氧气的能力。当空气中 CO 含量为 0.1%（体积分数）时，就会引起中毒，导致组织低氧症，甚至引起心肌坏死。为减轻 CO 对大气的污染，含 CO 的废气排放前常用 O_2 进行催化氧化，将其转化为无毒的 CO_2，所用的催化剂包含 Pt、Pd 或 Mn、Cu 的氧化物或稀土氧化物等。

在高温下 CO 是很好的还原剂。在冶金工业中，它可从许多金属氧化物（如 Fe_2O_3、CuO 或 MnO_2）中还原出金属。

CO 的还原性被用于测定微量 CO，PdCl₂ 在常温下可被 CO 还原为 Pd：

$$CO + PdCl_2 + H_2O = CO_2 + Pd\downarrow + 2HCl$$

灰色沉淀 Pd 的出现证明 CO 存在。

CO 能与过渡金属原子或离子生成配合物。例如，在一定条件下，它与 Fe、Ni、Cr 金属原子作用生成 Fe(CO)₅、Ni(CO)₄、Co₂(CO)₈，其中 C 是配位原子。

CO 与氢、卤素等非金属反应，应用于有机合成：

$$CO + 2H_2 \xrightarrow[623\sim 673\text{ K}]{Cr_2O_3,\ ZnO} CH_3OH$$

$$CO + Cl_2 \xrightarrow{\text{活性炭}} COCl_2 (\text{碳酰氯})$$

碳酰氯又名"光气"，极毒，是有机合成中的重要中间体。

2. 二氧化碳（CO_2）

碳或含碳化合物在充足的空气或氧气中完全燃烧以及生物体内许多有机物的氧化都产生二氧化碳。大气中 CO_2 的含量约为 0.03%（体积分数）。近年来，随着世界上各国工业生产的发展，大气中 CO_2 的含量逐渐增加。这被认为是导致世界性气温普遍升高，造成地球温室效应的主要原因之一，引起科学界的高度重视。CO_2 是无色、无味的气体，能溶于水（20℃时 1L 水能溶解 0.9 LCO_2）。溶解的 CO_2（约 1%）生成碳酸，常温时饱和 CO_2 溶液 d 的 pH 约为 4。因此习惯上将 CO_2 的水溶液称为碳酸。碳酸仅存在于水溶液中，而且浓度很小，浓度增大时即分解出 CO_2。纯碳酸至今尚未制得。

CO_2 容易液化，常温下加压到 7.6 MPa 可转化为无色液体，储存在钢瓶中。当部分 CO_2 汽化时，余下部分 CO_2 冷却凝固为雪花状固体，称为"干冰"。干冰是分子晶体，在 -78.5 ℃时升华，所以干冰常用作制冷剂。

工业上大量的 CO_2 用于生产 Na_2CO_3、$NaHCO_3$、NH_4HCO_3 和尿素等化工产品：

$$CO_2 + 2NH_3 \longrightarrow CO(NH_2)_2 + H_2O$$

CO_2 也用作低温冷冻剂（干冰），广泛用于啤酒、饮料等生产中。CO_2 不助燃且密度大于空气，可用来灭火。泡沫灭火器利用 $NaHCO_3$ 的饱和溶液与 $Al_2(SO_4)_3$ 溶液反应生成 CO_2 气体。但活泼金属 Mg、Na、K 等着火时不能

用 CO_2 灭火，因为它们能从 CO_2 中夺取氧，加剧燃烧：

$$CO_2(g) + 2Mg(s) \longrightarrow 2MgO(s) + C(s)$$

工业用 CO_2 主要来自石灰生产和酿酒过程的副产品。

CO_2 溶于水生成碳酸。H_2CO_3 极不稳定，只能存在于溶液中，是一种二元弱酸。

$$H_2CO_3 \longrightarrow H^+ + HCO_3^- \quad K_{a1}^\ominus = 4.2 \times 10^{-7}$$
$$HCO_3^- \longrightarrow H^+ + CO_3^{2-} \quad K_{a2}^\ominus = 5.6 \times 10^{-11}$$

CO_2 分子为直线形，其结构式可以写作 O=C=O。CO_2 分子中碳氧键键长为 116 pm，介于 C=O 键长（乙醛中为 124pm）和 C≡O 键长（CO 中为 112.8 pm）之间，表明其具有一定程度的三键特征。CO_2 分子中可能存在着离域的大 π 键，即碳原子除了与氧原子形成 2 个 σ 键外，还形成 2 个三中心四电子的大 π 键。因此，CO_2 的热稳定性很高，在 2000 ℃时仅有 1.8% 的 CO_2 分解成 CO 和 O_2。

七、硼族元素

硼族元素包括硼（B）、铝（Al）、镓（Ga）、铟（In）和铊（Tl）五种元素。B 为非金属元素，其余为金属元素。硼族元素均能导电，但硼的导电性最弱。铝在地壳中的含量仅次于氧和硅，居第三位，在金属元素中铝居于首位。

硼族元素的价电子构型为 ns^2np^1。与同周期的卤素、氧族元素、氮族元素、碳族元素相比，硼族元素有较强的给电子趋势，其化合物以正氧化数为主，前四种元素都是 +3，Tl 主要为 +1。硼的原子半径较小，电负性较大，所以硼的化合物都是共价型的，在水溶液中也不存在 B^{3+}，而其他元素均可形成 M^{3+} 和相应的化合物。由于 M^{3+} 具有较强的极化作用，这些化合物中的化学键也容易表现出共价性。在硼族元素化合物中形成共价键的趋势自上而下依次减弱。惰性电子对效应使 Tl（+1）的化合物更稳定，所形成的键具有较强的离子键特征。硼族元素和电负性较大的 O 有较大的亲和力，B 和 Al 尤为突出。

硼族元素原子的价电子轨道（$nsnp$）数为 4，而其价电子仅有 3 个，这种价电子数小于价键轨道数的原子称为缺电子原子。它们形成的化合物有些为缺电子化合物。在缺电子化合物中，成键电子对数小于中心原子的价键轨道数,由于有空的价键轨道存在,所以它们有很强的接受电子对的能力,容易形成聚合型分子(如 Al_2Cl_6)和配位化合物(如 HBF_4)。在此过程中,中心原子的价键轨道的杂化方式由 sp^2 杂化过渡到 sp^3。相应分子的空间构型由平面结构变为立体结构。

在硼的化合物中,硼原子的最高配位数为 4,而在硼族其他元素的化合物中,由于外层 d 轨道参与成键,所以中心原子的最高配位数可达 6。硼和铝在原子半径、电离能、电负性、熔点等性质上有较大的差异。

(一)硼

硼为亲氧元素,在自然界没有游离态,主要以含氧化合物的形式存在,如硼镁矿($Mg_2B_2O_5·H_2O$)和硼砂($Na_2B_4O_7·10H_2O$)等。我国西部地区有丰富的硼砂矿。非金属单质中硼具有最复杂的结构。单质硼有晶体和无定形体两种形态。晶体硼有多种同素异形体,颜色有黑色、黄色、红色,随结构及所含杂质的不同而异。无定形体硼为棕色粉末。硼的熔、沸点很高。晶体硼的莫氏硬度为 9.5,硬度仅次于金刚石。

硼主要形成共价化合物,如硼烷、卤化物和氧化物等。

硼和铝一样,价电子数少于价轨道数,是一个缺电子原子,所形成的 BF_3 和 BCl_3 等化合物为缺电子化合物。B 原子的空轨道容易与其他分子或离子的孤对电子形成配位键。

$$BF_3 + :NH_3 \longrightarrow [H_3N:BF_3]$$
$$BF_3 + F^- \longrightarrow [BF_4]^-$$

硼族元素中,硼具有一般常见的非金属元素的反应性能。晶体硼的化学性质不活泼,不与氧、硝酸、热浓硫酸、烧碱等反应。无定形体硼比较活泼,能与熔融的 NaOH 反应。由于硼有较大的电负性,能与金属形成硼化物,其中硼的氧化值一般认为是 -3。硼和铝都是亲氧元素,它们与氧的结合力极强。硼能将铜、锡、铅、锑、铁和钴的氧化物还原为金属单质。硼易被浓 HNO_3 或浓 H_2SO_4 氧化成硼酸,并与强碱反应放出 H_2。

$$2B + 2NaOH + 2H_2O \longrightarrow 2NaBO_2 + 3H_2 \uparrow$$

硼有较强的吸收中子的能力,在核反应堆中,硼作为良好的中子吸收剂,常被用于制备一些特殊的硼化合物,如金属硼化物和碳化硼(B_4C)等。

（二）氧化硼

三氧化二硼为白色固体，由硼酸脱水而得：

$$2H_3BO_3 \longrightarrow B_2O_3 + 3H_2O$$

高温下脱水硼酸可得玻璃状 B_2O_3，而在低温减压条件下则得到结晶氧化硼，可用作干燥剂。B_2O_3 是白色固体。晶态 B_2O_3 比较稳定，其密度为 2.55 g·cm^{-3}，熔点为 450 ℃。玻璃状 B_2O_3 的密度为 1.83 g·cm^{-3}，温度升高时逐渐软化，当达到赤热高温时即变为液态。

与碳、氮不同，硼与氧之间只能形成稳定的 B—O 单键，不能形成 B═O 双键。在 B_2O_3 晶体中，不存在单个的 B_2O_3 分子，而是含有—B—O—B—O—链的大分子结构。

B_2O_3 能被碱金属以及镁和铝还原为单质硼。例如：

$$B_2O_3 + 3Mg \longrightarrow 2B + 3MgO$$

用盐酸处理反应混合物时，MgO 与盐酸反应生成溶于水的 $MgCl_2$，过滤后得到粗硼。B_2O_3 与水反应可生成偏硼酸（HBO_2）和硼酸（H_3BO_3）：

$$B_2O_3 + H_2O \longrightarrow 2HBO_2$$
$$B_2O_3 + 3H_2O \longrightarrow 2H_3BO_3$$

熔融的 B_2O_3 可溶解许多金属氧化物，生成具有特征颜色的玻璃状偏硼酸盐，用于制造耐高温、抗化学腐蚀的化学实验仪器和光学玻璃，还用于搪瓷和珐琅工业的彩绘装饰。由锂、铍和硼的氧化物制成的玻璃可以用作 X 射线管的窗口。硼纤维是一种具有多种优良性能的新型无机材料。

（三）硼酸

硼的含氧酸包括偏硼酸（HBO_2）、原硼酸（H_3BO_3）和多硼酸（$xB_2O_3 \cdot yH_2O$）。原硼酸通常简称为硼酸。将硼酸加热脱水可依次生成偏硼酸、硼酐。反之，将硼酐溶于水可逐步生成偏硼酸、硼酸。

H_3BO_3 是白色鳞片状晶体，具有层状结构，层与层之间容易滑动，故可用作润滑剂。

H_3BO_3 微溶于冷水，易溶于热水。H_3BO_3 是一元弱酸，其水溶液呈弱酸性，H_3BO_3 与水的反应如下：

$$B(OH)_3 + H_2O \rightleftharpoons [(OH)_3B \leftarrow OH]^- + H^+$$

H_3BO_3 是缺电子化合物，它在水中本身并不能解离出 H^+，而是由硼原子接受水解离出的 OH^-，溶液中的 H^+ 浓度增大的结果。$B(OH)_4^-$ 的构型为四面体，其中硼原子采用 sp^3 杂化轨道成键。

H_3BO_3 是典型的 Lewis 酸，在 H_3BO_3 溶液中加入多羟基化合物，如甘油（丙三醇），会形成配合物和 H^+，从而使溶液酸性增强。H_3BO_3 遇到比它强的酸时，可显碱性：

$$B(OH)_3 + H_3PO_4 \longrightarrow BPO_4 + 3H_2O$$

大量的硼酸用于搪瓷工业。H_3BO_3 有缓和的防腐消毒作用，是医药领域常用的消毒剂。有时也用作食物的防腐剂。工业硼酸由盐酸或硫酸分解硼砂矿而制得：

$$Na_2B_4O_7 \cdot 10H_2O + 2HCl \longrightarrow 4H_3BO_3 + 2NaCl + 5H_2O$$

八、p 区在药物中的应用

（一）放射性同位素在医药中的应用

放射性同位素在医学领域具有广泛的应用，尤其在诊断技术和治疗试剂方面。这些同位素能够发射出 α 粒子、β 粒子或 γ 射线，通过与生物组织的相互作用，实现对疾病的诊断或治疗。

放射性诊断技术主要依赖于放射性同位素标记的药物或造影剂，通过检测其在体内的分布和代谢情况，评估器官的功能状态或诊断疾病。例如，放射性碘（^{131}I）被广泛用于甲状腺功能亢进的诊断和甲状腺癌的治疗监测。^{131}I 能被甲状腺组织特异性摄取，通过外部探测器可以观察其在甲状腺内的分布情况，从而判断甲状腺的功能状态。此外，氟代脱氧葡萄糖（^{18}F-FDG）作为葡萄糖类似物，被广泛应用于正电子发射断层扫描（PET）成像中，用于评估肿瘤、心脏疾病等。

放射性治疗试剂直接利用放射性同位素的辐射效应来杀死癌细胞或抑制其生长。这些试剂通常针对特定类型的癌细胞进行标记，以确保辐射主要集中在病灶区域，减少对正常组织的损伤。例如，锶-89（^{89}Sr）被用于治疗骨转移癌，它能模拟钙离子在骨组织中的沉积，从而实现对骨转移病灶的靶向治疗。此外，钇-90（^{90}Y）微球介入治疗在肝癌等实体瘤的治疗中也显示出良好的疗效。

（二）治疗消化性溃疡铋类药物的应用

铋（Bi）是一种典型的 p 区元素，在药物领域中有着广泛的应用。特别是铋的化合物在治疗消化性溃疡方面尤为突出。消化性溃疡是一种常见的胃肠道疾病，主要由胃酸分泌过多和胃黏膜保护机制受损引起。铋类药物通过抑制胃酸分泌、增强胃黏膜屏障功能以及杀灭幽门螺杆菌等多种机制协同作用，有效治疗消化性溃疡。

常见的铋类药物是胶体果胶铋，它通过与胃黏膜表面的蛋白质结合，形成一层保护膜，覆盖在溃疡面上，防止胃酸和胃蛋白酶对溃疡面的侵蚀。同时，胶体果胶铋还能刺激胃黏膜细胞分泌黏液和碳酸氢盐，从而增强胃黏膜的自我保护能力。此外，胶体果胶铋还具有杀灭幽门螺杆菌的作用，对于预防消化性溃疡的复发具有重要意义。除胶体果胶铋外，其他铋类药物如枸橼酸铋钾、复方铝酸铋等也广泛用于治疗消化性溃疡。这些药物通常与抗生素和质子泵抑制剂等药物联合使用，形成"三联疗法"或"四联疗法"，以提高治疗效果并减少复发。

尽管铋类药物在治疗消化性溃疡方面疗效显著，但长期使用可能导致铋在体内积累，引起神经系统和肾脏等器官的毒性反应。因此，在使用铋类药物时，应严格遵循医嘱，注意控制用药剂量和疗程。

第二节　s 区元素及其在药物中的应用

一、s 区元素概述

（一）原子结构及元素周期性

s 区元素包括碱金属和碱土金属，其原子的最外层电子排布分别为 ns^1 和 ns^2。由于其最外层电子较少，这些元素的原子半径较大，电离能较低，因此具有显著的金属性和强还原性。碱金属（如锂、钠、钾等）与碱土金属（如铍、镁、钙等）在元素周期表中自上而下，其原子半径逐渐增大，电负性和电离能逐渐减小，金属活泼性则增强。锂和铍在其各自族中表现出一定的异常性，如锂的标准电极电势更接近于铯，而铍的化学性质更接近某些过渡金属。

（二）成键特征

碱金属原子极易失去最外层的 1 个 s 电子，形成 +1 价的阳离子，因此表现出极强的活泼性。碱土金属原子因具有两个 s 电子，失去电子的难度稍大，但仍表现出较强的化学活泼性，通常形成 +2 价的阳离子。这些金属元素的化合物以离子键为主，但部分情况下也呈现一定的共价性。例如，在气态下，一些碱金属可形成共价键的双原子分子。总体来看，这些元素形成的盐类在水溶液中大多不发生水解反应，除铍外，s 区元素的单质均可溶于液氨生成蓝色的还原性溶液。

（三）通性

碱金属和碱土金属在物理和化学性质上均表现出以下特点：

物理性质：碱金属由于原子半径较大且只有一个价电子，形成的金属键较弱，因此表现为低熔点、低沸点、低硬度和高导电性。而碱土金属由于具有两个价电子，金属键强度较高，因此其熔点、沸点及硬度均较碱金属更高。

化学性质：s 区元素化学活泼性强，易与非金属反应形成离子型化合物，与水反应生成氢氧化物并释放氢气。这种活泼性在周期表中从上至下逐渐增强。

二、碱金属和碱土金属的性质

（一）物理性质

碱金属和碱土金属均为银白色金属，具有良好的导电性和导热性。碱金属的密度小于 2 g/cm³，碱土金属的密度一般不超过 5 g/cm³。

碱金属的熔点和硬度从锂到铯逐渐降低，碱土金属的熔点和硬度从铍到钡则逐渐升高。铯的熔点甚至低于人体体温，而铍的硬度在碱土金属中最高。碱金属和碱土金属的光泽易因表面氧化而迅速减退。

（二）化学性质

1. 与水作用

碱金属能与水剧烈反应，生成相应的氢氧化物并释放氢气。随着金属活泼性的增强，反应的剧烈程度自锂至铯逐渐增加。碱土金属与水的反应相对缓和，其中镁仅与热水反应，钙、锶、钡则能与冷水反应生成碱。

锂的反应性虽然理论上应更强，但由于其反应产物（LiOH）溶解度较低且熔点较高，实际与水的反应速率不如钠。

2. 与非金属反应

碱金属与非金属（如氧、氮、卤素）能发生剧烈反应。例如，锂在空气中生成氧化锂和氮化锂，而钠、钾等则分别生成过氧化物和超氧化物。碱土金属主要生成普通氧化物，但钡可生成过氧化物。

3. 与液氨作用

除铍和镁外，碱金属和碱土金属均可溶于液氨，形成蓝色溶液。该溶液中的溶剂化电子赋予其强还原性，并广泛用于化学合成。

三、碱金属和碱土金属的化合物

（一）氢化物

在一定条件下，碱金属和碱土金属（除铍外）均能与氢气直接反应生成离子型氢化物。此类氢化物为白色固体，具有较高的熔点和强还原性。例如，钠氢化物（NaH）可用于高温还原金属卤化物。

s区元素的离子型氢化物热稳定性差异较大，碱土金属的离子型氢化物比碱金属的氢化物热稳定性高一些，BaH_2 具有较高的熔点（1200℃）。

离子型氢化物均可与水发生剧烈的水解反应而放出氢气：

$$MH + H_2O \longrightarrow MOH + H_2 \uparrow$$
$$MH_2 + 2H_2O \longrightarrow M(OH)_2 + 2H_2 \uparrow$$

离子型氢化物都具有强还原性。例如，NaH 在 400℃时能将 $TiCl_4$ 还原为金属钛：

$$TiCl_4 + 4NaH \xrightarrow{673K} Ti + 4NaCl + 2H_2 \uparrow$$

在有机合成中，LiH 常用来还原某些有机化合物；CaH_2 也是重要的还原剂，常用作军事和气象野外作业的生氢剂。

（二）氧化物

1. 正常氧化物

碱金属中的锂和碱土金属在空气中燃烧时生成正常氧化物，例如 Li_2O 和

CaO。此类氧化物与水反应生成相应的氢氧化物。氧化锂与水反应速率较慢，而钾、铷、铯的氧化物与水反应剧烈，甚至可能引发爆炸。

2. 过氧化物

钠和钡的过氧化物是最常见的。它们可通过金属在干燥空气中燃烧制得，且能与水或酸反应生成过氧化氢。例如，过氧化钠（Na_2O_2）在吸收二氧化碳时可放出氧气，因此被用作供氧剂，其化学性质如下：

（1）水解反应：$Na_2O_2 + 2H_2O \longrightarrow H_2O_2 + 2NaOH$

（2）酸解反应：$Na_2O_2 + H_2SO_4 \longrightarrow H_2O_2 + Na_2SO_4$

（3）与二氧化碳反应：

$$2Na_2O_2 + 2CO_2 \longrightarrow 2Na_2CO_3 + O_2 \uparrow \text{（用作供氧剂和}CO_2\text{吸收剂）}$$

$$4MO_2 + 2CO_2 \longrightarrow 2M_2CO_3 + 3O_2 \uparrow$$

四、硫元素在药物中的应用

硫元素（S）广泛存在于天然产物和药物分子中。硫原子的独特性质使其在药物合成和设计中扮演了重要角色。

第一，作为药物的有效成分。硫元素在药物分子中广泛存在，其特殊的电子构型使其能与氮、氧或 π 体系等电子供体形成类似氢键的作用。这种相互作用对于调节分子的构象和活性具有显著效果。硫原子常用于调节分子中杂环的化学排布，从而增强药物的生物活性和选择性。例如，青霉素是一种广泛使用的抗生素，其分子结构中含有硫原子。硫原子在青霉素分子中的存在，不仅稳定了分子的构象，还增强了其与细菌靶标的结合能力，提高了抗菌效果。此外，二硫键的环缩肽、磺酰化二酮哌嗪、博来霉素和噻唑肽类抗生素等药物也含有硫原子，这些硫原子在药物分子中发挥着关键作用。

第二，用于药物的合成与制备。由于硫原子的极性调节和离子态调节特性，因此含有二硫亚砜或磺胺类化合物的药物更易于合成。这些化合物在药物化学中广泛用作合成前体或中间体，为药物的制备提供了便利。此外，将硫原子引入杂环或替换芳香环中的碳原子，可以提高化合物的选择性和配体靶标的适应性。

硫原子还可以与芳香体系（π 体系）之间形成类似卤键的作用，这种相互作用在药物设计中同样具有重要意义。例如，在某些 VEGF 抑制剂中，酰胺键的氧原子与醚键的硫原子之间的位置关系对化合物的活性具有显著影响。

当这些原子的位置合适时，它们能够形成一种特定的空间构型，这种构型有助于化合物与靶标分子之间的有效结合，增强化合物的生物活性。当这些原子的位置调换时，化合物的活性会丢失，因为这种对调改变了硫代酰胺部分与二取代吡啶环的相对朝向，从而影响了硫原子和氧原子之间的距离。

第三节 过渡元素及其在药物中的应用

一、过渡元素

过渡元素是指周期表中ⅢB～ⅦB，Ⅷ，ⅠB～ⅡB族元素（不包括镧系元素和锕系元素），这些元素位于元素周期表的中部，即介于s区元素与p区元素之间，因此称为过渡元素。过渡元素都是金属元素。过渡元素的原子结构特点是最外层大多有2个s电子（少数只有1个s电子，Pd无s电子），次外层分别有1～10个d电子，其价层电子构型为 $(n-1)d^{1\sim10}ns^{1\sim2}$，其中ⅠB～ⅡB族的价层电子构型为 $(n-1)d^{10}ns^{1\sim2}$。

同周期过渡金属元素的金属性递变不明显，通常人们按不同周期将过渡元素分为下列三个过渡系：

第一过渡系——第四周期元素从钪（Sc）到锌（Zn）；

第二过渡系——第五周期元素从钇（Y）到镉（Cd）；

第三过渡系——第六周期元素从镥（Lu）到汞（Hg）。

（一）铬

1. 铬的单质

铬是周期表中VIB族的第一种元素，主要矿物是铬铁矿（$FeCr_2O_4$ 或 $FeO \cdot Cr_2O_3$），其次是铬铅矿（$PbCrO_4$）。铬是灰白色、略带光泽的金属，其熔、沸点都很高，硬度、密度大，机械性能强。纯铬有延展性，含有杂质的铬硬而脆。由于铬的表面容易生成一层氧化膜而呈钝态，所以铬的金属活泼性较差，在通常条件下化学性质相对稳定，在空气、水中不易发生化学反应。在机械工业上，为了保护金属不生锈，常在铁制品的表面镀有一层铬，这一镀层能长期保持光亮。铬能缓慢溶于稀盐酸、稀硫酸，放出氢气，但不溶于稀硝酸或磷酸。在热盐酸中很快溶解并放出氢气，溶液呈蓝色（Cr^{2+}），随即又被空气氧化成绿色（Cr^{3+}），其反应方程式如下：

$$Cr + 2HCl（稀）\longrightarrow CrCl_2 + H_2 \uparrow$$
$$\text{（蓝色）}$$

$$4CrCl_2 + 4HCl + O_2（空气）\longrightarrow 4CrCl_3 + 2H_2O$$
$$\text{（蓝色）} \qquad\qquad\qquad \text{（绿色）}$$

Cr与热的浓硫酸反应生成二氧化硫和硫酸铬（Ⅲ），反应方程式为：

$$2Cr + 6H_2SO_4（热、浓）\longrightarrow Cr_2(SO_4)_3 + 3SO_2 \uparrow + 6H_2O$$
$$\text{（蓝色）}$$

但铬在冷的浓硝酸中呈钝态而不溶。此外，铬溶于王水或氢氟酸和硝酸的混合酸中。铬一般与碱溶液不作用，但能与熔融的碱性氧化剂反应。在高温下，铬与活泼的非金属反应，与碳、氮、硼也能形成化合物。Cr、Mo、W的金属活泼性逐渐降低，最高氧化态化合物趋于稳定。铬在所有金属中硬度最大，能刻画玻璃。Cr以优良的银白色金属光泽广泛应用于电镀，如自行车、汽车、精密仪器中的镀铬部件。含铬12%以上的钢称为不锈钢，有很好的耐热性、耐磨性和耐腐蚀性。铬和镍的合金用来制造电热设备。

2. 铬的重要化合物

铬的价电子层结构为$3d^54s^1$，6个电子都能参加成键，所以铬能形成+1、+2、+3、+4、+5、+6多种氧化数的化合物，其中以+3和+6两种氧化数的化合物最重要。

（1）Cr_2O_3（铬绿）

Cr_2O_3为绿色晶体，难溶于水。与氧化铝相似，Cr_2O_3具有两性，溶于酸生成Cr（Ⅲ）盐，反应方程式为：

$$Cr_2O_3 + 3H_2SO_4 \longrightarrow Cr_2(SO_4)_3 + 3H_2O$$

溶于强碱生成亚铬酸盐，反应方程式为：

$$Cr_2O_3 + 2NaOH \longrightarrow 2NaCrO_2 + H_2O$$

经过高温灼烧的Cr_2O_3不溶于酸碱，但可用熔融法使它变为可溶性盐，反应方程式为：

$$Cr_2O_3 + 3K_2S_2O_7 \longrightarrow 3K_2SO_4 + Cr_2(SO_4)_3$$

Cr_2O_3 常作为绿色颜料而广泛用于油漆、陶瓷及玻璃工业，还可用作有机合成的催化剂，也是制取铬盐和冶炼金属 Cr 的原料。

高温下，通过金属铬与氧气的化合、重铬酸铵的分解或三氧化铬的热分解都可以得到 Cr_2O_3，反应方程式为：

$$4Cr + 3O_2 \xrightarrow{高温} 2Cr_2O_3$$
$$(NH_4)_2Cr_2O_7 \xrightarrow{\Delta} Cr_2O_3 + N_2 + 4H_2O$$
$$4CrO_3 \xrightarrow{196℃} 2Cr_2O_3 + 3O_2 \uparrow$$

（2）氢氧化铬

在 Cr(Ⅲ) 盐溶液中加入适量的 $NH_3 \cdot H_2O$ 或 NaOH 溶液，即有灰蓝色的 $Cr(OH)_3$ 胶状沉淀析出，反应方程式为：

$$CrCl_3 + 3NH_3 \cdot H_2O \longrightarrow Cr(OH)_3 \downarrow + 3NH_4Cl$$
$$CrCl_3 + 3NaOH \longrightarrow Cr(OH)_3 \downarrow + 3NaCl$$

氢氧化铬与氢氧化铝相似，有明显的两性。

$$Cr(OH)_3 + 3HCl \longrightarrow CrCl_3 + 3H_2O$$
$$Cr(OH)_3 + NaOH \longrightarrow 2H_2O + NaCrO_2 \text{ 或 } Na[Cr(OH)_4]$$

$Cr(OH)_3$ 还能溶于液氨中形成相应的配离子。

（二）锰

锰在地壳层的丰度是 0.1%，在过渡元素中排第三位，仅次于 Fe 和 Ti。锰在自然界主要以软锰矿（$MnO_2 \cdot xH_2O$）的形式存在。锰的价电子结构为 $3d^54s^2$，7 个价电子都能参加成键，因此锰具有多种氧化态，包括 +2、+3、+4、+5、+6 和 +7 等。

1. 锰单质

锰是银白色似铁的金属，质硬而脆，是制造特种合金钢的重要材料。含锰量超过 1% 的钢叫作锰钢，具有硬度高、强度大和耐磨、耐大气腐蚀的特性，是轧制铁轨、架设桥梁的优质材料。锰在钢铁工业中有着重要地位。

锰属于活泼金属。在空气中，因其表面生成一层致密的氧化物保护膜而变暗，粉末状的锰很容易被氧化。加热时，锰能与许多非金属反应，如在空气中氧化或燃烧均生成 Mn_3O_4，与氟反应生成 MnF_2 和 MnF_4，与其他卤素反应则生成 MnX_2 型的卤化物。锰与热水反应生成 $Mn(OH)_2$ 和 H_2：

$$Mn + 2H_2O \xrightarrow{\Delta} Mn(OH)_2 \downarrow + H_2 \uparrow$$

在有氧化剂存在下，锰还能与熔融碱作用生成锰酸盐：

$$2Mn + 4KOH + 3O_2 \xrightarrow{\Delta} 2K_2MnO_4 + 2H_2O$$

锰能溶于一般的无机酸中，生成 Mn（Ⅱ）盐，但在冷的浓硫酸中反应缓慢：

$$Mn + 2H^+ \longrightarrow Mn^{2+} + H_2 \uparrow$$

2. 锰的重要化合物

锰能形成多种氧化态，其中氧化数为 +2、+4、+7 的化合物最重要。氧化还原性是锰化合物的特征性质。

（1）二氧化锰

二氧化锰是一种黑色粉末，难溶于水，是锰最稳定的氧化物。MnO_2 是两性氧化物。在酸性介质中 MnO_2 是强氧化剂，与浓盐酸共热产生氯气，还能氧化 H_2O_2 和 Fe^{2+}：

$$MnO_2 + 4HCl（浓）\longrightarrow MnCl_2 + Cl_2 \uparrow + 2H_2O$$
$$MnO_2 + H_2O_2 + H_2SO_4 \longrightarrow MnSO_4 + O_2 \uparrow + 2H_2O$$
$$MnO_2 + 2FeSO_4 + 2H_2SO_4 \longrightarrow MnSO_4 + Fe_2(SO_4)_3 + 2H_2O$$

MnO_2 与浓 H_2SO_4 反应生成硫酸锰并放出氧气：

$$2MnO_2 + 2H_2SO_4（浓）\longrightarrow 2MnSO_4 + O_2 \uparrow + 2H_2O$$

在碱性介质中，有氧化剂存在时，MnO_2 还能被氧化而转化为锰（Ⅵ）的化合物。例如，MnO_2 和 KOH 的混合物在空气中加热，或者与 $KClO_3$、KNO_3 等氧化剂一起加热熔融，可以生成绿色的锰酸钾 K_2MnO_4。

$$2MnO_2 + 4KOH + O_2 \longrightarrow 2K_2MnO_4 + 2H_2O$$
$$3MnO_2 + 6KOH + KClO_3 \longrightarrow 3K_2MnO_4 + KCl + 3H_2O$$

MnO_2 的氧化还原性，特别是强氧化性，使它在工业上有很重要的用途。在玻璃工业中，将它加入熔融态玻璃中以除去带色杂质（硫化物和亚铁盐）。在油漆工业中，将它加入熬制的半干性油中，可以促使油在空气中的氧化作用。MnO_2 在干电池中用作去极剂，它也是一种催化剂和制造锰盐的原料。

（2）氢氧化锰

在 Mn(Ⅱ) 盐溶液中加入强碱，即生成白色 $Mn(OH)_2$ 沉淀：

$$Mn^{2+} + 2OH^- \longrightarrow Mn(OH)_2 \downarrow$$
$$（白色）$$

在碱性介质中，$Mn(OH)_2$ 很不稳定，极易被氧化，甚至溶解在水中的微量氧气也能使它氧化，生成棕色的水合二氧化锰：

$$2Mn(OH)_2 + O_2 \longrightarrow 2MnO(OH)_2 （或 MnO_2 \cdot H_2O）$$
$$（棕色）$$

此反应在水质分析中用于测定水中的溶解氧。$MnO(OH)_2$ 脱水生成 MnO_2：

$$MnO(OH)_2 \longrightarrow MnO_2 + H_2O$$

二、抗糖尿病钒类药物的应用

钒作为一种过渡金属元素，近年来在抗糖尿病药物研发中受到了广泛关注。研究表明，钒具有类胰岛素作用，能够改善胰岛素抵抗，降低血糖水平。

钒在生物体内主要以无机态（如 V^{5+}、V^{4+} 等）和有机态（如钒酸盐、钒配合物）存在。无机态的钒通常毒性较大，而有机态的钒则具有较低的毒性和较好的生物活性。钒能够激活多种与糖代谢相关的酶，如磷酸果糖激酶、丙酮酸激酶等，从而促进葡萄糖的利用和储存。此外，钒还能通过调节胰岛素信号传导通路，增强胰岛素敏感性。

抗糖尿病钒类药物通常以钒的配合物形式存在，以提高其稳定性和生物利用度。例如，双（乙酰丙酮氧基）钒（BVO）是一种具有代表性的抗糖尿病钒类药物，它通过口服给药，能够显著改善 2 型糖尿病患者的血糖控制和胰岛素敏感性。然而，钒类药物的临床应用仍面临一些挑战，包括长期用药的安全性、剂量依赖性毒性以及患者依从性等。

第八章 化学元素及其在药物中的应用

尽管抗糖尿病钒类药物在基础研究方面取得了显著进展，但其临床应用仍需进一步探索和优化。未来的研究方向可能包括开发更安全、有效的钒配合物、优化给药方案和监测指标，以及深入探究钒在糖尿病发病机制中的作用机制等。

/197

第九章 生物无机化学及其发展

随着人们对生命本质认识的不断深化，生物体中的元素组成及其功能成为科研领域的研究热点。从生命元素的生物功能到生物配体模型的应用，生物无机化学领域取得了诸多重要进展。本章重点探讨生物体中的主要元素、生命元素的生物功能、生物配体模型及其应用、生物无机化学的发展趋势。

第一节 生物体中的主要元素

生物无机化学作为一门新兴的交叉学科，其起源可追溯至20世纪60年代，是生物化学与无机化学相互融合与渗透的产物。传统观念长期将生命活动视为"碳化学"的范畴，主要聚焦于有机化学与生物化学领域，而无机元素在生命过程中的关键作用则长期遭到忽视。然而，随着现代分析技术的不断进步，众多金属及非金属元素在生物体系中的核心功能逐渐被揭示，这促使生物无机化学作为一门独特的边缘学科得以形成与发展。

生物无机化学的核心研究聚焦于生命活动中发挥关键作用的金属（及部分非金属）离子及其化合物，致力于揭示这些离子与生物配体形成的配合物的结构与功能关系，并深入探索金属离子与生物大分子间相互作用的内在规律。鉴于元素周期表中存在超过百种元素，它们与生命现象之间的关联无疑蕴含着复杂而微妙的规律。尽管目前这些规律尚未完全明晰，但随着科学技术的日新月异，尤其是微量元素分析技术的日益成熟，未来将有更多生物元素及其独特作用被不断发掘。

在生物体内，元素可被大致划分为四大类别：必需元素、有益元素、沾染元素及污染元素。必需元素不仅存在于健康组织中，并与特定生物学功能紧密相关，而且在不同生物种类间维持着相对恒定的浓度范围，其缺乏将导致可逆的生理病变。尽管有益元素的缺失不会立即威胁生命，但对维持最佳健康状态至关重要。沾染元素在生物组织中浓度可变，其生理作用尚未完全明确，当其浓度达到引发明显生理或形态病变的水平时，则转变为污染（有害）元素。值得注意的是，这些分类并非绝对，元素的有益或有害性质往往取决于其在生物体内的浓度及存在形态。

生物无机化学的核心使命在于深入理解上述元素在生命过程中的作用，特别是金属离子。尽管周期表中包含80多种金属元素，但生物体系仅选择性地利用其中一小部分。碱金属及碱土金属离子（如 Na^+、K^+、Mg^{2+}、Ca^{2+}）在生物体中极为常见，而第一过渡系列金属离子（如铁、铜、锌、钒、锰、钴、镍、钼等生命过渡元素）同样扮演着举足轻重的角色。随着人们对这些元素重要性的认识日益加深，相关领域的生物无机化学研究正迅速发展，为揭示生命的奥秘提供了宝贵的视角。

第二节　生命元素的生物功能

在生命元素中，除 C、H、O、N 参与合成各种有机物和水外，其余矿物质各具有一定的化学形态和生理功能，见表9-1[①]。这些形态包括它们的游离水合离子（如水合 Na^+、K^+ 和 Cl^-），与生物大分子（如蛋白质和酶）或小分子（如卟啉）配体形成的配合物，以及构成某一器官或组织的难溶化合物等。

表9-1　生命元素及其功能

元素	主要功能
H	水及有机化合物的成分
B	植物生长必需成分
C	有机化合物的成分
N	有机化合物的成分

[①] 任庆云，代智慧，袁金云. 无机化学反应原理及其发展研究 [M]. 北京：中国原子能出版社，2022：203.

续表 9-1

元素	主要功能
O	水及有机化合物的成分
F	鼠的生长因子，人骨骼的成长必需成分
Na	细胞外的正离子，Na^+
Mg	酶的激活，构成叶绿素、骨骼的成分
Si	在骨骼及软骨形成初期的必需成分
V	鼠和绿藻的生成因素，促进牙齿的矿化
Cr	促进葡萄糖的利用，与胰岛素的作用机制有关
Mn	酶的激活，光合作用中水光解必需成分
Fe	组成血红蛋白、细胞色素、Fe-S 蛋白等
Co	红细胞形成所必需的 VB_{12} 的组分
Cu	铜蛋白的组成成分，铁的利用和吸收
Zn	许多酶的活性中心，胰岛素的组分
Se	与肝功能、肌肉代谢有关
Mo	黄素氧化酶、醛氧化酶、固氮酶等必需成分

以上这些元素的生物功能，主要包括：构成人体组织的重要材料；调节多种生理功能；组成金属酶或作为酶的激活剂；运载和"信使"作用。

一、生物细胞结构物质的成分

一切细胞均含有多种且含量不同的矿质元素。在宏量元素中，C、H、O、N、P 和 S 这 6 种元素对生命活动起着特别重要的作用，它们是构成生物大分子结构或骨架的主要元素。例如，糖类主要由 C、H、O 三种元素构成；蛋白质主要由 C、H、O、N 和 S 构成；核酸主要由 C、H、O、N、P 和 S 构成。

一些生命元素以无机盐的离子形式参与构成细胞组织。例如，Ca、Mg、P 是骨骼和牙齿的重要成分；P、S 是组织蛋白的成分；Fe 是血红蛋白和细胞色素的重要成分；胰岛素中含有 Zn 等。此外，人的牙齿、骨骼中还含有微量元素 Sr；肌肉及血液中含有 Na、K、Cl、S、Ca、Mg、P 等元素；I 是甲状腺素的成分。

二、对生命活动的调节作用

无机离子在生物体内一部分以结晶形式组成骨骼和牙齿，另一部分以电解质形式溶于体液，并通过体液对许多生命活动予以调节。例如，维持组织细胞的渗透压，调节体液的酸碱平衡，维持肌肉神经的兴奋性和心脏的节律性等。生命元素能调节多种生理功能，其主要作用如下：

第一，维持组织和体液间的正常渗透。生物体液和细胞中都含有一定量的无机盐类，这些无机盐的适当含量对细胞与体液间的渗透平衡具有调节作用。如果细胞和体液间的渗透压失去平衡，可导致细胞破裂或萎缩，因此保持机体渗透压的平衡具有重要意义。细胞外液中无机离子主要是 Na^+ 和 Cl^-，细胞内液中无机离子主要是 K^+ 和 HPO_4^{2-}。

第二，调节酸碱平衡。人体组织液与血浆的正常 pH 在 7.35～7.45 之间。pH 的变化可直接影响全身各部分的机能，当 pH 的改变超过 0.5 时，生命就有危险。有些无机盐（如 $NaHCO_3$、Na_2HPO_4、NaH_2PO_4）本身就是血液的缓冲剂，对血液的酸碱平衡有重要的调节作用。

第三，调节神经肌肉的敏感性。体液中某些电解质的含量及它们之间的相互作用，可直接影响神经肌肉敏感性。例如，肌肉的正常敏感性主要由 Ca^{2+}、Mg^{2+} 与 K^+ 的拮抗作用来维持。Ca^{2+} 能加强心肌收缩，K^+ 有利于心肌舒张，Na^+ 能维持渗透性和心肌的兴奋性。只有 Ca^{2+}、K^+、Na^+ 三种离子浓度的比例适当，才能维持心脏的正常节律性搏动。

三、影响酶的活性

金属离子可组成金属酶或作为酶的激活剂。金属离子对酶的作用有两种：①金属酶，约有 1/3 的酶在其结构中含有金属离子；②金属激活酶，虽本身不含金属离子但必须有金属离子存在才具有活性。例如，生物体中重要代谢物的合成与降解都需要锌酶的参与，锌酶可以控制生物遗传物质的复制、转录与翻译。

金属酶作为酶的辅助因子，在酶促反应中起转移电子、原子或某些功能团的作用。例如，细胞色素的辅基为铁卟啉，起传递电子的作用；氧化酶类中的过氧化物酶含有铁；铜是抗坏血酸氧化酶和超氧化物歧化酶的辅助因子。

金属激活酶作为酶的激活剂可提高某些酶的活性。常见的激活剂有 K^+、Na^+、Mg^{2+}、Zn^{2+}、Fe^{2+}、Mn^{2+} 及 Ca^{2+} 等。例如，Mg^{2+} 是多种激酶及合成酶的激活剂；K^+ 是磷酸丙酮酸激酶和磷酸果糖激酶的激活剂；Ca^{2+} 对凝血酶和

ATP 酶具有激活作用。

激活剂对酶的作用有一定的选择性。一种激活剂对某种酶能起激活作用，而对另一种酶可能起抑制作用。离子之间有时可能产生拮抗作用，如 Na^+ 抑制 K^+ 的激活作用，Mg^{2+} 的激活作用常被 Ca^{2+} 所抑制。此外，金属离子之间也可相互替代，如 Mg^{2+} 作为激酶的激活剂可被 Mn^{2+} 替代。同一种酶由于激活剂浓度的升高，可能从被激活转化为被抑制。在一般浓度下，负离子的激活作用不明显，但动物唾液中的 α-淀粉酶受 Cl^- 激活。

第三节 生物配体模型及其应用

一、生物配体

生物体中的金属元素往往不是以自由离子的形式存在，而是与生物分子中的配位原子结合，形成配位化合物。生物配体是指能与金属离子配位结合的离子和分子，其提供的配位原子一般是具有孤对电子的 N、O、S。

根据分子量的大小，生物配体可分为大分子配体和小分子配体两类。蛋白质、核酸、多糖以及糖蛋白、脂蛋白等属于大分子配体，它们的相对分子量（M_r）可以从近万乃至几千万（$10^1 \sim 10^4$ kDa 数量级）。小分子配体有氨基酸、核苷酸、卟啉以及一些简单的酸根离子，如 Cl^-、SO_4^{2-}、HCO_3^-、PO_4^{3-} 等，另外还有一些简单分子配体如，O_2、H_2O、NO、CO、胺类、羧酸等。

（一）水分子和水相中的阴离子

水分子具有特殊的 V 型或角锥型结构，键角为 104.5°。水分子中的 H—O 键具有极性，电子云向氧原子偏移，整个分子无对称中心，属 C_{2v} 点群，是极性分子，偶极矩 μ=1.81 D（偶极矩的 SI 单位是 C·m，但习惯上还用德拜，按 SI 单位，水的偶极矩为 6.17×10^{-30} C·m），介电常数 ε =78.5（25 ℃）。由于 H—O 键的极性和氧原子带有孤对电子，水分子之间易于形成氢键，因此决定了水具有一些独特的性质，如较高的熔点、沸点、熔化热等。

水是生命的基础，包括人体在内的一切生物体都利用了水特有的物理和化学性质。当原始细胞在海洋中逐渐形成时，它们适应了水溶液的环境。通过进化，现代细胞最大限度地利用了对它们最为有利的水的独特性质。动、植物体中含有大量的水，新鲜植物体的含水量可达80%～90%。

水具有特别高的比热（C_p=4.185 J/g·K），因而可作为缓冲剂，降低周围环境温度波动对细胞的影响。由于水具有很大的蒸发潜热，所以脊椎动物能够利用汗水的蒸发实现冷却。

水同时也是一种良好的溶剂，生物体所需的多种营养物质和各代谢产物都能溶于水中。即使难溶或者不溶于水的物质（如脂类及某些蛋白质）也能分散在水中成为胶状溶液。溶解或分散于水中的所有物质可以通过血液循环而被输运。

体内的化合物很多都能溶解或分散于水中，而只有溶解及分散的物质才容易发生化学反应，所以水对体内许多化学过程都有促进作用。水的介电常数较高，可以促进体内物质的离解，有利于加速体内化学反应的进行。水有时直接参加体内的水解、氧化还原反应过程。

体内的水除一部分以游离状态存在之外，大部分与蛋白质、多糖等结合形成亲水胶体。由于水以结合形式存在，使得体内某些组织含水量虽多，但仍保持一定的形态、硬度和弹性。

在体液或细胞的水相中，存在多种简单和复杂的阴离子，如 Cl^-，SO_4^{2-}、CO_3^{2-}、HCO_3^-、PO_4^{3-}、HPO_4^{2-} 等。这些阴离子能与生物金属离子相互作用，如 Zn^{2+} 是一种强 Lewis 酸，易与磷酸根结合。Mg^{2+} 亦倾向于与磷酸基结合，所以细胞内的核苷酸以 Mg^{2+} 配合物的形式存在。阴离子 Cl^-、SO_4^{2-}、PO_4^{3-} 等及阳离子 Na^+、Ca^{2+}、K^+、Mg^{2+} 等不仅用于维持体液和细胞中的电荷平衡，还参与调节血液和其他体液系统适当的体积。HCO_3^-、HPO_4^{2-} 等离子又用于维持体内的酸碱平衡。

（二）氨基酸

1. 氨基酸的结构

氨基酸是构成蛋白质的基本组成单位。除脯氨酸（其氨基是仲氨基而非伯氨基）外，这些氨基酸在结构上有共同点，即都是 α- 氨基酸，在与羧基相邻的 α- 碳原子上都连接有一个氨基；它们全都属 L- 构型，除甘氨酸外，均具有旋光活性。α- 氨基酸都是白色结晶体，各具特殊的结晶形状，除胱氨酸和酪氨酸外都能溶于水。

氨基酸的性质与其侧链 R 基团的结构和特性有关，不同氨基酸的区别即在于 R 基团的不同。

2. 氨基酸的分类

根据氨基酸分子中所含氨基和羧基的数目，可将氨基酸分为三类：分子中氨基和羧基数目相等的称为中性氨基酸；氨基数目多于羧基的叫作碱性氨基酸；羧基多于氨基的叫作酸性氨基酸。即使是中性氨基酸，但氨基的碱性并不一定恰好与羧基的酸性相当，因而并不一定是中性物质，其水溶液的 pH 值一般都略小于 7；碱性氨基酸水溶液的 pH > 7；而酸性氨基酸水溶液的 pH < 7。此外，氨基酸还有其他的分类方法，如按氨基酸侧链 R 基团的极性分类，或按氨基酸残基配位能力分类。

3. 氨基酸的两性和等电点

α-氨基酸分子中既含有碱性的氨基—NH_2，又含有酸性的羧基—COOH。羧基可释放 H^+ 形成形成—COO^-，氨基可接受 H^+ 形成—NH_3^+，从而使同一分子上带有正负两种电荷的兼性离子（或称两性离子）。在水溶液及结晶状态中，α-氨基酸以兼性离子的形式存在。

上述三种离子（阳离子、阴离子、兼性离子）的相对含量和溶液的 pH 值相关，当溶液为强酸性时以阳离子形式为主，强碱性时以阴离子为主。当溶液的 pH 值调到某一特定值时，氨基酸的酸性电离与碱性电离恰好相抵消，只以兼性离子的形式存在，此时分子呈电中性，在电场中既不向阳极移动，也不向阴极移动。此时溶液的 pH 值称为该氨基酸的等电点，记为 pI。

不同的氨基酸有不同的等电点。在等电点时，氨基酸的溶解度最小且易于沉淀，故可利用这种性质对氨基酸的混合物进行分离。

4. 非常见氨基酸

某些蛋白质含有特殊氨基酸，它们是普通氨基酸在进入多肽链后被修饰的结果。例如，胶原含有羟基脯氨酸，是脯氨酸的一个羟化衍生物，羟基的加入使胶原纤维趋于稳定。另一种特殊氨基酸是 γ-羟基谷氨酸，它是正常的凝血酶原的组成部分。磷酸丝氨酸是最常见的被修饰氨基酸，某些激素的作用就是通过蛋白质中特定丝氨酸残基的磷酸化和脱磷酸化为媒介。

（三）蛋白质

蛋白质是构成生命体最重要的有机物质之一。除主要含有 C、H、O、N

之外，部分蛋白质还含有少量的 S、P、Fe、Cu、Zn、Mn 等元素。蛋白质平均含碳 50%、氢 7%、氧 23%、氮 16%，其中氮的含量较为恒定，而且在糖和脂类中不含氮，所以常通过测量样品中氮的含量来推算蛋白质的含量。

氨基酸是蛋白质的基本组成部分。有些蛋白质完全由氨基酸构成，称为简单蛋白质，如卵清蛋白、胰岛素。有些蛋白质除了蛋白质部分之外，还有非蛋白质的辅基或其他分子与之结合在一起，称为结合蛋白质，如血红蛋白、核蛋白。在酸、碱或酶的催化作用下，蛋白质可以发生水解，逐步降解成为蛋白胨、多肽、三肽和二肽等越来越小的碎片，直到最后成为氨基酸的混合物。

蛋白质是生物学中最基本的功能单元之一。它们能起多种作用，包括物质的输运（如血红蛋白载氧）、生化反应的催化（酶）、生物材料（肌肉、骨骼、毛发等）的形成、发生免疫反应或通过与其他蛋白质相结合起调节作用（如钙调蛋白）。由于蛋白质在几乎所有的生物学过程中都发挥关键作用，因此对蛋白质的结构与功能关系研究构成了从分子水平认识生命现象的重要方面。

蛋白质是由 20 多种常见氨基酸共价连接而成、具有特定三维结构、高分子量的多肽。

1. 多肽

一个氨基酸的羧基和另一个氨基酸的 α-氨基通过脱水缩合而成的化合物叫作肽。在肽分子中，构成肽链的氨基酸称为氨基酸残基，肽链中的酰胺键叫作肽键。在每个肽分子中，总是在一端保留有一个 α-氨基，称作 N-（末）端或氨基末端，另一端保留一个 α-羧基，叫作 C-（末）端或羧基末端。

肽分子中含有两个氨基酸残基时称为二肽，含有三个氨基酸残基的称为三肽，含有多个氨基酸残基的称为多肽。

在肽链中，断线框内的结构单元进行连接，彼此之间的区别只是 R 基不同，当然 R 也可以相同。即使是相同的氨基酸组成，若连接顺序不同，也会构成不同的肽。

多肽链有三种不同的形式：无分支开链多肽、分支开链多肽和环状多肽。环状多肽是由开链多肽的末端氨基和末端羧基缩合生成肽键而产生的。

2. 蛋白质的结构

蛋白质具有确定的三维结构。虽然蛋白质分子是由氨基酸首尾相连的多肽链组成，但一个伸展开来或随机排布的多肽链并无生物学活性。蛋白质的功能来自其特定的构象，即原子在一个结构中的三维排布方式。每一种天然的蛋白质都有其独特的构象。根据构象，可将蛋白质分成纤维状蛋白质和球状蛋白质两大类。纤维状蛋白不溶于水或稀盐溶液中，在生物体内作为结构成分，其多肽链沿着纤维纵轴方向借助链内氢键卷曲成 α-螺旋体，或借助链间氢键连接成伸展的 β-折叠片（关于 α-螺旋体和 β-折叠片，将在蛋白质二级结构的讨论中详细介绍）。球状蛋白质多溶于水，在细胞内通常承担动态功能。在天然球状蛋白质中，多肽链绕成紧密的球状结构。

蛋白质由氨基酸通过肽键连接成肽链，再由一个或多个肽链按各自特殊的方式结合成为蛋白质分子。随着氨基酸残基的数目、排列顺序，以及多肽链的数目和空间结构的不同，形成不同的蛋白质。在分析蛋白质的结构时，通常采用以下四个不同的结构层次：

（1）一级结构

蛋白质的一级结构是指多肽链的共价主链及其氨基酸的线性排列顺序。如果存在共价键在链间的定位，如—S—S—二硫桥，那么它们的位置也属于一级结构的内容。换言之，一级结构就是关于蛋白质中共价连接的全部情况。规定蛋白质的三维结构所需的信息完全包含在其氨基酸顺序，即一级结构中。这是一条分子生物学的中心原理：顺序规定构象。

（2）二级结构

蛋白质分子的肽链并非呈直线伸展或随机分布，而是通过盘曲和折叠形成特有的空间构象。蛋白质的二级结构指的是多肽链借助氢键排列成沿一个方向上具有周期性结构的构象，包括纤维状蛋白质中的 α-螺旋段和 β-折叠片，这两种构象也存在于球状蛋白质中，二级结构涉及序列上相互接近的氨基酸残基的空间关系。

第一，α-螺旋结构。α-螺旋是一个棒状结构，在这种结构中，紧密卷曲的多肽主链形成其内部，而侧链以螺旋式的排布向外伸展，链内—NH 和—CO 基之间形成链内氢键而使 α-螺旋趋于稳定。在 α-螺旋结构中，氨基酸残基围绕螺旋轴心盘旋上升，每隔 3.6 个氨基酸残基螺旋上升一圈，在空间位置上，每个残基上酰胺基团的—NH 基与第四个残基上酰胺基团的—CO 基很接近，它们之间形成氢键。每一个残基相对于相邻残基沿螺旋轴向上平移 1.5 Å 并旋转 100°，即螺旋的每一圈含 3.6 个残基，螺旋每上升一圈相当于向上平移 5.4 Å。也就是说，α-螺旋的螺距为 5.4 Å，等于平移量（1.5 Å）× 每周残基数（3.6）。按主链顺序相隔3个和4个氨基酸的两个残基在空间上比较接近。一个螺旋的方向可以是右手螺旋（顺时针）或左手螺旋（逆时针），但天然蛋白质中的 α- 螺旋都是右手螺旋。

α- 螺旋结构相当稳定，因为这种结构允许所有的肽键都能参与链内氢键的形成，并且氢键的方向几乎与中心轴平行。右手螺旋比左手螺旋更为稳定。

第二，β- 折叠结构。β- 折叠结构是蛋白质二级结构中的另一种周期性结构的重复基元。β- 折叠与 α- 螺旋的明显差别在于它是一个片状物，而非棒状物。在 β- 折叠结构中，多肽链几乎完全伸展，相邻两个氨基酸的轴向距离为 3.5 Å。β- 折叠片是由不同多肽链中的—NH 和—CO 基之间形成的链间氢键所稳定的。

在 β- 折叠片中，相邻多肽链的走向可以相同（平行 β- 折叠片）或相反（反平行 β- 折叠）。前者中各条肽链是 N- 末端都在同一边，即两条链首尾同向排列；后者各条肽链的 N- 末端一顺一倒排列，即首尾交错排列。在纤维状蛋白中，β- 折叠片主要为反平行式，而在球状蛋白中，平行式和反平行式大致均等。

（3）三级结构

蛋白质的三级结构是指多肽链借助各种次级键在三维空间中沿多个方向进行卷曲、折叠，盘绕成紧密的近似球状结构的构象，是在二级结构基础上的多肽链再折叠。对三级结构起作用的次级键包括氢键、盐键、疏水作用（范德华力），某些情况下还包括配位键。

蛋白质的三级结构实质上由其一级结构决定，是多肽链主链上各个单键的旋转自由度受到各种限制的总结果。这些限制包括：肽键的平面性质、C_α—C 键和 C_α—N 键旋转的许可角度、肽链中疏水基团和亲水基团的数目和位置、带正电荷和负电荷的 R 基团的数目和位置，以及介质等因素。在这些限制因素的综合影响下，各种相互作用最后达成平衡，形成了在一定条件下热力学最稳定的空间结构，实现了复杂生物大分子的"自组装"。

（4）四级结构

许多蛋白质是由两条或多条肽链构成的，这些肽链之间并无共价键连接，每条肽都有各自的一、二、三级结构。这些肽链称为蛋白质的亚基，由亚基构成的蛋白质称为寡聚蛋白质，寡聚蛋白质具有四级结构。所谓四级结构是指各亚基在寡聚蛋白质的天然构象中的排布方式或结合方式，主要通过盐键、侧链氢键、疏水作用维系。许多蛋白质都是由非共价键连接的亚基组合而成的，参加组合的亚基可以相同，也可以不同，数目可从两个到多个不等。例如，血红蛋白含有 4 个亚基，其中 2 个 α- 亚基和 2 个 β- 亚基。

结构域代表蛋白质结构中一个密集的球形单位。很多蛋白质折叠成具有质量从 10 至 20 kDa 的结构域。较大蛋白质的几个结构域通常由多肽链中较易变动的区域所连接。

（四）核酸

核酸是最重要的生物大分子，是生物承载和传递信息的载体。在生物体内，核酸通常与蛋白质结合成核蛋白。核酸分为脱氧核糖核酸（DNA）和核糖核酸（RNA）两大类，几乎所有细胞都同时含有这两类核酸。其中 DNA 主要集中于细胞核内，RNA 主要分布于细胞质中。

1. 核酸的组成

核酸是多聚核苷酸，其基本结构单位是核苷酸。核酸降解后生成多个核苷酸，后者可进一步分解成核苷和磷酸。核苷酸由碱基、戊糖和磷酸基组成。核酸中的戊糖有两种：β-D- 核糖和 β-D-2- 脱氧核糖。核苷是由戊糖和碱基缩合而成的糖苷，糖与碱基之间以糖苷键连接，即糖的 C1' 与嘧啶碱的 N1 或嘌呤碱的 N9 生成共价键。核苷中的戊糖羟基被磷酸酯化生成核苷酸。根据核苷酸中的戊糖种类不同，将核苷酸分成两类：核糖核苷酸及脱氧核糖核苷酸。核糖核苷的糖环上有三个羟基，能形成三种核苷酸：2'- 核糖核苷酸、3'- 核糖核苷酸及 5'- 脱氧核糖核苷酸；而脱氧核苷的糖环上只有两个自由羟基，所以只能形成两种核苷酸：3'- 脱氧核糖核苷酸及 5'- 脱氧核糖核苷酸。

按照核酸中所含戊糖的种类不同，将核酸分为 RNA 和 DNA。RNA 主要由腺嘌呤、鸟嘌呤、胞嘧啶和尿嘧啶四种碱基组成的核糖核苷酸构成。DNA 主要由腺嘌呤、鸟嘌呤、胞嘧啶及胸腺嘧啶四种碱基组成的脱氧核糖核苷酸构成。核酸的聚合度最高可达 10^6 数量级。

2.DNA

（1）DNA 的碱基组成

DNA 是由大量脱氧核糖核苷酸组成的大分子聚合物，其中的戊糖和磷酸基起结构作用，碱基则携带遗传信息。DNA 含有四种碱基，其中两种为嘌呤碱，即腺嘌呤（A）和鸟嘌呤（G），两种嘧啶碱基为胸腺嘧啶（T）和胞嘧啶（C）。组成 DNA 的四种脱氧核糖核苷酸单体分别为：5'- 腺嘌呤脱氧核苷酸、5'-鸟嘌呤脱氧核苷酸、5'-胞嘧啶脱氧核苷酸和5'-胸腺嘧啶脱氧核苷酸。

在所有物种的 DNA 中，碱基的摩尔比有一定的关系，即 G═C，A═T。这是 DNA 双螺旋模型的一个重要实验基础。

（2）DNA 的结构

核酸的结构可分为一级结构和空间结构。一级结构是指核苷酸之间的连接方式及核苷酸的顺序，空间结构则多指核苷酸链内或链与链之间通过氢键折叠而成的结构。空间结构又可分为二级结构与三级结构。

第一，一级结构。DNA 的一级结构是由数量极大的四种脱氧核糖核苷酸，通过 3'，5'-磷酸二酯键彼此连接起来的直线形或环形分子。

DNA 链具有极性，链的一端是一个 5'-OH，另一端是一个未与其他核苷酸相连的 3'-OH。按照惯例，DNA 的碱基顺序沿 5' → 3' 方向书写。

第二，二级结构。根据 DNA 双螺旋结构模型，结晶的 B 型 DNA 钠盐是由两条反向平行的脱氧多核苷酸链通过碱基间的氢键结合在一起，并围绕同一个中心轴盘旋，构成双螺旋结构。两条链都是右手螺旋，方向相反，习惯上以 C（3'）→ C（5'）为正向。两条链之间的螺旋呈凹形，一条较浅，一条较深，分别称为小沟和大沟。碱基处于螺旋内侧，磷酸基和脱氧核糖单位处于外侧。碱基的平面与螺旋轴近乎垂直，脱氧核糖平面与碱基平面几乎成直角。双螺旋结构中双链碱基间的氢键配对并不是随意进行的，而是限定在 G 与 C，A 与 T 间。双螺旋的直径为 20 Å，碱基之间的堆积距离，即相邻碱基在螺旋轴向的间距为 3.4 Å，旋转夹角为 36°。因此，螺旋结构在各链上每隔 10 个碱基重复一圈，即螺距为 34 Å。多核苷酸链中的碱基顺序无任何限制，遗传信息由碱基的精确顺序决定。

DNA 的双螺旋结构相当稳定，维持此结构的力主要有三种：一是互补碱基对之间的氢键；二是碱基堆积力，由芳香族碱基上的 π 电子相互作用产生，为主要作用力；三是来自磷酸基上的负电荷与介质中的阳离子之间的静电作用力。

以上叙述的是 B-DNA 的二级结构，溶液中及细胞内天然状态的 DNA 一般是 B 型的。A-DNA 是在相对湿度为 75% 时制成的 DNA 钠盐纤维，也为螺旋结构。和 B-DNA 不同之处是，A-DNA 的碱基不与纵轴相互垂直，而是呈 20° 倾角，所以螺距及每匝螺旋的碱基数发生了变化，A-DNA 的螺距为 28 Å，每匝碱基数为 11 个碱基。DNA-RNA 杂交分子也采取 A 型结构，当纤维中的水分减少时，出现 C-DNA，其碱基倾角为 6°，螺距为 31 Å，每匝碱基数为 9.3 个。此外，细胞中也有左手螺旋的 DNA 双螺旋结构，称为 Z-DNA。Z-DNA 与 B-DNA 在结构上差异很大。

第三，三级结构。在双螺旋二级结构的基础上，DNA 还可以形成三级结构，包括双链环型 DNA 的超螺旋型和开环型。许多 DNA 是双链环型的，其中超螺旋型 DNA 具有更为紧密的结构，更高的浮力密度，更高的熔点和更大的 S 值。当超螺旋 DNA 的一条链中出现一个缺口时，超螺旋结构会松开，形成开环型结构。

3.RNA

一切生物体细胞内都含有三种 RNA：核糖体 RNA（rRNA）、转运 RNA（tRNA）及信使 RNA（mRNA）。其中，rRNA 约占全部 RNA 的 80%，是核糖体的主要组分；tRNA 占 16%，$M_r \approx 25$ kDa，由 75～90 个核苷酸残基组成，在蛋白质生物合成中具有转运氨基酸的作用，因此得名。mRNA 是合成蛋白质的模板，代谢不稳定。每种多肽链都由一种特定的 mRNA 负责编码。

RNA 所含的基本碱基是腺嘌呤（A）、鸟嘌呤（G）、胞嘧啶（C）和尿嘧啶（U）。RNA 与 DNA 不同之处在于：RNA 中的戊糖是 β-D- 核糖而非 β-D-2- 脱氧核糖，且尿嘧啶取代了胸腺嘧啶；RNA 分子通常是单链，只有局部的双螺旋结构。

除某些病毒外，RNA 分子都是单链，由核苷酸以 3',5'- 磷酸二酯链相连形成的长而无分枝的大分子，其一级结构是直线形，分子量差别极大，tRNA 的 M_r 约为 25 kDa，而 rRNA 的 M_r 可达 1000 kDa。

天然 RNA 的二级结构一般不像 DNA 那样呈螺旋结构，但其中一部分片段会具有与 DNA 类似的双螺旋结构。RNA 为单链分子，通过自身回折使可配对的碱基（G 与 C，A 与 U）相遇并形成氢键，同时形成双螺旋结构。不能配对的碱基区形成突环，被排斥在双螺旋结构之外。RNA 中的双螺旋区每匝有 11 对碱基，这有别于 DNA。每一段双螺旋区至少需要 4～6 对碱基才能保持稳定。不同 RNA 中双螺旋区所占比例不同，rRNA 中约占 40%，tRNA 中约占 50%，烟草花叶病毒 RNA 中双螺旋结构占 60% 左右。

二、生物配体模型的应用

生物配体模型（BLM）作为一种先进的环境科学工具，用于评估金属离子在生物系统中的有效性，即金属离子对生物体产生毒性效应的实际浓度。该模型基于金属离子与生物受体之间的相互作用机制，通过量化这些相互作用来预测金属离子的生物毒性效应。BLM 的应用广泛，涵盖环境风险评估、生态毒理学研究以及土壤和水体污染管理等多个领域。特别是在评估金属离子生物有效性方面，BLM 提供了一种更为精确和科学的方法，相较于传统的总浓度法，它能够更准确地反映金属离子在复杂环境介质中的实际生物毒性。

随着工业化进程的加速和环境污染问题的日益严峻，金属污染已成为全球关注的重大环境问题之一。金属离子在环境中的迁移、转化及生物累积过程复杂多变，传统方法难以全面准确地评估其对生物体的潜在危害。因此，开展 BLM 相关研究，旨在深入理解金属离子与生物体之间的相互作用机制，为制定有效的环境管理策略提供科学依据。

（一）生物配体模型的提出

水体中金属的形态直接影响其生物毒性。传统风险评估方法主要依赖于总金属浓度，然而，这一方法忽视了金属形态差异对生物毒性的关键作用。实际上，只有溶解状态的金属离子或特定络合物才能被生物体吸收并产生毒性效应。因此，总金属浓度在风险评价中存在局限性，无法准确反映重金属的实际生物危害。

基于这一认识，生物配体模型（BLM）应运而生。该模型是在自由离子活度模型和鱼鳃络合模型的基础上发展起来的。BLM 将生物受体位点作为生物配体，假设当结合在具有生理活性的生物受体位点的重金属达到一定量时，毒性就可能发生。该模型考虑了影响生物毒性的溶液组成性质，并将生物有效性的概念引入溶液介质中，在水质范围的控制和毒性预测方面取得了较好的效果[①]。BLM 的提出背景是对传统风险评估方法的改进与优化，旨在提供一种更为精确、科学的工具来评估水体中重金属的生态风险。该模型综合考虑了水体化学条件（如 pH 值、硬度、溶解性有机碳等）对金属形态的影响，以及这些形态与生物配体的相互作用，从而能够更准确地预测重金属在不同环境条件下的生物毒性。

（二）生物配体模型的理论框架与过程模拟

BLM 的基本理论框架建立在金属离子与生物配体（如细胞膜上的官能团）结合的基础上。这些结合反应决定了金属离子进入生物体的能力及其随

---

① 杨光，朱琳. 基于生物配体模型的中国水质基准探讨 [J]. 水资源与水工程学报，2012，23（6）：24.

后的毒性效应。金属离子的存在形态是影响其生物有效性的关键因素之一，包括自由离子态、无机络合态、有机络合态等。这些形态的动态平衡受多种因素影响，如阳离子和阴离子的浓度、溶解性有机碳（DOC）的浓度以及复合态金属离子的存在。

阳离子和阴离子的浓度变化会直接影响金属离子的活度和络合能力，从而影响其与生物配体的结合能力。DOC作为环境中重要的络合剂，能够与金属离子形成稳定的有机金属络合物，进而影响金属离子的生物有效性。复合态金属离子的存在进一步增加了金属离子形态的复杂性，这些复合态可能具有不同的毒性特征和生物可利用性。

体系的化学平衡状态是研究BLM的重要切入点。在碱性条件下，金属离子的毒性作用形式往往更为复杂，因为此时金属离子可能以氢氧化物沉淀、有机金属络合物等形式存在。为了更准确地描述这些现象，研究人员引入了碱性复合态金属离子的概念，并对传统BLM模型进行了改进。改进后的模型不仅考虑了金属离子与生物配体的直接结合，还纳入了复合态金属离子的贡献，从而提高了预测的准确性。

（三）生物配体模型的比较研究

以植物毒性为终点指标的BLM研究近年来取得了显著进展。这些研究通过对比不同植物在不同金属离子暴露下的毒性反应，揭示了BLM在预测植物毒性方面的潜力。特征性指标（如植物生长抑制率、根长变化等）被广泛应用于模型验证和比较。测试点的范围涵盖了从细胞水平到个体水平的多个层次，为全面评估金属离子的生物效应提供了可能。

在金属离子种类方面，BLM对不同金属离子的预测能力存在差异。大麦根长作为常用的模型验证指标，其变化能够敏感地反映金属离子的毒性效应。通过对比不同金属离子在大麦根长模型中的表现，可以发现某些金属离子（如铜、锌）的结合能力较强，而铅、镉的结合能力相对较弱。这种差异与金属离子的化学性质和生物配体的结合特性密切相关。

结合常数与毒性阈值之间的关系分析进一步揭示了BLM的预测机制。结合常数反映了金属离子与生物配体结合的紧密程度，毒性阈值则定义了产生毒性效应的金属离子浓度范围。通过比较不同金属离子的结合常数和毒性阈值，可以发现它们之间存在一定的关联性，但这种关系并非绝对，因为还受到其他环境因素的影响。

在植物终点模型比较中，不同金属的 EC_{50}（半最大效应浓度）均值差异显著，反映了金属离子毒性的物种特异性和浓度依赖性。植物对毒性的敏感性差异也值得关注，不同植物对同一金属离子的响应程度可能截然不同，这取决于植物自身的生理特性和防御机制。

结合常数与毒性阈值的比较进一步揭示了金属离子毒性的复杂性。在某些情况下，尽管金属离子的结合常数较高，但由于其毒性阈值也相应提高，因此可能对生物体产生较小的毒性效应。相反，某些结合常数较低的金属离子可能因其毒性阈值较低而对生物体造成显著危害。

竞争阳离子的种类和结合能力对金属毒性具有重要影响。这些阳离子能够与金属离子竞争生物配体的结合位点，从而降低金属离子的生物有效性。通过比较不同竞争阳离子对金属毒性的影响，可以发现某些阳离子（如钙、镁）具有较强的结合能力，能够显著降低金属离子的毒性效应。

除自由离子态和无机络合态金属离子外，其他金属形态（如有机络合物和氢氧化物沉淀）也对毒性有贡献。这些形态的毒性贡献与 pH 值密切相关，因为 pH 值的变化会影响金属离子的形态分布和生物可利用性。碱性复合金属形态在碱性条件下尤为重要，它们可能对生物体产生独特的毒性效应。

生物有效态复合离子的种类和浓度受多种因素影响，包括金属离子的种类、浓度、环境介质的组成以及生物体的生理状态等。这些因素共同决定了金属离子在生物系统中的实际毒性。

在参数比较方面，$f_{MBL}^{50\%}$（生物有效态分数）是一个重要的指标，它反映了金属离子在特定条件下对生物体产生毒性效应的比例。通过比较土壤溶液和非土壤溶液中 BLM 的差异，可以发现土壤溶液中的金属离子形态更为复杂多样，因此其生物有效性预测更具挑战性。

（四）生物配体模型在地表水中的应用

1. 生物配体模型在国外地表水中的应用

在国外，BLM 已被广泛应用于地表水中重金属生物毒性的预测。例如，针对铜对水生甲壳类动物大型蚤（Daphnia magna）的急性毒性，BLM 能够准确预测不同水质条件下铜的毒性阈值，为制定水质标准提供了科学依据。水质特征（如硬度、pH 值和溶解性有机碳含量）显著影响铜的毒性，BLM 通过综合考虑这些因素，提高了预测的准确性。此外，悬浮物作为水体中的重要组成部分，对重金属的生物毒性也有显著影响。BLM 通过纳入悬浮物对金属吸附和解吸过程的描述，进一步完善了重金属生物毒性的预测模型。

在软水环境中，BLM的应用需要进行适当调整，以反映低硬度条件下金属形态和生物配体结合特性的变化。欧盟等国家和地区已利用BLM预测金属的慢性毒性，为长期暴露风险评估提供了有力支持。这些应用不仅验证了BLM在不同水质条件下的适用性和可靠性，也推动了其在环境管理和政策制定中的应用。

2. 生物配体模型在我国的应用研究进展

在我国，BLM的研究和应用也取得了显著进展。针对我国主要河流中铜的生物毒性预测，BLM已显示出良好的预测性能。通过对不同河流的水质特征进行综合分析，BLM能够准确预测铜在不同河流中的生物可利用性和潜在毒性。此外，针对锌对大型蚤的急性毒性预测，我国学者开展了两种BLM的比较研究，探讨了模型参数优化对预测准确性的影响。这些研究不仅丰富了BLM在我国的应用案例，也为模型的本土化改进提供了有益探索。

在农业生态系统中，BLM用于评估重金属对农作物的毒性效应。例如，通过研究阳离子对小麦根系铜生物毒性的影响，发现BLM能够准确反映不同阳离子共存条件下铜的生物可利用性变化。这些研究成果为农田土壤重金属污染的风险评估和治理提供了科学依据。

在水质标准制定方面，BLM的应用具有重要意义。水效应比（WER）作为衡量金属生物毒性相对大小的重要指标，其提出和计算依赖于BLM的预测结果。通过利用WER调整水质标准，可以确保标准更加符合实际环境条件和生物毒性特征。BLM作为预测WER的化学平衡模型，为水质标准的科学制定提供了有力支撑。

（五）生物配体模型在预测农田土壤重金属污染中的应用

1. 基于植物重金属毒性的评价

在农田土壤重金属污染的研究中，对植物重金属毒性的评价是一项关键内容。这一研究主要通过模拟土壤溶液的化学性质来探究重金属对植物的毒性效应。这种方法的核心在于通过控制实验条件，精确模拟不同土壤环境下重金属的形态分布及其对植物吸收和产生毒害作用的影响。基于此方法，生物配体模型（BLM）及其衍生模型（如t-BLM）得以建立。这些模型能够综合考虑土壤溶液中重金属的浓度、形态以及与土壤中其他离子的相互作用，从而预测重金属对植物的毒性效应。t-BLM 模型不仅考虑了重金属离子的自由活度,还引入了土壤溶液中的竞争性阳离子和土壤性质等因素,进一步提高了预测的准确性。

(1) 大麦的重金属毒性研究

大麦作为一种常见的农作物,常被用作评估重金属毒性的模型植物。在大麦的重金属毒性研究中,Zn 和 Cu 是两种典型的重金属元素。研究表明,Zn 对大麦根伸长的影响随着 Zn 浓度的增加,大麦根系的伸长受到显著抑制。这种 Zn 毒性不仅与 Zn 本身的浓度有关,还与 Mg^{2+}、Ca^{2+}、K^+ 等阳离子的活度以及土壤溶液的 pH 值密切相关。当 Mg^{2+}、Ca^{2+} 活度较高或 pH 值较低时,Zn 的毒性会减弱,这可能是因为这些条件影响了 Zn 在土壤溶液中的形态分布和植物对 Zn 的吸收能力。类似地,Cu 对大麦根伸长也表现出类似的影响规律,Mg^{2+}、Ca^{2+} 活度和 pH 值的变化会显著影响 Cu 的毒性。

通过 t-BLM 模型对 Zn 和 Cu 毒性进行预测,可以发现该模型能够较为准确地反映重金属浓度、土壤溶液化学性质以及植物毒性之间的关系。此外,Ni 和 Co 对大麦根伸长的影响也被广泛研究。结果表明,Ni 和 Co 的毒性同样受到 Mg^{2+} 和 K^+ 活度的影响。当 Mg^{2+} 和 K^+ 活度增加时,Ni 和 Co 的毒性减弱,这可能是因为这些阳离子与重金属离子竞争植物根系表面的吸收位点。Cr 作为一种高毒性重金属,对大麦根伸长的影响同样显著。Ca^{2+}、Mg^{2+} 活度和 pH 值的变化会显著影响 Cr 的毒性,当 Ca^{2+}、Mg^{2+} 活度较高或 pH 值较低时,Cr 的毒性减弱。

(2) 其他植物的重金属毒性研究

除大麦外,其他植物(如生菜、小麦和豌豆)也被用作评估重金属毒性的模型植物。生菜作为一种常见的蔬菜作物,其根伸长对 Cu 的敏感性较高。研究表明,Cu 对生菜根伸长的影响不仅与 Cu 本身的浓度有关,还与土壤溶液中其他阳离子的存在密切相关。当土壤溶液中存在大量的 Na^+、K^+ 等阳离子时,会显著降低 Cu 的毒性。类似地,小麦根生长对 Cu 的敏感性也受到 Ca^{2+}、Mg^{2+} 等离子的影响。这些离子的存在会改变 Cu 在土壤溶液中的形态分布,从而影响小麦对 Cu 的吸收和毒害作用。

豌豆作为一种豆科植物,其根系对 Cu、Ni 和 Cd 等重金属的敏感性也较高。研究表明,Cu、Ni 和 Cd 对豌豆的毒性影响不仅与重金属本身的浓度有关,还与土壤溶液的 pH 值、阳离子交换量等因素密切相关。通过建立 t-BLM 模型并进行预测,可以较为准确地反映这些重金属对豌豆根系的毒性效应。

(3) 土壤栽培法研究

土壤栽培法是一种直接研究重金属对植物生长影响的方法。通过在不同土壤样品中添加不同浓度的重金属元素，观察其对大麦、西红柿等植物的生长影响，可以评估重金属的毒性效应。研究发现，Cu 和 Ni 对大麦和西红柿根生长的影响显著，且这种影响受到土壤阳离子交换量、H^+、Ca 和 Fe 的氧化物等因素的影响。当土壤阳离子交换量较高或 H^+、Ca 和 Fe 的氧化物含量较低时，Cu 和 Ni 的毒性增强。

利用 WHAM Ⅵ 软件和 t-BLM 模型对 Cu 和 Ni 的毒性进行预测，可以发现这两种方法均能够较为准确地反映重金属浓度、土壤性质以及植物毒性之间的关系。此外，外源 Cu 和 Ni 对中国土壤大麦生长的影响也被广泛研究。结果表明，当土壤中添加外源 Cu 和 Ni 时，大麦根系的生长受到显著抑制，且这种抑制效应与土壤性质密切相关。通过 t-BLM 模型的预测，可以进一步验证这些影响因素对重金属毒性的贡献。

(4) t-BLM 模型预测多种重金属复合污染对生物的毒害作用

在农田土壤重金属污染中，多种重金属的复合污染是一种常见的现象。因此，研究多种重金属复合污染对生物的毒害作用具有重要意义。t-BLM 模型作为一种有效的预测工具，可以用于评估多种重金属复合污染对植物的毒性效应。在研究过程中，需要明确重金属之间的相互作用类型，包括相加作用、协同作用和拮抗作用。这些相互作用类型可以通过 CA（浓度相加）、RA（反应相加）、TU（毒性单位）和 TEF（毒性当量因子）等方法确定。

基于这些相互作用类型，可以建立复合污染生物毒性的 t-BLM 模型。该模型能够综合考虑多种重金属的浓度、形态分布以及土壤溶液化学性质等因素，从而预测复合污染对植物根系的毒性效应。例如，研究 Cu 和 Zn 对大麦根伸长的复合毒性时发现，当 Cu 和 Zn 同时存在时，它们的毒性效应并非简单的相加作用，而是受到多种因素的影响。在不同 Ca 浓度下，Cu 和 Zn 的相互作用也会发生变化。此外，腐植酸和阳离子等土壤成分也对多种共存重金属的吸收和毒性产生影响。通过 t-BLM 模型的预测，可以较为准确地反映这些复杂因素对重金属复合毒性的影响。

2. 基于动物重金属毒性的评价

土壤动物作为生态系统的重要组成部分，在土壤健康与功能维持中发挥着不可替代的作用。它们通过改善土壤结构、促进植物根系生长、加速物质循环以及作为土壤健康状态的敏感指示生物,对维持农田生态系统的平衡与稳定具有深远影响。研究土壤动物的生长与存活状况,不仅有助于评估土壤的安全性,还能够为制定有效的土壤保护措施提供科学依据,从而确保土壤生态健康与农业生产的可持续发展。

土壤动物对重金属污染的响应尤为敏感,其生长抑制、存活率下降乃至种群结构变化,均可作为土壤重金属污染程度的间接指标。因此,基于动物重金属毒性的评价,成为研究农田土壤重金属污染效应的重要手段之一。通过系统分析土壤动物在不同重金属浓度下的生存状态,可以深入了解重金属对土壤生态系统的潜在威胁,为制定科学的土壤污染防控策略提供数据支持。

早期研究聚焦于单一重金属对特定土壤动物的毒性影响。例如,针对蚯蚓的研究表明,Cu 浓度的增加对蚯蚓产生显著的毒害作用,且这种毒性受 pH 值和 Na^+ 浓度的共同调节。具体而言,随着 pH 值和 Na^+ 浓度的升高,Cu 的半致死浓度(LC_{50})呈现下降趋势,揭示了 H^+ 和 Na^+ 对 Cu 毒性的潜在保护作用。在此基础上,研究人员建立了 t-BLM 以预测蚯蚓对 Cu 的毒性响应,为后续研究提供了理论框架。进一步的研究扩展至多种土壤动物及重金属种类。蚯蚓和跳虫作为常见的土壤生物,被用于开展针对 Ni 和 Cu 的慢性毒性实验。这些研究不仅分析了土壤动物的繁殖状况与土壤性质、重金属浓度和形态之间的关联,还探讨了基于蚯蚓和跳虫毒性的 t-BLM 模型的适用性,为理解重金属在土壤生态系统中的复杂行为提供了新视角。

为了验证 t-BLM 模型的普遍性和准确性,研究人员对不同类型的土壤动物及重金属进行了深入研究。以蚯蚓为例,研究发现提高 Ca^{2+}、Mg^{2+} 和 H^+ 离子活度能够显著降低 Co 的毒性,表明土壤中的阳离子对重金属生物可利用性具有重要影响。此外,人工模拟土壤与农田土壤在 LC_{50} 值上的差异,进一步强调了土壤性质在 t-BLM 研究中的关键作用,表明在模型应用时需要充分考虑土壤特性的差异。

随着研究的深入,毒理动力学方法被引入,以更全面地理解重金属对土壤动物的毒性机制。以土壤弹尾目虫为研究对象,研究人员分析了 Cu 和 Cd 在不同暴露时间和 Ca 浓度、pH 值条件处理下的毒性影响。结果显示,Cu 的 LC_{50} 值随暴露时间的延长和 Ca 浓度、pH 值的降低而减小,Cd 的 LC_{50} 值则随 Ca 浓度和 pH 值的增加而增大。这些发现不仅揭示了重金属生物毒性与阳离子种类及环境条件的紧密关系,也为优化 t-BLM 模型提供了实验依据。

为了更精确地预测土壤动物体内重金属浓度及其毒性效应,研究人员开始探索将 Langmuir 模型与 t-BLM 模型相结合的方法。以蚯蚓为例，通过采用 Langmuir 模型拟合蚯蚓体内 Ni 浓度与土壤自由 Ni^{2+} 活度的关系，成功建立了 t-BLM 模型以预测蚯蚓体内 Ni 浓度和 LC_{50} 值。值得注意的是，该模型的预测值与实测值高度一致，验证了其在预测土壤动物重金属毒性方面的有效性和可靠性。这一成果不仅为重金属污染风险评估提供了有力工具，也为后续模型优化和拓展应用奠定了坚实基础。

3. 基于微生物重金属毒性的评价

土壤微生物作为生态系统中不可或缺的组成部分，对维持土壤健康、促进植物生长及调节物质循环发挥着至关重要的作用。它们不仅参与有机质的分解与矿化，还通过复杂的生物地球化学过程影响重金属在土壤中的行为及归宿。近年来，随着工业化与农业活动的加剧，农田土壤重金属污染问题日益严峻，对土壤微生物群落结构及功能造成了显著影响。基于微生物重金属毒性的 t-BLM 作为一种新兴工具，为评估土壤重金属的生物有效性及潜在风险提供了科学依据。该模型通过量化重金属与土壤组分间的相互作用，预测重金属对微生物的毒性效应，为制定有效的污染修复策略提供了理论支撑。

在我国，针对土壤微生物重金属毒性的研究已取得了显著进展。通过底物诱导硝化测试（SIN）法，研究人员系统分析了不同地区典型土壤中 Cu、Ni 的毒性剂量—效应关系。研究发现，Cu 的毒性受土壤 Ca 总含量的显著影响，土壤电导率和 pH 值则成为预测溶液中 Cu 毒性的最优因子。此外，Mg^{2+} 的存在表现出对游离 Cu^{2+} 毒性的拮抗作用，降低了其生物有效性。对于 Ni 而言，土壤 pH 值和 Ca 总含量被确定为预测其 EC_{50} 值（半最大效应浓度）的关键因子，同时 Ca^{2+} 和 Mg^{2+} 也对 Ni 的毒性具有拮抗效应，进一步揭示了土壤中阳离子间的相互作用机制。

第四节 生物无机化学的发展趋势

自 20 世纪 60 年代以来，随着生命科学的飞速发展，生物无机化学在揭示生命过程中无机物质的作用机制方面取得了显著进展，并在医药、农业、环境科学等领域展现出巨大的应用潜力。近年来，随着技术的不断进步，研究人员对无机物质在生物体系中的行为有了更深入地了解，推动了生物无机化学研究行业的蓬勃发展。

一、无机物与生物大分子相互作用研究

无机化合物与生物大分子的相互作用是生物无机化学研究的核心基石。这一领域致力于揭示有选择性调控生物大分子功能的无机化合物（尤其是金属离子），如何与蛋白质、核酸等生物大分子发生特异性相互作用，并影响其结构与功能。研究重点包括分子识别机制，即金属离子如何精准地识别并结合生物大分子的特定部位。这种结合不仅能够诱导生物大分子的折叠、选择性聚集等构象变化，还关注这些相互作用如何进一步调控生物大分子的生理功能，如酶活性、细胞信号传导等。随着光谱学、计算化学和单分子技术等先进手段的应用，这一领域的研究将更加深入，有助于揭示更多生命过程中的无机化学奥秘。

二、金属蛋白和金属酶的结构、功能和模拟酶研究

金属蛋白和金属酶作为生命体系中的关键组成部分，其结构与功能的深入研究对于理解生物体的代谢调控、细胞信号传导等过程至关重要。生物无机化学在这一领域的研究不仅限于对已知金属酶和金属蛋白的结构解析，还致力于通过基因工程技术合成新的金属酶，探索金属离子在生物分子相互识别、构象变化及缔合过程中的作用机制。此外，模拟酶研究也是该领域的重要方向，旨在通过设计合成具有特定催化功能的金属配合物，模拟天然金属酶的活性中心，从而为开发新型催化剂和药物提供可能。随着合成生物学、蛋白质工程等技术的不断发展，金属蛋白和金属酶的改造与优化将成为推动生物无机化学乃至整个生命科学领域进步的关键驱动力。

三、细胞层次的生物无机化学研究

细胞是生命的基本单位，细胞层次的生物无机化学研究聚焦于无机化合物如何干预和调控细胞的生理、病理与毒理过程。这一领域的研究不仅涉及无机物与细胞相互作用时细胞化学组成、结构、功能的变化，还关注无机化合物在细胞内的吸收、转运、代谢及排出机制，以及这些过程如何影响细胞信号传导、增殖、分化和凋亡等关键生命活动。特别是金属离子在细胞信号

系统中的角色，以及无机化合物对细胞基因组和蛋白组的调控作用，是当前研究的热点。通过高通量筛选、单细胞测序等先进技术，研究人员可以更加精确地解析无机化合物在细胞层次的作用机制，为疾病治疗提供新的策略。

四、稀土元素生物无机化学

我国作为稀土资源大国，其储量与产量在全球占据领先地位，为稀土元素在生物无机化学领域的研究提供了得天独厚的条件。该领域的研究深入分子与细胞层面，旨在探索稀土元素的生物学效应及其机制。

在稀土元素中，钆（Gd）元素因其在临床核磁成像中的独特应用而备受瞩目。然而，Gd元素亦被关联至肾源性系统纤维化及地方性心肌纤维化等病理过程，这可能与Gd化合物在生物体内以微粒形式存在，进而促进细胞异常增殖有关。这一发现揭示了深入研究稀土元素在生物介质中的存在形态及其生物学效应的重要性，对于指导其安全应用至关重要。

钒（V）元素则因其参与含氧钒活性中心的过氧化酶结构与功能研究而进入生物无机化学视野。钒在治疗糖尿病与肿瘤方面展现出潜力，但其确切的生物效应机制尚待进一步阐明。

硒（Se）元素作为人体必需微量元素，广泛分布于细胞与组织中，以硒代半胱氨酸形式参与多种蛋白的合成。硒的生物无机化学研究聚焦于发掘含硒生物活性物质，揭示其结构特征，并探讨硒化合物如何通过特定的构效关系发挥防癌抗癌、抗衰老、预防心血管疾病及增强免疫力等生物学功能。这些研究不仅深化了对硒元素生物学作用的理解，也为相关疾病的预防与治疗提供了新思路。

五、无机仿生材料和固体生物无机化学

生物无机化学领域内，无机仿生材料与固体生物无机化学正展现出蓬勃的发展趋势，为材料科学与生物医学的融合开辟了新路径。自然界中，从微生物到高等动物，生物体均具备在体内生成矿物的能力。这些矿物形式多样，涵盖无定形态、无机晶体乃至有机晶体，其中尤以含钙矿物为主导，诸如碳酸盐、硫酸盐、乙二酸盐及焦磷酸盐等占据了生物矿物构成的主要部分，而镁、锶、钡等第二主族元素的无机盐以及硅、铁的氧化物亦占据一定比例。尽管这些生物矿物在结构和成分上与自然界的非生物矿物相类似，但它们经由生物过程的精细调控，赋予了独特的功能与特性。生物矿物的分布极为广

泛，可见于细菌与微生物的细胞壁、植物叶片、昆虫甲壳与螯刺、禽蛋外壳，以及动物骨骼与牙齿之中，部分生物矿物更展现出非凡的功能特性，如超磁细菌体内有序排列的 Fe_3O_4 微粒可作为导航工具，金枪鱼头部的 Fe_3O_4 在生物磁罗盘中发挥定向作用，以及头足类动物利用 $CaCO_3$ 构建浮动装置等实例，均凸显了生物矿化的精妙与高效。

生物矿化过程作为生物体内矿物质形成的核心机制，其独特之处在于通过细胞分泌的有机基质与无机离子在界面处的精密互动，从分子层面调控无机矿物相的析出，从而构筑出具有特殊组装模式与多级结构的生物矿化材料。在此过程中，细胞自组装的有机物质充当模板，引导无机矿物的形态、尺寸、取向与结构，展现出高度的组织性与功能性。受此启发，研究人员将生物矿化的原理应用于无机材料的合成中，即以有机组装体为模板，精确调控无机物的形成，这一策略被称为仿生合成。通过此类方法制备的无机材料，不仅具备独特的显微结构特征，还展现出卓越的物理与化学性能。类生物矿物材料以其复杂的形态、高孔隙率及大比表面积，在轻质陶瓷、催化剂载体、生物医用材料、高温分离膜、绝热及隔音材料等领域展现出广阔的应用前景，近年来已成为材料科学研究的前沿与热点。

随着纳米科学与纳米医学的快速发展，固体生物无机化学，尤其是纳米尺度材料的研究，已成为生物无机化学的新兴领域。在这一领域，具有核壳结构的无机纳米晶体，如 FePt@CoS$_2$ 已被证实具有显著的抗癌活性，这标志着固体生物无机化学在疾病治疗方面的潜力巨大。此类研究不仅深化了人们对生物矿化机制的理解，更为开发新型功能材料与生物医学应用提供了理论基础与技术支撑。未来，生物无机化学将朝着更加精细化、功能化及智能化的方向发展，为人类社会带来深远的积极影响。

六、无机药物及作用机理的研究

自顺铂抗癌作用的开创性发现及其在临床上的成功应用以来，金属配合物作为抗癌药物的潜力得到了广泛关注，引领了无机药物研究的新纪元。这一领域的研究焦点之一，在于深入探索顺铂类药物与生物体内靶分子的相互作用机制，特别是其与 DNA 的交联方式，主要包括链间交联、链内交联及整合机理等。尽管这些机制为人们理解顺铂的抗癌活性提供了重要线索，但顺铂类药物存在抗癌谱的局限性、显著的毒副作用及耐药性问题，促使科研人员不断探索通过分子设计策略来开发新型抗肿瘤药物。通过合理设计金属配合物的结构，不仅可以调整其与 DNA 的结合模式，拓宽抗癌谱，还能有效降低毒性，提升生物利用度，为克服现有药物的缺陷提供了可能。

在神经精神领域，锂元素的作用机制引起了科研界的浓厚兴趣。锂盐在调节中枢神经系统功能、稳定情绪及防治精神分裂症方面展现出显著疗效，尤其在缓解幻觉、妄想等精神分裂症阳性症状上效果突出。锂离子的作用不仅局限于神经调节，还涉及病毒复制调控、细胞信号传导、细胞功能调节及免疫应答等多个生物过程。目前，碳酸锂（Li_2CO_3）和柠檬酸盐已成为治疗精神疾病的常用药物，其广泛应用进一步验证了锂在精神健康领域的价值。

银及其化合物作为历史悠久的抗菌剂，以其低浓度高效活性及低毒性特性而著称。银的抗菌性在新生儿眼炎预防、烧伤治疗等领域能得到了广泛应用，如磺胺嘧啶银在烧伤创面的应用有效减少了细菌感染风险。此外，金的硫醇类化合物口服药物在治疗风湿性关节炎、牛皮癣及支气管炎方面也显示出良好效果。最新科研进展揭示，金的化合物还具备抗癌和抗艾滋病毒活性，如 $[Au(CN)_2]$ 能够轻易穿透细胞，抑制白细胞氧化破裂，有效阻断 HIV 病毒复制，为抗病毒治疗提供了新的视角。

在消化系统疾病的治疗中，铋剂以其独特的双重作用机制在治疗胃溃疡方面表现出色。一方面，胶体次枸橼酸铋的高分子结构能在胃内选择性覆盖溃疡面，形成保护层，进而有效抵御胃酸侵蚀；另一方面，部分铋离子进入胃液后可抑制幽门螺杆菌生长，从而达到治疗目的。这一发现不仅丰富了胃溃疡的治疗手段，也为理解铋元素在生物医学中的应用提供了新的思路。

近年来，非铂类抗癌药物的研究取得了显著进展。钌、铑、锡、钛、镓等金属的配合物展现出与铂类药物相当的抗肿瘤活性，并兼具多种其他生物活性。例如，钌配合物在抑制肿瘤转移方面显示出独特优势，有机锡化合物的抗癌活性也日益受到重视。这些非铂类金属配合物的抗肿瘤研究不仅拓宽了金属抗癌药物的研究范畴，也为开发新一代高效低毒的抗癌药物提供了重要方向。

七、化合物在重大疾病防治中的作用和作用机理的研究

生物无机化学在重大疾病防治中的应用日益受到重视。这一领域的研究主要围绕金属离子和配合物在人体内的吸收、代谢、分布、排出及其与毒性、生物活性的关系展开，旨在探索基于无机化学原理的针对性药物设计。通过深入理解无机化合物在细胞病理过程中的作用机制，可以开发出干预和调整

细胞病理过程的新型无机药物。这些研究不仅关注药物分子设计与合成的新途径，还强调药物作用的特异性和高效性，以期实现对疾病的精准治疗。此外，无机化合物作为药物载体或辅助因子的应用也展现出巨大潜力，为药物研发开辟了新方向。随着生物信息学、纳米技术等交叉学科的融合，生物无机化学在重大疾病防治中的作用将更加凸显，为人类健康事业贡献更多力量。

八、离子载体

离子载体作为生物无机化学领域的一个重要研究方向，正展现出快速发展的趋势。这类有机配体具备与碱金属或碱土金属元素结合的能力，通过形成脂溶性配位化合物，有效促进了金属离子在生物膜中的跨膜运输。离子载体可被划分为天然与合成两大类。天然离子载体，诸如抗生素类的缬氨霉素，在生物体内能够协助原本难以穿越线粒体内膜的钾离子实现顺畅转运。合成离子载体则涵盖了冠醚、穴醚等大环配体以及链状多齿配体，其中，二苯并-18-冠-6作为环状多醚的典型代表，其独特的中央空穴结构为金属离子的选择性配位提供了基础。

随着生命科学步入基因组和蛋白质组研究的全新时代，无机化学与生命科学的深度融合已成为科学进步的必然路径。在此背景下，生物无机化学领域正经历着前所未有的快速发展，其在探索生命本质奥秘及推动疾病防治策略的创新中扮演着越发重要的角色。离子载体作为连接无机元素与生物体系的桥梁，其研究不仅深化了人们对生物体内金属离子动态平衡的理解，也为开发新型药物、优化生物技术应用提供了宝贵的理论基础与实践指导，并展现出广阔的应用前景与深远的科学价值。

九、离子探针

离子探针是一种利用一次离子轰击样品产生二次离子并进行质谱测定的仪器，可以对固体或薄膜物质进行高精度微区原位元素和同位素分析[①]。离子探针技术作为生物无机化学领域的一项重要进展，其核心在于通过精确置换生物大分子中的非过渡金属离子为具有光、磁信息的过渡金属离子，进而利用多样化的波谱学手段深入探究生物体系的结构与功能特性。这一过程中，

---

① 李秋立，杨蔚，刘宇，等. 离子探针微区分析技术及其在地球科学中的应用进展[J]. 矿物岩石地球化学通报，2013，32（3）：311.

所选用的金属探针需要具备与原离子相近的离子半径，以确保在替换后能维持体系的物理化学性质及生物活性不变。例如，利用锰离子替代锌离子，借助核磁共振谱成功揭示羧肽酶中锌的配位环境。

针对蛋白质和酶的荧光探针技术，是通过引入高荧光效率的染料分子，这些染料通过吸附或共价键与蛋白质结合，引起荧光性质的显著变化，为蛋白质结构与功能的研究提供了高灵敏度且可视化的工具。

展望未来，分子生物探针技术凭借其卓越的灵敏度和选择性，正逐步广泛应用于化学、生物学及医学等多个科研与应用领域，成为不可或缺的研究与检测技术。当前，该领域正朝着微型化、仿生化、高度自动化及信息化方向快速发展。其中，DNA 序列分析中应用的分子荧光探针技术，尤其是标记碱基的探针，已彰显出分子生物探针技术的顶尖水平，预示着该领域广阔的发展前景与深远的科学价值。

第十章 水环境中的污染物及去除技术

随着工业化与城市化的飞速发展,水环境污染问题日益凸显,成为制约社会可持续发展的关键因素之一。本章将系统地探讨无机污染物在水环境中的存在形式、检测手段以及高效去除技术,为水污染治理工作提供科学依据与技术支持。本章对于保护水生态环境、保障人类用水安全具有至关重要的意义。

第一节 水环境中的无机污染物分析

化学性污染指的是由化学物质(化学品)进入环境后所引起的环境污染。这些化学物质包括有机物和无机物,且大部分源自人类的生产、消费活动及相关产品的使用。无机污染物通常包括金属、无机盐、酸碱等物质,这些物质在水体、空气和土壤中可能会对生态环境和人类健康造成长期影响。虽然这些化学品在推动经济增长、提高生产力、促进公共卫生等方面发挥了积极作用,但由于其生产、使用、运输和废弃过程中的不当处理或排放,容易进入环境并引发污染,尤其是在水环境中尤为显著。

无机污染物的来源涉及多个方面。例如,工业废水排放、农业化肥和农药的使用、矿产资源开采以及城市污水排放等都可能成为无机污染物的主要来源。这些污染物包括重金属(如铅、汞、镉等)和常见无机盐类(如氨氮、硝酸盐、磷酸盐等),它们不仅会改变水体的化学性质,还可能影响水生生态系统的正常功能。无机污染物的种类繁多,其对水体环境的影响机制复杂。某些污染物在水中易溶解并迁移,导致水质恶化;而一些污染物则可能在水体中积累,并对水生生物产生长期毒害效应。

一、无机非金属污染物

无机非金属污染物主要包括酸碱污染以及与非金属元素中的卤族元素、氮、磷、硫元素相关的污染物。

（一）酸碱污染

水环境中的酸碱污染是指无机酸或碱进入水体引发的水质变化。水体的酸碱度（pH）是反映其水质状况的关键指标，通常用以评估水体是否处于理想的化学平衡状态。酸性污染主要源于废水中无机酸的排放，pH 值低于 6 的废水被归为酸性废水。这类废水的来源广泛，通常来自矿山排水、湿法冶金、钢铁冶炼、有色金属表面处理、化工生产、制酸、制药、染料、金属电解、电镀、人造纤维等多个工业领域。特别是在工业生产过程中，酸性废水的排放频繁且种类繁多，其中硫酸废水最为常见，其次是盐酸和硝酸废水。这些废水的排放不仅会导致水体的酸性增加，还可能对水生生物造成不可逆的损害。

碱性污染则是由含有无机碱的废水进入水体所致，其 pH 值通常大于 9。碱性废水的来源同样多样，广泛存在于制碱工业、纸浆造纸行业的黑液、印染行业的煮纱工艺、制革业的火碱脱毛工艺以及石油、化工等行业的生产过程中。碱性废水往往含有较高浓度的氢氧化钠、氢氧化钾等碱性物质，进入水体后会显著改变水体的 pH 值，从而对生态环境产生长期的不良影响。

大气污染物也在一定程度上影响水体的酸碱度。例如，二氧化硫（SO_2）和氮氧化物（NO_x）等大气污染物在降水过程中转化为酸性物质，随着降水进入水体，造成水体酸化，进一步加剧酸碱污染。酸碱污染不仅影响水体的化学组成，还可能导致水体生态系统的严重失衡，影响水质的可持续利用。

（二）氟化物污染

氟化物指含氟的有机或无机化合物，具有无色、有刺激性、腐蚀性和毒性的特征。氟元素是一种生命元素，如果过量摄入可能会造成氟中毒，对人体的危害很大。一般认为饮用水中含氟量以 0.5～1 mg/L 为宜[①]。氟作为一种高度活泼的非金属元素，广泛分布于地壳中，并以化合物的形式存在，常见于萤石、冰晶石和氟磷灰石等矿物中。水体中的氟以多种形式存在，包括游

[①] 徐公卿. 地下水饮用水源氟化物污染探究 [J]. 清洗世界，2024，40（8）：112.

离的氟离子、氟化氢和与其他金属元素形成的络合物。尽管氟对于某些生物体有一定的生理作用，但在大多数情况下，氟化物被视为一种环境污染物，对生态系统和人类健康构成威胁。氟化物的污染源主要来自铝冶炼、磷矿石加工、磷肥生产、钢铁冶炼和煤炭燃烧等工业活动。氟化氢和四氟化硅是主要的气态污染物，而电镀及金属加工过程中产生的含氟废水也会导致水体污染。此外，含氟烟尘的沉降以及用含氟废水灌溉所导致的土壤和地下水污染，进一步加剧了环境污染的程度。

（三）氯化物污染

水体中的氯化物是水环境中常见的离子化合物之一，其浓度在自然状态下通常较低。一般来说，淡水、地下水、地表水、河流和水库中的氯离子含量通常小于 10 mg/L。然而，当氯化物浓度升高时，其来源可归因于自然和人为两大类因素，且高浓度氯化物的存在对水质及生态环境有着显著的影响。

自然界中的氯化物主要通过两种途径进入水体。首先，水流经过含氯化物的地层时，会导致食盐矿床和其他含氯沉积物溶解，使水中氯化物的浓度升高。其次，位于海边的河流或江水，受到潮汐及海风的影响，水中的氯化物浓度亦可能增高。这些自然过程会使水体中的氯化物含量增加，从而改变水的味道和口感，使其呈现出咸苦的特性，俗称苦咸水。苦咸水是一类盐度介于淡水和海水之间的水资源，其盐度范围通常为 1～35 g/L 不等，依据盐度的不同可进一步细分为低盐度、中盐度和高盐度三类，其中低盐度苦咸水含盐量在 1～5 g/L 之间。

与自然发生源不同，人为源是氯化物污染的主要来源。工业化生产活动中，诸如石油化工、化学制药、造纸、水泥、纺织等行业所排放的废水，往往含有较高浓度的氯化物，这些污染物最终进入地表水，加剧了氯化物对地表水的污染。此外，日常生活中的污水也含有一定的氯化物成分。例如，城市污水中常见的尿液含有约 1% 的氯化钠，而融雪水或冰水中的氯化物含量亦会影响地表水的氯化物浓度。虽然生活污水中的氯化物含量相对较低，但其对地表水中氯化物污染的影响依然不可忽视，尤其是在城市化程度较高的地区，污水中氯化物的含量可能达到 125～128 mg/L。由此可见，人类活动，特别是工业生产和生活污水排放，已成为氯化物污染的重要来源。

高浓度氯化物的存在对水体质量和生态系统的稳定性产生了深远的影响。氯化物的过度积累可能对水生物种群造成威胁，影响水体的生物多样性。此外，氯化物的浓度过高还可能导致水质的变化，影响水体的可饮用性与使用功能，因此，治理氯化物污染是确保水资源可持续利用的重要环节。

（四）溴化物污染

溴作为一种广泛存在于地壳中的元素，具有较强的化学活性，能够与多种金属以及其他非金属元素反应。在自然环境中，溴的主要存在形式为溴化物和溴酸盐，其主要来源是海水和某些矿泉水。溴离子进入水体的方式多样，既有海水入侵地表淡水水体和地下水的过程，也有沉积岩溶解进入水体的途径。此外，溴化物的浓度还受人为活动的显著影响，包括煤矿开采、无机盐类药剂的生产、油田含盐水排放等工业活动以及使用溴代甲烷杀虫剂等农业活动。这些活动往往导致溴离子排放到水体中，进一步提高水体中的溴化物浓度。水处理过程中，尽管臭氧和活性炭等技术有助于提升水质，但当水源中的溴离子浓度较高时，臭氧处理可能会将溴离子转化为有毒的溴酸盐，从而产生新的环境污染问题。

（五）硫化物污染

硫化物污染是指硫及其化合物对环境造成的污染。硫是一种在地壳中广泛分布的元素，许多矿物燃料，如煤和石油，大多含有硫。硫化物污染的来源十分多样，涉及多个工业领域，其中包括炼油、焦化、制药和制革等行业。在这些行业中，废水中的硫化物浓度以及其组分会有所不同，因此硫化物的污染特征具有很大的多样性。

硫化物污染的水质特征受多种因素的影响。在一些工业过程中，硫化物的排放常伴随着强酸性或强碱性的废水，这些废水中可能还含有较高浓度的金属盐、化学需氧量（COD）、挥发酚和氨氮等有害物质。废水的pH值、污染物浓度及其组成成分差异较大，反映了不同工业活动对环境的潜在危害。这些污染物不仅对水体质量造成严重影响，还可能给生态系统和人体健康带来长期的负面效应。

在工业废水的处理中，硫化物的去除一直是一个重要课题。由于硫化物浓度较高且其化学性质复杂，常规的水处理方法可能无法有效去除这些污染物。因此，必须采取更为先进和专门化的技术手段来应对硫化物污染问题。通过采取合适的处理工艺，可以有效地降低废水中硫化物的浓度，从而减少其对环境的负面影响。

（六）硫酸盐污染

硫酸盐污染是水体污染中一个重要且广泛的类别。海水及苦咸水中通常含有较高浓度的硫酸盐，这些水体在自然环境中已经形成并长期存在。海水中所含的硫酸盐和其他无机盐具有广泛的工业应用价值，如食盐、石膏等化工产品的生产。而苦咸水的形成过程则与复杂的地质历史和水文条件密切相关。在这一过程中，地下水盐分的蒸发和浓缩常常导致较高浓度的硫酸盐存在，这些水体在地质演变过程中逐渐积累并展现出典型的盐化特征。现代人类活动，尤其是沿海地区的海水入侵及地下水的盐碱化，加剧了这种污染现象，并为水资源的可持续利用带来了严峻挑战。

工业废水是硫酸盐污染的另一重要来源。特别是在化学工业、冶金工业以及矿山开采过程中，大量废水含有高浓度的硫酸盐。在化学工业中，某些生产过程中使用的硫酸钠等化学物质未能得到有效回收，导致硫酸盐随废水排放到外界水体中。类似地，矿山冶炼过程中，由于矿石中含有硫化物，这些矿物在氧化和水解作用下形成的废水中会含有大量的硫酸盐。此外，在二氧化硫污染治理过程中，使用固体脱硫剂产生的废液中也含有较高浓度的硫酸盐，这些废水的排放进一步加剧了水体中的硫酸盐污染。

硫酸盐污染对水体生态环境构成严重威胁。硫酸盐废水不仅含有毒性成分，而且会对水体的酸碱平衡、营养盐的积累及生物多样性产生深远影响。过高的硫酸盐浓度间接加剧水体的富营养化进程，并通过改变水生生物的生存环境，引发生态链的断裂。这种污染问题的解决需要综合考虑工业废水处理技术与自然环境的修复机制，同时提升排放标准与治理技术，以减少硫酸盐对水环境的负面影响。

（七）磷污染

磷作为一种生命必需元素，在生物体内参与细胞代谢活动，并在生物能量的传递过程中扮演重要角色。磷在自然界中主要以磷酸盐矿石的形式存在，如磷灰石、磷块岩等。自然界中的磷呈现出近乎单向的循环模式。磷经过自然侵蚀或人工开采释放到环境中，随后通过生物转化或工业加工转化为可溶性磷酸盐。绝大部分的磷在水环境中以 $H_2PO_4^-$、HPO_4^{2-}、PO_4^{3-} 和 H_3PO_4 等形式存在。虽然磷是生命所需的必要元素，但其过量排放会导致水体的富营养化，进而破坏生态平衡。

水体中磷的污染源可分为外源磷和内源磷。外源磷来源于磷矿开采、工业生产、农业施肥以及人类日常生活中的磷排放。随着磷资源的广泛使用，大量含磷废水进入水体中，尤其是在城市和工业废水中，磷污染风险显著增加。工业和农业活动中使用的磷肥、洗涤剂等物质，在不适当的管理下通过径流进入水体。城市生活污水的排放也是重要的磷来源之一，尤其是含有磷的洗涤剂，尽管在我国的比例较低，但其仍然是磷污染的重要源头之一。此外，湖泊养殖投饵和工业废水排放也对水体磷浓度产生显著影响。

内源磷主要来自底部沉积物中的磷酸盐。沉积物中的磷酸盐在适宜的环境条件下转化并释放回水体，尤其是在厌氧条件下。水体的pH值、溶解氧浓度以及温度等因素均会影响沉积物中磷的释放。当水体环境发生变化时，这些沉积物中的磷会重新释放，进一步促进水体的富营养化进程。沉积物中的磷酸盐释放与水体的化学性质密切相关，尤其在石灰性沉积物中，pH升高会促进磷的吸附，反之，非石灰性沉积物中的磷会在pH升高时释放，从而对水质产生影响。

磷的过度积累和释放对水环境和生态系统造成深远影响，尤其是对水体富营养化的推动作用。治理水体磷污染，需要综合考虑磷的来源及其循环过程，并采取适当的技术手段减少磷的排放和释放，以实现水环境的可持续管理。

（八）氮污染

氮污染作为一种环境污染物，主要来源于无机氮和有机氮的过量释放。氮气在大气中以无色、无味且不活泼的形式存在，占空气体积分数的78%。尽管氮气在自然环境中循环利用，但其在水体中以不同的形态存在，可能引发一系列环境问题。无机氮主要包括氨态氮和硝态氮，前者可分为游离氨态氮和铵盐态氮，后者主要表现为硝酸盐氮和亚硝酸盐氮。有机氮则包括尿素、氨基酸、蛋白质等形式，这些物质能够在环境中转化为氨氮，并进一步通过微生物作用转化为硝态氮或亚硝酸盐氮，最终回归成为大气中的氮气。

氮的循环过程是生态系统中不可或缺的部分。大气中的氮通过固氮作用被植物吸收，转化为植物可以利用的有机氮形式。随着植物的生长和死亡，有机氮被转化为其他形态，进入土壤或水体，并通过微生物的活动，氮在环境中的转化呈现出复杂的生物化学过程，包括氨化、硝化和反硝化等过程。这一过程的平衡对于生态系统的健康至关重要，一旦外部因素扰乱了这一循环，就可能引发氮污染问题。

氮污染的严重性主要体现在其对水体富营养化的推动作用。过量的氮输入到水体后，导致藻类和水生植物的异常繁殖，进而影响水质，减少水中溶解氧的含量，造成水生生物的死亡和生态系统的失衡。此外，氮污染还可能导致酸雨，对土壤和水源造成进一步破坏。氮污染不仅威胁危害了生物多样性，还威胁人类的饮用水安全和农业生产的可持续性。因此，控制氮的排放，尤其是农业和工业领域中的氮排放，是解决氮污染问题的关键。

（九）氰化物污染

氰化物是一类含有氰基（—CN）的化合物，其中碳与氮通过三键相连。这一结构赋予氰基极高的稳定性，使其在化学反应中通常以一个整体存在。氰基的化学性质与卤素相似，因此常被归类为拟卤素。氰化物在自然界中的形态多样，其中最常见的形式是氰化氢，它能以无色气体或液体的形式存在，带有明显的苦杏仁气味。氰化氢在高温、火焰和氧化剂的作用下具有极高的火灾危险性，因而在处理和储存过程中需要格外谨慎。

氰化物可与金属离子及有机化合物发生配位反应，形成各种简单或复杂的盐和化合物，氰化钠、氰化钾以及氰化锌、铁氰化钾等复合物。由于氰化物的特殊化学性质，它们与水中的重金属污染物（如铁、铜、镍和锌）常形成稳定的复合物，使氰化物在水环境中更为持久。与土壤的吸附作用较弱不同，氰化物通常会在水体中存留较长时间，增加了其对水源和生态系统的潜在危害。

所有形式的氰化物都具备一定毒性，尤其是氰化氢，其毒性极为严重，甚至在低浓度下就能对生物体产生致命威胁。氰化物通过抑制细胞内的呼吸链，阻断氧气的利用，迅速导致组织缺氧，最终可能引起死亡。由于其对环境及生物的毒性影响，氰化物的检测与处理始终是环境污染治理中的一项重要任务。

二、重金属污染物

重金属元素通常被定义为密度大于 5 g/cm³ 的金属，这类元素在自然界中广泛存在，已知超过 50 种金属属于重金属类别。它们包括镉、铬、铅、汞、镍、硒、锌、铜、铝等。部分地区由于土壤、地下水或岩层中的金属含量异常，可能会对当地居民健康造成不良影响，进而引发地方性疾病。重金属一旦进入环境，便可在水体、土壤及生物体内进行迁移、富集并发生转化，尤其是通过水流和食物链传递，形成一系列生态风险。

从生理学角度来看，重金属可分为必需金属、可能必需金属与非必需金属三类。必需金属（如锌、铜、铁等）在人体的生物化学过程和生理功能中起着至关重要的作用，缺乏时会引起相应的健康问题。可能必需金属，如镍、钒，尽管其是否为必需金属尚无定论，但在低浓度下可能对健康具有一定的积极作用。非必需金属（如汞、铅、镉等）则对人体无已知的有益作用，且即便在低浓度下也具有潜在的毒性。值得注意的是，必需金属和可能必需金属在超量时同样可能对人体产生毒害效应。

重金属污染问题的严重性在于其在环境中并不容易被分解。不同于有机污染物能通过微生物降解或化学反应去除，重金属在水体中的存在形式则会显著影响其迁移转化及毒性。例如，重金属的化学形态会随着环境条件的变化而发生转化，从而改变其生物可利用性和毒性。特别是水环境中的某些金属会通过食物链逐级富集，最终进入人体，增加健康风险。例如，水中的汞可通过甲基化反应转化为更具毒性的甲基汞，进而通过植物、动物等途径传递至人体，造成严重的生理危害。

重金属污染的源头主要来自自然因素和人为活动。自然来源如火山活动、风暴、降水等因素会将金属释放到环境中，这些自然过程虽然致使环境中的金属浓度升高，但其并不构成直接威胁。相比之下，由人类活动引发的污染，如工业废水排放、农业化肥和农药使用、交通排放等，已经成为重金属污染的主要来源。尤其是工业污染，包括金属开采、冶炼等过程，成为重金属污染的最主要来源，其排放的铅、镉、锌等重金属严重威胁水体质量与生态安全。此外，过期的蓄电池及未经过处理的废物也是重要的污染源，其带来的污染往往难以有效治理。

重金属污染对生态系统的影响深远且复杂。水生生物的呼吸、光合作用等生理功能会受到重金属的抑制，而这种抑制效应通过食物链进一步传递，最终影响人类的健康。同时，水质受污染时，其外观与正常水体并无显著差异，使人们往往难以及时察觉，导致重金属污染事故的发生频率增高。环境中金属元素的复杂转化及其对人体的积累作用使重金属污染问题具有高度的长期性和隐蔽性，亟待采取有效措施加以治理。

（一）汞污染

汞是毒性最强的重金属污染物之一，自然界中的汞主要以零价汞（Hg^0）、无机二价汞（Hg^{2+}及其络合物）和烷基汞（甲基汞、乙基汞及其络合物）三类形式存在。其中有机形态的汞对生物体的毒性更高而备受关注，因此对水环境中不同形态的汞进行调查研究和分析测试具有十分重要的意义[①]。金属汞在室温下以液态存在，并具备较强的挥发性，能迅速进入大气并在环境中扩散。无机汞在自然界中主要以二价汞（Hg^{2+}）形式存在，这种化合物能够与许多阴离子形成汞盐，并通过气溶胶或水体传输。最具毒性的汞形态是甲基汞，它能够在微生物的作用下通过汞的甲基化过程形成，并在水体中广泛存在。

汞污染的来源可分为自然来源和人为活动两大类。自然来源主要包括火山喷发、地热活动、森林火灾、土壤风化及水体蒸发等地球自发的过程。尽管自然来源对环境的影响不可忽视，但人为活动所造成的汞污染更为严重。人类通过各种工业活动排放大量含汞废水和废气，特别是在矿业开采、制浆造纸业、氯碱化工厂等领域，汞的污染物排放情况尤为突出。此外，燃煤电厂和农业耕作中不当使用含汞农药及化肥也是汞污染的重要来源。这些人为因素不仅加剧了汞在生态系统中的积累，还对人类健康构成了长期威胁。

汞污染的转化机制是其影响环境和生物体的关键环节。汞可通过生物转化形成更具毒性的有机汞化合物，特别是甲基汞。甲基汞能够在水体中生物积累，并通过食物链传递，对水生生物及其捕食者构成致命威胁。甲基汞具有较强的亲脂性，能够在生物体内积聚并通过生物放大效应对人体产生严重影响。汞的这一转化特性意味着，即便是微量的汞污染，长期积累也可能造成不可逆的生态与健康风险。因此，汞的环境行为及其毒性特征需要引起足够的重视，并采取有效措施进行治理与控制。

（二）铅污染

铅（Pb）作为一种具有特殊化学性质的金属，具有较低的熔点和较高的挥发性。在常温下，铅以软的灰色固态形式存在，但当加热至一定温度时，它会以气态形式释放到空气中。尤其在冶炼、铅粉制造及电池生产等过程中，铅烟尘的产生会对环境造成污染。铅的常见化合价为二价，但在某些情况下，它也能形成四价化合物，尤其是在与其他元素发生共价结合时。铅的广泛应用和挥发特性使其成为环境中主要的污染物之一。

[①] 赵文玉，甘润杰，陈文文，等. 水环境中汞污染现状与形态分析方法研究进展[J]. 农业环境科学学报，2024，43（10）：2200.

铅污染的来源可以分为自然和人为两类。自然来源包括火山喷发、森林火灾等地质和气候变化所导致的铅释放。然而，当前全球范围内铅污染的主要来源是与人类活动相关的工业和交通排放。水环境中的铅污染大多源于工业活动，特别是冶炼过程和含铅矿山的开采。尽管一些自然矿物可能含有铅，但这些自然来源对水体铅浓度的影响相对较小。相对而言，来自矿业、冶炼，以及工业废水排放的铅污染更加显著。

空气中的铅污染主要来源于交通排放，尤其是含铅汽油的燃烧。汽车尾气中所含的四乙基铅在燃烧过程中会被氧化为铅及其氧化物，这些微粒随空气扩散，最终对环境造成长期影响。此外，燃煤和工业废气也是空气铅污染的重要来源之一。煤炭在燃烧时会产生大量煤灰，其中一部分会形成铅尘，不仅在大气中持续存在，还通过沉积作用进入土壤和水体，对生态系统及人类健康构成威胁。

除大气和水体污染外，铅污染还普遍存在于其他工业领域，如铅蓄电池制造、铅管生产和陶瓷制造等。铅在这些生产过程中通过废水、废气排放等途径被释放到环境中，进一步加剧了污染的扩散。水体中的铅特别难以降解，通常以不同形态长期存留，形成潜在的环境风险。此外，铅在水环境中的积累具有极强的持续性，可能对水生生物及人体健康造成长期影响。通过这些途径，铅污染在全球范围内逐渐成为一个亟待解决的环境问题。

（三）铬污染

铬（Cr）是一种硬度较高且脆性的银白色金属，其密度为 $7.20g/cm^3$。该金属在酸性环境中通常表现出较强的耐腐蚀性，表面会形成一层致密的钝化膜，进而减缓氧化进程。尽管金属铬在空气中的氧化反应较为缓慢，但一旦去除钝化层，铬将易溶解于大多数无机酸中，只是对硝酸的溶解性较差。铬可形成三种不同的化学态：二价、三价和六价。二价铬不稳定，易氧化；三价铬是其最稳定的氧化态，并在生物体内发挥重要作用，是体内葡萄糖耐量因子（GTF）的活性成分之一；而六价铬作为一种强氧化剂，对生物体具有显著的毒性。六价铬在特定条件下可还原为三价铬，尤其是在热或化学还原剂的作用下，或者在酸性溶液环境中。

铬在自然界中分布广泛，主要存在于铬铁矿、铬铅矿和硫酸铬矿中。其天然来源主要来自岩石的风化作用，且以三价铬为主。尽管铬在自然界中有一定的存在量，但工业活动却成为铬污染的主要来源。在工业生产中，铬广泛应用于金属加工、电镀、皮革制品、药物、研磨剂、防腐剂、染料、媒染剂、颜料及合成催化剂等多个领域。为了防止在这些过程中循环水对设备造成腐蚀，铬酸盐常被加入工业生产中。与此同时，工业废水和废气排放成为铬污染的主要人为源。工业废水中所含铬多数为三价化合物，冶金、煤炭及石油燃烧过程中排放的废气中则含有颗粒态铬。由于排放到环境中的三价铬可能通过化学反应转化为毒性更强的六价铬，因此对铬的排放进行了严格的控制和监管，确保其不会对生态环境和人类健康产生过度影响。

（四）镉污染

镉（Cd）作为一种银白色金属，具有独特的化学性质，其相对原子质量为112.4，熔点为320.9 ℃，沸点为767 ℃，且具有较高的相对密度。镉的化学形式主要为二价状态，偶尔可见一价形态。在多种镉化合物中，氧化镉的毒性尤其显著，尤其是在酸性环境中，镉化合物易溶解，而在碱性溶液中则容易形成沉淀。镉蒸气本身有毒，并且能够在空气中氧化形成氧化镉，对环境及生态系统的危害较大。尽管在自然界中镉的含量相对较低，但其在特定条件下的环境积累与生物富集具有潜在的风险。

镉污染的主要来源可以追溯到有色金属的开采与冶炼过程。随着镉的生产与使用量逐年增加，其排放成为环境污染的重要因素。尤其在电镀、化工、电子及核工业等多个领域，镉被广泛用作原材料或催化剂。镉作为炼锌业的副产品，其在工业生产中的排放途径非常多样，包括废气、废水和废渣的排放，镉不断进入大气、土壤和水体，形成持续的污染源。煤和石油的燃烧过程同样是镉污染的重要途径，释放的烟气中往往含有一定浓度的镉。此外，一些含镉的化肥和农用废弃物也对土壤与水源造成一定程度的污染。

镉对水体的污染尤为显著，主要通过工业废水和地表径流进入水域。在工业生产中，尤其是硫铁矿和磷矿的提取过程中，排放的废水往往含有高浓度的镉，可达到数十至数百微克每升。镉颗粒在大气中的扩散也可随风进入水体，进一步加剧了水源的污染。在城市水务系统中，由于管道和容器的污染，饮用水中的镉含量有时亦会超标。此外，工业区与非工业区的水体镉含量存在显著差异，前者的污染程度通常较为严重。通过这些途径，镉逐渐积累在水体、土壤及生物体内，对环境与生态系统构成持久威胁。

（五）砷污染

砷是一种典型的类金属元素，具有两性化学特性，能够在不同的化学环境下表现出金属性或非金属性。其金属形式具有较高的密度和熔点，且在常温下稳定，但在较高温度下可升华。虽然砷与水几乎不发生反应，但在强氧化环境中，可溶于王水和硝酸，形成不同价态的砷酸或亚砷酸。自然界中的砷多以五价形式存在，然而，环境污染中的砷多以三价无机化合物的形式出现，这类砷化合物对生物体尤其是水生生物及人类具有较大的毒性。动物体内的砷常以有机形式存在，表现出相对较低的毒性。

砷污染的主要来源可归结为多种人类活动的影响。首先，砷化物的开采和冶炼过程是污染源之一，尤其在矿业活动中，砷矿常伴随铜、铅、锌等金属矿石的开采与处理而释放砷。其次，有色金属的冶炼中，由于矿石中常含有砷化物，冶炼过程中会不可避免地将其释放至周围环境，导致砷污染加剧。此外，砷化物的广泛应用，如在农药、化肥、玻璃、木材、纺织品及化工产品中的使用，显著增加了砷的环境浓度。煤燃烧作为另一个重要来源，也能够释放砷及其化合物，从而影响空气质量与环境安全。值得注意的是，地热发电厂的废水也往往含有砷，废水排放后进一步加剧了水体和土壤的污染。

从自然环境中砷的浓度来看，未受污染的水体和底泥中砷的浓度较低，通常在一定范围内变化。然而，砷污染的地区，尤其是与人类活动相关的区域，砷的浓度远高于自然背景值，对生态环境和公共卫生构成潜在威胁。因此，砷的污染控制和治理在当今社会尤显重要。

（六）铝污染

铝作为地壳中含量最为丰富的金属之一，广泛存在于各种自然环境中。其本身具有较为独特的化学性质，表现出强烈的两性特征。铝在空气中极易与氧气发生反应，形成一层致密的氧化铝膜，从而赋予铝金属典型的外观。这一氧化膜的形成不仅保护了铝本身免受进一步氧化，还使铝材料具有了较好的耐腐蚀性。铝的化学活性使其能够与多种化学物质发生反应，尤其是与酸和碱的反应，进一步提高了其在不同工业领域的应用价值。

铝土矿作为铝的主要矿物来源，广泛分布于地壳中。其化学结构使铝土矿能够在多种工艺下提取铝金属，成为现代工业的关键原料。随着铝的提取和利用，铝的生产和使用逐渐成为推动全球经济发展的重要力量。然而，铝的广泛应用与其潜在的污染问题紧密相连，尤其是在现代农业和工业活动中。近年来，由于工业化进程的加速，铝的排放量大幅增加，不仅影响了环境质量，也对人类健康构成潜在威胁。

铝污染的主要来源包括工业废气排放、铝冶炼过程中的废渣以及含铝化学品的广泛使用。特别是由于酸雨的增加，土壤酸化现象日益严重，不仅加剧了铝的释放，也改变了土壤的生态平衡。在这种环境下，铝以溶解态的Al^{3+}离子形态释放到水体和土壤中，对生态系统造成长远影响。此外，铝的积累还会改变土壤的理化性质，抑制植物的生长，破坏生物的生存环境，并通过食物链传递，威胁人类健康。

（七）锌污染

锌作为自然界中广泛分布的金属元素，具有独特的化学性质和广泛的应用领域。它主要以硫化锌和氧化锌的形态存在，并常与铅、铜、镉等元素共生。在生物体内，锌是动植物所必需的微量元素，作为大多数酶的必需成分，不同组织和细胞中的浓度和分布具有一定的规律性。人体内的锌含量大约为 2300 mg，主要集中于肝脏、肌肉和骨骼中，且在血液中的存在对维持生命活动至关重要。锌的化合物因其优异的化学性质和反应性，广泛应用于多个工业领域，如金属电镀、木材防腐、颜料生产以及化学制药等。然而，尽管锌在许多生产过程中发挥着重要作用，但过量释放可能引发严重的环境污染问题。

锌污染的主要来源包括工业排放、矿产开采和合金生产等。在工业活动中，锌化合物常通过废水排放进入自然水体，导致锌离子和锌羟基络合物在自然水体中不断积累。特别是在采矿场、选矿厂、冶金企业、机器制造厂、镀锌厂和造纸厂等地方，锌的排放量十分可观。废水中的锌化合物大多以可溶性的形式存在，尤其是氯化锌、硫酸锌和硝酸锌等盐类。这些溶解性较强的锌化合物在水体中的浓度积累，会对水生生态系统造成长期负面影响。

锌的污染表现为环境中锌含量的异常升高，这一现象与水体 pH 值密切相关。锌的沉淀物氢氧化锌在 pH 值为 9～10 时最为稳定，若水体的 pH 值进一步升高，氢氧化锌则可能重新溶解，进而形成锌污染的恶性循环。长期暴露于高浓度锌环境中的生物可能面临中毒风险，影响其生长、繁殖以及生态功能。因此，锌污染的防治不仅需要加强源头控制，减少工业排放，还要注重水体的监测与治理，确保生态环境的可持续性。

（八）铜污染

铜是一种具有重要工业应用的金属，其化合物在自然界中普遍以一价或二价形式存在。铜的溶解性受水体 pH 值的显著影响，pH 值的变化导致其在水中的化学状态和溶解度发生改变。在较低的 pH 值条件下，铜以碱式碳酸铜 $[Cu_2(OH)_2CO_3]$ 形式存在，且溶解度较高；当水体的 pH 值升高时，铜则主要以氧化铜（CuO）形式存在，其溶解度达到最大值。水体中的固体颗粒物质能够吸附铜离子，从而减少其溶解度，而某些络合物的形成则有助于铜离子的溶解度增加。这些复杂的物理化学反应使铜在水体中的行为更加多样化。

在全球范围内，天然水体中的铜浓度存在显著差异。淡水中的铜浓度平均为 3 μg/L，而海水中的铜浓度则较低，约为 0.25 μg/L。除自然过程外，铜的污染主要源于工业活动，尤其是冶炼、金属加工、机器制造以及有机合成等领域。铜的高浓度排放尤为突出，尤其是在金属加工和电镀行业，这些行业的废水中铜的含量往往高达几十至几百毫克每升。工业废水中铜的浓度远高于天然水体，且这些废水的排放会对水环境造成显著影响，成为铜污染的主要来源之一。

铜污染对生态系统和人类健康的潜在危害不可忽视，尤其是在未经过充分处理的情况下排放的废水可能导致水体中的铜浓度急剧升高，进而对水生生物及整个生态链产生不利影响。因此，进一步的研究和管理措施亟须关注铜在水体中的迁移和转化过程，并采取有效的污染治理手段，减少铜对环境的负面影响。

（九）锰污染

锰（Mn）是一种具有灰白色外观、硬脆且具有光泽的过渡金属，其在纯净状态下硬度略低于铁，含有少量杂质时则表现出较高的脆性。锰具有较强的还原性，使其在潮湿环境中易于氧化。作为一种在地壳中平均丰度达到 950 ppm 的元素，锰被列为微量元素中最丰富的元素之一，广泛分布于自然界之中，尤其是在土壤、茶叶、小麦和硬壳果实中，硬壳果实尤其含锰较为丰富。锰在工业领域中有着广泛的应用，尤其是在钢铁工业中，主要用于钢的脱硫和脱氧处理；同时，作为合金的添加剂，有助于提高钢材的强度、硬度、弹性极限、耐磨性和耐腐蚀性。在高合金钢中，锰被用于制造不锈钢和特殊合金钢，而在生产过程中，二氧化锰被广泛用作干电池的去极剂。此外，锰及其化合物也广泛应用于玻璃着色剂、染料、油漆、颜料、火柴、肥皂、人造橡胶、塑料和农药等多个行业。

然而，随着锰的广泛应用，锰的过度开采和工业应用过程中所产生的废弃物，尤其是废水、废气和废渣，已成为造成锰污染的主要来源。锰污染的发生，通常是由于采矿、冶炼以及以锰为生产原料的工厂排放的有害物质，这些废弃物一旦进入环境，会对生态系统和人体健康产生长期而深远的负面影响。

（十）钴污染

钴（Co）作为一种铁磁性金属，具有显著的化学和物理特性，在多个工业领域中发挥着重要作用。其广泛应用于生产耐热合金、硬质合金、磁性合金以及各种钴盐等化学产品。在硬质合金中钴主要充当黏结剂，并在陶瓷、玻璃、油漆、颜料和电镀等行业中也占据一席之地。随着钴的工业需求日益增加，其在环境中的污染问题也逐渐显现，尤其是在水体中，钴的存在往往源自工业排放和其他人为活动。

钴在水体中的行为和迁移受到水体化学性质的影响。在天然水中，钴通常以水合氧化钴或碳酸钴的形式存在，较少以溶解状态存在。淡水中钴的含量一般为 0.2 μg/L。在酸性条件下，钴的溶解度较高，表现为水合络离子或其他络离子的形式。在碱性溶液中，钴通常形成四氢氧化钴（$[Co(OH)_4]^{2-}$）络合物。钴在水体中与其他配位体结合，形成二价钴络离子，然而，在某些特殊条件下，如与氨类或含硝基类配体反应时，钴可能被氧化成三价态，形成更为稳定的络合物。

钴在海水中的含量远低于淡水，其浓度通常仅为 0.02 μg/L，且主要以二价钴（Co^{2+}）和碳酸钴（$CoCO_3$）的形式存在。钴的分布特征表明，其在淡水和海水中的浓度差异较大，尤其在河口区域，钴往往在沉积物中富集，从而导致一定程度的污染。这种污染不仅影响水体的化学组成，还可能对水生生态系统产生不利影响。

钴污染的来源多样，主要包括矿产开采、金属加工、化工生产以及废水排放等活动。特别是矿业和冶炼工业，往往会产生大量含钴废水，若处理不当，容易导致水体污染。此外，钴的污染也可能通过大气沉降或土壤渗透等途径进入水环境，形成跨介质的污染物质。由于钴的毒性和生物累积性，尤其是在长期暴露情况下，可能对水生生物及人类健康产生潜在威胁。因此，对钴污染的监控和治理成为环境保护工作中的重要内容。

（十一）镍污染

镍（Ni）是一种具有银白色光泽、硬度高且具有延展性的金属元素，有良好的抗腐蚀性能和较强的铁磁性。作为一种重要的工业金属，镍广泛应用于电镀、合金制造及催化剂等多个领域。其在现代工业中的作用不可忽视，尤其是在制造不锈钢及其他耐腐蚀合金中，镍的应用尤为关键。镍的化学性质决定了其在金属合金中能显著提升耐腐蚀性，使合金在恶劣环境下表现更为优越。此外，镍也用于电子产品、玻璃制品及特种化学器皿的制造。虽然镍具有多方面的工业应用价值，但其在环境中的过量积累也可能引发污染问题。

镍的污染源主要与其矿产资源的开采和冶炼过程密切相关。在全球范围内，镍矿资源主要分布在热带及亚热带地区，特别是环太平洋地区。然而，随着矿产资源的开采及加工过程的不断扩大，镍的释放量也随之增加。镍的环境污染不仅源于矿产开采和冶炼，还涉及钢铁加工、合金生产以及石油和煤燃烧等过程。在这些工业活动中，镍以多种形式进入空气、水源及土壤，进而造成不同程度的环境污染。尤其是在镀镍行业和金属加工过程中，废水中镍的浓度可能达到相对较高的水平，为周围生态系统和人体健康带来一定风险。

镍在环境中的污染不仅源自工业排放，还涉及其在自然界中的累积。通常，自然水体中的镍浓度较低，但随着工业化进程的加速，镍的浓度逐渐升高。特别是一些工业废水中，镍的浓度呈现出显著升高。例如，镀镍废水中的镍浓度可能达到数百毫克每升，而某些金属加工行业的废水也可能含有较高浓度的镍。由于镍对环境和生物体的潜在危害，这一问题不容忽视。镍不仅会通过水源污染进入食物链，还可能在土壤中积累，影响植物生长和生态平衡。因此，对镍污染源的有效控制与治理，已成为现代环境保护工作中的一项重要任务。

第二节　水中无机污染物的检测方法

一、光谱法

（一）分光光度法

分光光度法是目前在分析检测中最为广泛应用的技术之一。该方法主要依赖于化学反应生成的显色反应来定量分析待测物质，具有操作简便、设备要求较低的优势，但常因显色反应时间较长以及离子干扰问题，限制了其在现场快速检测中的应用。分光光度法在分析检测过程中，根据不同的化学反应原理，可分为多个变种，如 Griess 分光光度法、亚硝化分光光度法和催化分光光度法。对于铁和锰的检测常采用邻菲啰啉分光光度法和高碘酸钾分光光度法。这些方法在提供准确数据的同时，仍然面临着复杂的前处理要求以及较长的反应时间，使其在应急或现场环境中的适用性受到一定程度的制约。

（二）比色法

比色法作为一种简单且经济的检测方法，广泛应用于各类离子及污染物的快速检测。其原理是通过分析物与适当试剂反应，导致颜色变化，从而确定目标物质的浓度。比色法以其操作简便、响应迅速的特点，适用于小分子和纳米材料的分析，尤其是在处理微小物质和复杂化学体系中展现了独特优势。金属纳米材料的引入进一步推动了比色法的发展，尤其是贵金属纳米颗粒因其独特的光学特性，在比色法中得到了广泛的应用。而且，贵金属纳米颗粒的表面等离子共振特性能够有效增强其对外界化学环境变化的响应使其在污染物检测中成为研究的热点。通过化学修饰，这些纳米颗粒可与目标离子发生络合或静电相互作用，进而引起颗粒聚集，改变溶液的光学特性并实现目标物质的浓度检测。

近些年来，基于金属纳米颗粒的比色法在离子检测领域取得了显著进展。特别是在贵金属纳米颗粒的功能化方面，通过表面修饰引导其与离子发生特异性反应，能够使溶液颜色变化与检测物质的浓度呈现一定的线性关系。与传统的分光光度法相比，比色法在响应速度和操作简便性方面具有明显优势。此外，纳米材料的高比表面积和良好的光学特性使其在快速检测技术中具有较大的潜力。然而，尽管这一技术在多个领域展现了优越性，但其在实际应用中仍然面临一些挑战，包括基质干扰和反应时间不一致等问题，这需要研究人员在优化传感器性能和提高抗干扰能力方面持续努力。

（三）表面增强拉曼光谱

表面增强拉曼光谱（SERS）作为一种前沿的光谱分析技术，通过特定的表面增强效应显著提高目标分子的拉曼散射信号，已成为快速、灵敏且高效的检测手段。该技术依赖于激光与目标分子及底物之间的电子与化学相互作用，能够在无须复杂前处理的情况下实现高精度的分子识别。这一特性使其在环境监测、药物检测以及食品安全等领域展现出巨大的应用潜力。

SERS 的优势之一在于其检测速度快、灵敏度高，并且具有较低的破坏性，使其在多种分析场景中表现突出。然而，尽管其技术潜力巨大，但现阶段 SERS 在某些领域的应用仍面临挑战。例如，高昂的设备成本和对检测平台的要求，使其在实际应用中的普及受限。此外，SERS 还能够提供卓越的检测性能，其操作所需的精密度和高成本依然是其推广应用的主要瓶颈。因此，如何降低检测成本并优化平台的可扩展性，成为未来发展的重要方向。

在实际应用中，SERS 的有效性和灵敏度高度依赖于所使用的基板材料及其对激光的响应特性。因此，为了适应不同的检测需求，尤其是在现场快速检测中的需求，SERS 基板的优化至关重要。小型化和便携式 SERS 仪器已成为研究的重点，尤其是在近红外激光的使用下，尽管这种小型化设备在现场应用中表现出了便利性，但其对基板的要求更加严格。随着技术的不断进步，未来有望通过新型基板的开发和低成本检测平台的构建，克服当前的技术瓶颈，从而推动 SERS 技术在更广泛领域中的实际应用。

（四）荧光光谱法

荧光光谱法具有灵敏度高、选择性好以及操作简便的特性，在环境监测、食品安全和生物医学领域得到了广泛应用。该方法的核心优势在于通过荧光信号的变化来检测和定量分析目标物质。与传统的检测方法相比，荧光光谱法能够提供更为精确的低浓度检测，尤其在亚硝酸盐和重金属的检测中展现出独特的优势。其原理通常基于化学反应引发的荧光信号变化，如化学猝灭、信号增强或光谱位移，进而实现对污染物的定量分析。

在具体应用中，传统的荧光光谱检测方法多依赖于离子与有机或无机荧光材料的相互作用，通过离子对荧光基团的影响来定量目标物质。然而，这些传统方法往往面临一些挑战，诸如离子干扰、选择性较差及信号稳定性差等问题。此外，随着纳米技术的发展，纳米材料，尤其是量子点（QDs），为荧光检测提供了新的思路。量子点因其尺寸效应及量子限制效应，而展现出优异的荧光性质，使荧光光谱法在检测精度和灵敏度上得到了显著提升。尤其在半导体量子点和碳量子点的研究中，量子点的特性使其在环境监测中具有较高的检测潜力。

半导体量子点应用广泛，尤其是 CdSe、ZnS 等材料因其尺寸可调控性和量子效应，使其在多种污染物检测中表现出色。量子点的发光特性受其表面修饰的影响，因此，通过合理设计表面配体，可以提高其与目标物质的结合性和荧光信号的稳定性。特别是在水质检测、空气污染物分析及食品安全领域，量子点展现了多重检测和高效灵敏的潜力。尽管如此，半导体量子点的毒性仍然是其广泛应用的主要阻碍，因此研究人员正在探索更为安全的替代材料，如碳量子点（CQDs）。碳量子点因其低毒性、优异的生物相容性以及较低的成本，逐渐成为荧光光谱法中的重要组成部分。

碳量子点的荧光特性与其表面缺陷和石墨结构密切相关，常常通过表面修饰或掺杂其他元素来增强其荧光强度和稳定性。与传统的半导体量子点相比，碳量子点不仅具有较低的毒性，还能够在更广泛的 pH 范围内稳定工作，且其光谱特性使其在多组分检测中具有优势。通过化学修饰和配体交换等方法，碳量子点可有效提高对目标污染物的选择性，减少背景干扰，从而实现高效的检测。此外，碳量子点的多功能性使其在食品安全、环境监测以及医学诊断中得到越来越广泛的应用。

（五）基于多种光学方法的纸基传感器

1. 试纸法

试纸法是一种典型的干化学分析方法，其基本原理为将特定的检测试剂固定在滤纸上，经干燥后形成便捷的检测工具。污染物与试剂发生化学反应，产生显色反应，从而实现定性或半定量检测。该方法的优势在于便于携带、操作简便且成本较低，使其广泛应用于多个领域。然而，由于每条试纸只能检测特定种类的污染物，其多种污染物检测能力受到限制。因此，试纸法更适用于单一污染物的检测或较为简易的检测任务。

该技术通常可以分为：显色型试纸、化学发光型试纸、免疫型试纸和微生物试纸等。显色型试纸因其原理简单、成本低廉，已经在水质检测中得到了广泛应用。不同类型的试纸法基于不同的反应机制，能够实现不同程度的检测敏感性和特异性。虽然试纸法在定性分析上具有优势，但其检测精度和灵敏度受到试剂种类和试纸设计的制约，因此通常适用于对污染物种类和浓度要求较为宽松的场合。

为提升试纸法的应用价值，研究人员在多种环境中不断探索新型试纸的设计与改进。通过优化试纸表面涂层或引入特殊反应体系，可以提高试纸对污染物的检测能力及其稳定性。例如，通过加入表面涂层剂，提升了某些污染物的显色效果，扩展了试纸法在不同环境中的应用范围。同时，创新性的多种传感技术，如纸基微流控传感器，已经成为试纸法的重要发展方向。这些技术的引入不仅提高了试纸法的检测效率，还扩展了其在复杂水质中检测多种污染物的能力。

2. 纸基微流控传感器

纸基微流控传感器（μPAD）作为一种新兴的分析平台，与传统的试纸法不同，其能够同时检测多种污染物。这种传感器以纸为基底，通过化学修饰与微流控技术相结合，能够高效且低成本地进行多重分析。纸基微流控传感器采用了亲水性纸质底物，并通过沉积疏水性材料形成用于控制液体流动的通道，从而实现对污染物的检测。这些通道利用毛细作用驱动液体流动，并通过反应试剂进行污染物的定量分析。这种技术不仅具备成本低、易降解、样品利用率高以及良好的生物相容性等优点，还能够实现多种分析物的并行检测，因此具有广泛的应用前景。

在实际应用中，纸基微流控传感器通常利用比色法进行快速检测。该方法通过吸光度变化来推断污染物浓度，再进一步结合颜色强度的灰度转换或欧氏距离计算，从而更精确地确定污染浓度，提高检测的准确性。尽管比色法操作简便且成本低廉，但其灵敏度相较于其他方法（如荧光法、化学发光法等）有所不足。为了提高传感器的检测性能，研究人员不断探索不同的技术途径，包括与电化学检测结合，或开发基于荧光响应的传感器，这些新型传感器能够提供更高的灵敏度，尤其是在对某些重金属污染物的检测中表现出色。

尽管纸基微流控传感器在操作和经济性上具有明显优势，但其在复杂水样中的检测准确性仍面临挑战。为了解决这一问题，研究人员致力于通过优化传感器设计，提升其抗干扰能力。同时，探索无前处理的检测方法，以适应现场应用的需求。此外，结合其他检测方式，如表面增强拉曼散射（SERS），已成为提升检测多样性与准确度的有效途径。通过这种多模式检测策略，纸基微流控传感器不仅能够满足低成本、快速响应的需求，还能在某些特殊环境下提供高灵敏度的污染物监测。

二、电化学快速检测法

电化学快速检测技术基于电极与溶液中的离子发生电化学反应，产生可测量的电信号。这些信号的强度与溶液中化学物质的浓度有关，因此具有显著的检测潜力。由于其快速响应、灵敏度高、操作简便且可实现小型化，所以电化学技术已成为水质检测领域的重要工具。根据工作原理的不同，电化学检测技术可以分为多种类型，包括电位传感器、伏安传感器、场效应晶体管传感器和电化学生物传感器等。其中，伏安传感器因其具有高灵敏度和多离子同时检测的能力，而在现场水质监测中得到广泛应用。

伏安法通过施加电势促使电极表面发生氧化还原反应，从而引发电流变化。这一过程中，电化学工作电极的表面修饰对检测性能起到了至关重要的作用。常见的电极修饰材料包括生物传感器、纳米材料、聚合物和金属氧化物等。利用这些修饰材料，可以显著提高电极的灵敏度，从而实现对特定污染物的精确检测。修饰后的电极不仅具备较高的比表面积和活性位点，还能增强对目标物质的吸附性能、导电性和稳定性，从而提升电化学反应的效率和检测精度。具体而言，纳米材料作为电极修饰材料，能够在多个方面改善检测性能，如通过提高电极的催化性能，促进检测物质的氧化过程。

在针对金属离子的检测中，工作电极的性质对检测性能也具有显著影响。不同的电极材料修饰技术能够实现对多种金属离子的高效识别与浓缩。无机材料，如金属纳米颗粒、金属氧化物和碳质纳米材料常用于电极修饰，以增强其选择性和灵敏度。例如，通过特定的修饰方法，可以实现对铁离子、锰离子等金属离子的高效检测，并可在复杂水质环境中进行有效分析。通过优化电极材料和修饰技术，电化学检测方法不断提高其适应性和准确性，以满足不同污染物的快速检测需求。

尽管电化学法在环境污染物检测中展现出广泛的应用前景，但仍面临一定的挑战。离子干扰、电极中毒和有限的电极寿命等问题，仍然是影响其在复杂水体中实际应用的主要障碍。因此，研发绿色、高稳定性且抗干扰能力强的电极材料，以及提高电极的使用寿命，已经成为未来研究的重要方向。此外，尽管电化学快速检测方法在一些特定范围内具有较好的适应性，但其检测范围的限制仍然使其在复杂地下水检测中的应用受到制约。因此，进一步拓展电化学技术的适用范围，提升其在不同污染场地和水体类型中的适用性，成为该领域亟待解决的关键问题。

第三节 水中无机污染物的去除技术

一、功能化生物炭吸附水中无机污染物

随着工业化进程的加快，水体污染问题日益严重，水中无机污染物的去除技术在环境污染治理中的重要性也越发凸显。生物质作为一种可再生资源，其处理和利用不仅涉及废弃物的有效管理，还关系环境保护和资源循环利用。生物炭作为生物质转化的产物，因其优异的吸附性能而在水体污染治理中引起广泛关注。生物炭的制备方式多样，传统的慢热解法以及近年来发展起来的快速热解、水热气化等技术各有优势，能根据不同的需求生成不同类型的产物，满足去除水中无机污染物的不同要求。

（一）通过磁性生物炭吸附水中无机污染物

磁性生物炭作为一种创新的水处理材料，其优异的磁性特征为水中无机污染物的去除提供了便捷的解决方案。通过将磁性物质引入生物炭中，能够借助外部磁场实现材料的高效回收，避免了传统水处理方法中常见的操作繁琐和高成本等问题。生物炭与铁氧化物（如 Fe_3O_4）的结合，不仅赋予了材料良好的磁性，还显著增强了其吸附水中无机污染物的能力。磁性生物炭的研究与应用，逐渐成为环境修复领域的重要方向。

磁性生物炭的制备方法多样，其中主要包括共沉淀法、水热法、浸渍法、直接热解法和球磨法等。共沉淀法通过将 Fe 盐溶液与沉淀剂反应，生成磁性铁氧化物后，沉积在生物炭表面，形成最终的磁性生物炭。此方法因其制备时间短、操作简单且成本低廉，从而成为规模化生产的常用技术。水热法通过在高温高压条件下，利用水或溶剂介质促使 Fe 氧化物在生物炭表面均匀负载，此方法虽然能够精确控制铁氧化物的形貌和粒径，但对设备要求较高，因此在大规模应用中受到一定限制。浸渍法则通过将 Fe 含量较高的溶液与生物炭反应，再经过热解处理形成磁性生物炭。这种方法具有较强的适用性，能够生产多种不同种类的磁性生物炭，且能确保磁性物质与生物炭之间的稳定结合。

磁性物质的引入不仅为生物炭提供了可通过外部磁场回收的优势，也可能改变其原有的物理化学特性。磁性生物炭的比表面积、孔径、表面电性等可能因引入磁性材料而发生显著变化，这些变化通常有助于提升其吸附性能。此外，磁性物质本身的电性和化学性质，也可能在吸附过程中直接参与无机污染物的去除，进一步提升了磁性生物炭的处理效率。通过研究磁性生物炭的吸附机制，学者们发现，吸附过程主要通过还原反应、沉淀、静电吸附、络合以及离子交换等多种途径进行，这些机制共同作用，促进了无机污染物的有效去除。

（二）通过生物炭纳米复合材料吸附水中无机污染物

生物炭纳米复合材料在水处理领域，尤其是无机污染物的吸附方面，展现了极大的应用潜力。纳米颗粒因其小尺寸、较大的比表面积以及独特的物理化学特性，使其在吸附和催化过程中具有显著优势。然而，纳米材料的应用往往受到团聚、失活以及流失等问题的限制，影响了其广泛应用的可行性。生物炭作为一种具有多孔结构的有机材料，不仅能够直接用于吸附，还能够作为纳米材料的载体，解决单一纳米物质吸附效果有限的问题，从而提升生物炭纳米复合材料的稳定性和吸附能力。

生物炭的制备方法多样，特别是在水中无机污染物的吸附方面，负载纳米物质的生物炭表现出极为优异的性能。通过负载铁、锰、镁等金属纳米颗粒，生物炭的吸附性能得到显著增强，并且能够通过多种机制（如静电吸附、离子交换、络合作用等）与水中的污染物发生相互作用，进而有效去除污染物。这些纳米复合材料的应用，不仅可以提高吸附容量，还能改善处理过程中的反应效率和稳定性。

负载纳米铁（Fe）、纳米镁（Mg）、纳米锰（Mn）等物质的生物炭被广泛研究，以负载纳米铁的生物炭研究最为深入。负载纳米铁的生物炭能够有效地吸附重金属离子、无机阴阳离子，且其吸附机制多样，涵盖了还原、氧化、静电吸附、离子交换和络合等多个过程。利用共沉淀法、浸渍法等技术，可以制备出负载纳米铁的生物炭，其表现出的吸附性能在水处理过程中具有较强的优势。此外，负载纳米镁和纳米锰的生物炭则主要通过沉淀作用、络合作用及表面吸附作用来实现对水中污染物的去除，尤其在处理含磷污染水体方面显示出良好的效果。

尽管生物炭纳米复合材料在无机污染物吸附方面的研究成果丰硕，但仍存在一些技术挑战，如材料的可持续性、吸附过程中的再生能力及纳米颗粒的稳定性等问题。因此，未来的研究应集中于优化纳米材料的负载方式，提升生物炭的循环利用性能，并探讨更为高效的合成方法。此外，研究人员还应关注材料在实际水处理系统中的应用效果，进一步验证其经济性和环境友好性，以推动该领域的技术进步与应用推广。

（三）通过其他功能化生物炭吸附水中无机污染物

功能化生物炭作为水体中无机污染物的吸附材料，近年来在环境治理领域得到了广泛关注。其制备和应用主要聚焦于改善原始生物炭的物理化学特性，进而提高其对水中各类无机污染物的吸附能力。生物炭表面的官能团、孔隙结构以及酸碱性等特性，在吸附过程中发挥了决定性作用。这些特性不仅使生物炭具备了较强的亲和力，还促使其能够通过离子交换、络合、还原等多种机制，选择性地吸附不同类型的污染物。通过功能化改性，生物炭的表面能够负载各种活性基团或物质，有效地扩展了生物炭的应用范围，特别是在去除水中多种无机污染物方面取得了显著进展。

功能化生物炭的吸附机制复杂且多样，通常与其表面性质密切相关。酸碱性、pH 值以及孔隙结构等因素都会直接影响吸附过程。在低 pH 条件下，生物炭表面带有正电荷，能够吸附阴离子污染物；而在高 pH 条件下，生物炭表面则带有负电荷，能够更多地吸附金属阳离子。不同的功能化方法赋予了生物炭不同的吸附能力和选择性。例如，通过酸碱改性、氧化还原反应或通过特定物质的负载，可以增强生物炭对某些特定无机污染物的亲和力。除了常规的浸渍法、共沉淀法外，一些较为复杂或非常规的制备方法也被引入，进一步提升了功能化生物炭在不同环境条件下的应用性能。

尽管功能化生物炭在水处理中的应用前景广阔，但在实际推广过程中仍面临诸多挑战。首先，生物质转化为功能化生物炭的过程通常需要在高温、缺氧或无氧环境下进行，这不仅会消耗大量能源，还可能带来环境负担。因此，研究节能且环保的生物炭制备工艺成为当前的重要任务。其次，大多数研究集中于单次吸附实验，而生物炭的实际应用往往要求其具备较强的循环利用能力。现有的研究大多忽视了功能化生物炭在吸附后的洗脱及再生问题，因此，有必要进一步研究功能化生物炭的可再生性和长期使用性能。最后，生物炭在长期使用过程中可能会因表面活性基团的老化或吸附位点的饱和而降低吸附效率，如何提高功能化生物炭的稳定性和持续吸附能力，仍然是未来研究的重要方向。

二、生物质炭对土壤无机污染物迁移行为的影响

生物质炭作为一种通过生物质在缺氧或无氧环境下热解而形成的富碳多孔材料，近年来受到环境科学领域的广泛关注。其优异的性质使其在土壤改良、污染物吸附以及温室气体减排等方面展现出重要的潜力。生物质炭不仅具有多孔结构和较低密度，还包含大量含氧官能团和表面电荷，这些特性赋予其在吸附有机和无机污染物方面的独特优势。因此，生物质炭被广泛应用于环境污染治理领域，尤其是在无机污染物的迁移与转化过程中，展示了显著的影响力。

（一）生物质炭的特性

生物质炭具有高度的碳含量，并且呈现出丰富的烷基和芳香环结构，这些特征使其在多种应用中表现出独特的优势。其主要成分包括纤维素、羧酸及其衍生物、呋喃、吡喃、脱水糖、苯酚、烷烃和烯烃的衍生物等有机碳化物。生物质炭的官能团丰富，但主要由羧基和羟基等极性官能团构成，其他极性官能团的含量较少。这些官能团赋予生物质炭较强的化学活性，并决定了其在环境修复中的应用潜力。其微观结构呈现出紧密堆积和高度扭曲的芳香环片层结构。此外，生物质炭通常具有显著的多孔性和较大的比表面积，使其在吸附和催化反应等领域中具有显著的应用价值。

生物质炭的化学组成和结构特征主要受到原材料来源和裂解温度等因素的影响。其碳含量和矿物元素的含量随裂解温度的升高而变化，通常随着温度的升高，碳含量增大，氧、氢等元素的含量则下降。另外，裂解温度还会影响生物质炭中官能团的类型和含量，温度的升高通常会使芳香环结构更加稳定，羧基等极性基团逐渐减少。生物质炭的 H/C 比值的变化也与裂解温度密切相关，H/C 比值的降低表明生物质炭中的碳元素主要以芳环结构存在，从而影响其与环境中其他物质的相互作用。

生物质炭中的灰分成分也是影响其性质的重要因素。灰分成分中含有丰富的金属阳离子，如钠、钾、钙、镁等，这些成分赋予生物质炭碱性特征。生物质炭的碱性不仅与其灰分含量相关，还受到裂解温度和原料来源的影响。高裂解温度和较高灰分含量通常会导致生物质炭的 pH 值升高。进一步研究表明，生物质炭中的灰分含量与其 pH 值呈正相关，因此，控制裂解温度和原料

的选择对生物质炭的最终性质具有重要意义。此外，生物质炭的pH值的变化还可以影响其在环境修复中的作用，尤其是在与土壤和水体的相互作用过程中，酸碱性是一个重要的调控因素。

（二）生物质炭吸附无机污染物的机制

生物质炭在吸附无机污染物方面的研究日益受到关注，尤其是在处理重金属、氮磷等污染物方面，展现出其独特的吸附能力。与有机污染物不同，无机污染物的重金属和放射性元素，因其不易降解的特性，成为环境治理中的棘手难题。这些污染物的来源广泛，涵盖了矿业、冶炼、农业、工业排放等多个领域，严重威胁生态系统的健康。近年来，生物质炭作为一种有效的吸附材料，在去除水体或土壤中的重金属及其他无机污染物方面，显示出较为突出的效果。

生物质炭的吸附机制复杂多样，主要通过离子交换、络合反应、静电吸附以及共沉淀作用等多种途径实现。生物质炭表面含有大量的碱性阳离子如Na^+、K^+、Ca^{2+}等，这些离子能够与正电荷的重金属离子进行离子交换，从而降低污染物的生物可用性。此外，生物质炭表面的羧基、羟基等负电荷官能团也能够与重金属离子发生络合等作用，进而提高其吸附效果。在低温条件下制备的生物质炭，通常具有较高的羧基官能团含量，因此在吸附金属离子时，如Cu（Ⅱ）和Pb（Ⅱ），表现出较强的去除能力。随着制备温度的升高，羧基的数量减少，从而降低了其吸附重金属的能力。生物质炭在去除无机污染物时，还通过静电作用去除阴离子型污染物，如砷和磷，尤其是在接近中性或酸性pH值下，吸附效果更为显著。

生物质炭对无机污染物的去除不仅限于表面作用，还通过与表面有机物和矿物质发生共沉淀作用，以增强其去除效率。磷和一些重金属（如Cd、Zn等）在碱性环境中与生物质炭表面的矿物质发生共沉淀，转移至生物质炭固相，显著降低了污染物在水体中的浓度。此外，生物质炭的芳香环结构还能够与某些特定离子（如碘离子）发生特异性相互作用，进一步增强其吸附能力。在此过程中，生物质炭表面的含氧基团能够促进Cr（Ⅵ）还原为Cr（Ⅲ），使某些毒性较强的污染物转化为较为安全的形态。

生物质炭在去除无机污染物的过程中，还具有其他独特的作用，如降低溶液的pH值，改变某些重金属的存在形态。此外，生物质炭较大的比表面积为物理吸附提供了丰富的吸附位点，有助于污染物的聚集与去除。这些机制不仅揭示了生物质炭作为污染物吸附剂的多功能性，也为进一步优化其在环境治理中的应用提供了理论依据。

（三）生物质炭在无机污染土壤修复中的潜力

生物质炭在无机污染土壤修复中的应用潜力日益受到科研工作者的广泛关注。我国土壤的污染问题主要集中于重金属污染，特别是部分地区污染程度较为严重。根据相关调查数据，我国土壤中 Cd、Hg、As、Cu、Pb、Cr、Zn、Ni 等重金属的超标率较高，且大多数城市近郊农田受到不同程度的重金属污染，这对粮食安全构成了严峻挑战。目前，土壤重金属修复技术包括热脱附、电动修复、淋洗、稳定固化、植物修复等，尽管这些方法在某些方面取得了一定的成效，但其适应性和长期修复效果仍需进一步评估和改进。

生物质炭作为一种重要的修复材料，具有良好的吸附性和亲和性，能够有效固定土壤中的重金属和放射性元素，降低其生物有效性和迁移性。研究表明，生物质炭不仅可以降低土壤中重金属的迁移性和生物毒性，还能够通过提高土壤的 pH 值和增加有机碳含量，促进重金属的钝化作用。然而，土壤环境的复杂性使生物质炭的修复效果受多种因素影响，如土壤的 pH、可溶性有机物含量、污染物种类及其浓度等。因此，评估生物质炭在不同土壤条件下的修复效果尤为重要。

尽管存在一定的研究分歧，但生物质炭在无机污染土壤修复中的潜力依然被广泛认可。在酸性土壤中，生物质炭能够有效提升土壤 pH 值，减少重金属的迁移性，从而降低其生态风险。此外，土壤中有机质含量的变化也是影响生物质炭修复效果的重要因素。在有机质含量较低的土壤中，生物质炭提供的官能团能够与重金属离子发生阳离子交换和络合反应，进一步固定污染物。而对于有机质含量较高的土壤，则需要选择高温处理过的生物质炭，以避免低温生物质炭释放可溶性有机质并激活重金属。在这些条件下，生物质炭能够具有更加稳定的芳香结构，有助于固定土壤中的重金属。因此，生物质炭的选择和应用应根据土壤类型和污染特征进行优化，以实现其最佳修复效果。

第十一章　无机化学材料及其创新发展

无机化学材料作为现代科学技术的重要基石，其性能优化与创新发展对于推动科技进步、提升产业竞争力具有至关重要的作用。从传统的硅酸盐材料到新型的功能性无机材料，无机化学材料的研究与应用已经深入人类生活的方方面面，成为推动社会发展的重要力量。本章论述无机材料的结构与性能、合成与制备技术，以及新型无机材料的特性及创新应用。

第一节　无机材料的结构与性能

一、无机材料的结构

无机材料的结构特性在很大程度上决定了其物理和化学性质。因此，分析无机材料的结构是深入探索其性能和应用的基础。在无机材料的众多结构中，晶体和固溶体是两种最为常见的类型，它们各自具有独特的结构和性质，对无机材料的整体性能产生深远影响。

（一）晶体

在几何结晶学中，晶体内部的原子、离子或原子集团等结构基元可以被抽象为几何点。因此，实际晶体可以用三维点阵代替，晶体的结构可视为由几何点阵组成的空间格子构造的固体。空间点阵是描述结晶物质的最基本的概念，在空间点阵中的每一个点都与其他所有这种点有着完全相同的环境，代表真实空间中点的规则排列。由于晶体都具有平移不变性（或称为平移对称性），所以晶体的空间点阵也可以理解为是由点的平移对称所产生。晶体被定义为原子的三维长程有序排列，即周期性排列。所谓周期性排列就是平移对称性的体现。

在空间点阵中的任何方向上，由于点与点之间的重复周期与实际晶体中相应原子（或原子团）的重复周期相对应。因此，通常用晶格来描述晶体结构。晶格的基本单位是晶胞，其矢量为 **a**，**b** 和 **c**，数值为 a，b 和 c，单位为 Å。晶轴之间的夹角称为轴角，通常用 α，β 和 γ 表示。如图 11-1 所示的是晶轴和轴角之间的关系：轴角 α 是 b 轴和 c 轴间的夹角；轴角 β 是 a 轴和 c 轴之间的夹角；轴角 γ 是 a 轴和 b 轴之间的夹角[①]。

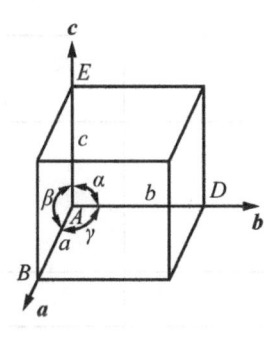

图 11-1　晶轴和轴角

数值 a，b，c 及轴角 α，β，γ 统称为 6 个点阵参数。根据 6 个点阵参数间的相互关系，可以将全部空间点阵归属于晶体的 7 种类型，即 7 个晶系，见表 11-1。

表 11-1　晶体晶系分类表

晶系	棱边长度及夹角关系	举例
三斜	$a \neq b \neq c$，$\alpha \neq \beta \neq \gamma \neq 90°$	K_2CrO_7
单斜	$a \neq b \neq c$，$\alpha = \gamma = 90° \neq \beta$	β-S、$CaSO_4 \cdot 2H_2O$
正交	$a \neq b \neq c$，$\alpha = \beta = \gamma = 90°$	α-S、Ga、Fe_3C
六方	$a_1 = a_2 = a_3 \neq c$，$\alpha = \beta = 90°$，$\gamma = 120°$	Zn、Cd、Mg、NiAs
菱方	$a = b = c$，$\alpha = \beta = \gamma \neq 90°$	As、Sb、Bi
四方	$a = b \neq c$，$\alpha = \beta = \gamma = 90°$	β-Sn、TiO_2
立方	$a = b = c$，$\alpha = \beta = \gamma = 90°$	Fe、Cr、Cu、Ag、An

---

① 王德平，姚爱华，叶松，等. 无机材料结构与性能 [M]. 上海：同济大学出版社，2015：4，107.

按照每个阵点周围环境相同的要求，奥古斯特·布拉维（Auguste Bravais）通过数学方法推导出能够反映空间点阵全部特征的单位平行六面体只有14种，这14种空间点阵被称为布拉维点阵，见表11-2。

表11-2 布拉维点阵

布拉菲点阵	晶系
简单三斜	三斜
简单单斜 底心单斜	单斜
简单正交 底心正交 体心正交 面心正交	正交
简单六方	六方
简单菱方	菱方
简单四方 体心四方	四方
简单立方 体心立方 面心立方	立方

由于周期性的限制，所有晶体的对称性都被归纳在32个点群中。晶体材料的物理性能与其对称性密切相关。例如，晶体本身的对称性直接影响其光学性能。基于晶体对入射光的折射特性，可将晶体材料分为五组：第一组为立方晶体，具有各向同性；第二组为单轴晶体，包括三方、四方和六方对称性的晶体，这类晶体具有各向异性；第三组为正交（斜方）晶体；第四组为单斜晶体；第五组为三斜晶体。后3组均为双轴晶体，具有各向异性。

（二）固溶体

在无机非金属材料中，除玻璃外，大多数材料均呈现晶态特性。然而，这些常用的无机非金属材料在几何构造上并非理想晶体，而是存在各种形式的缺陷。此外，由于外加组分的"掺杂"，使这些材料的成分和结构相较于理想晶体有所差异。同样，纯金属虽然在经济建设中扮演重要角色，但由于其强度相对较低等原因，在工程应用领域，合金材料的使用更为广泛。无论是掺杂晶体还是金属合金材料，均可归类为固溶体材料。显然，从材料科学的发展历程来看，固溶体在材料科学与工程领域中占据重要地位，且发挥着关键作用。人们正不断利用物质间能形成固溶体的特性，设计和制备了大量性能卓越的无机新材料。

1. 固溶体的形成

固溶体是指在固态条件下，一种组分中"溶解"了其他组分而形成的单一、均匀的晶态固体。因此，固溶体是由两种或两种以上组分在固体状态下相互溶解而形成的。例如，NaCl 结构是由 Na^+ 离子和 Cl^- 离子按照面心立方排列而成的，结构中只有两种离子。然而，如果 NaCl 在 AgCl 存在的条件下结晶，则 NaCl 结构中 Na^+ 离子的位置就可以被 Ag^+ 离子占据，且 NaCl 结构并不因为 Ag^+ 离子的加入而改变，这种由组分之间的溶解而形成的产物就是固溶体。

在固溶体中，通常将含量较高的组分称为溶剂或主晶体，而将其他组分称为溶质。显然，在固溶体中，不同组分的结构基元是以原子尺度混合的，且这种混合在不破坏主晶体原有结构的基础上进行。此外，与构成固溶体的纯组分相比，固溶体在组成、结构和性能上均会有所变化。红宝石就是一个典型的例子，它是 $\alpha\text{-}Al_2O_3$ 中溶解了 0.2%～2% 的 Cr_2O_3 所形成的固溶体。纯 $\alpha\text{-}Al_2O_3$ 单晶称为白宝石，不具备激光性能。但是加入少量 Cr_2O_3 形成红宝石后，由于结构中存在 Cr^{3+} 离子而能产生受激辐射，成为一种性能稳定的固体激光材料。尽管红宝石和白宝石在激光性能上有如此重要的区别，但是它们结构上却没有本质的差异，都是刚玉型结构。或者说 Cr_2O_3 固溶到 $\alpha\text{-}Al_2O_3$ 中并不破坏主晶体的结构。组分之间的固溶可以在晶体的生长过程中进行，也可以在溶液中结晶形成（溶剂和溶质晶体都必须是可溶性的），既可以在烧结过程中通过原子的扩散形成，也可以在熔体状态时结晶形成。

固溶体和机械混合物及一般的化合物有本质区别。若晶体 A 和 B 形成固溶体，A 和 B 之间是以原子尺度混合的。因此，固溶体是均匀的单相晶态材料。A 和 B 的机械混合物则不能是原子尺度的混合，它们分别保持本身的结构与性能，且不是均匀的单相，而是两相或多相。如果 A 和 B 之间产生化合物 A_mB_n，虽然它也是均匀的单相晶态材料，但化合物 A_mB_n 在晶体结构上既不同于 A，也不同于 B，而是其固有的晶体结构。而且 A 和 B 之间有确定的摩尔比例。例如，MgO（NaCl 结构）和 Al_2O_3（刚玉结构）生成化合物

$MgAl_2O_4$（尖晶石结构），组成中的 $MgO : Al_2O_3 =1 : 1$。固溶体则不然，A 和 B 之间若形成固溶体时，其晶体结构和主晶体结构一致。在组成上，A 和 B 之间并不存在确定的摩尔比值，而是可以在一定的固溶度范围内波动，例如上述的红宝石固溶体。

2. 固溶体的分类

（1）按溶质原子在溶剂晶体结构中所处的位置分类

按溶质原子在溶剂晶体结构中所处的位置，固溶体可以分为置换型固溶体和间隙型固溶体两类。

置换型固溶体指的是溶质原子取代溶剂晶格中部分结点的位置。例如，在 A 与 B 形成的置换型固溶体中，A 作为溶剂，B 作为溶质，意味着原本由 A 占据的晶格结点位置中有部分被 B 所置换。这类固溶体在金属材料的合金中十分常见。在无机材料中，置换型固溶体通常发生在金属阳离子的位置上。

间隙型固溶体则是溶质原子位于溶剂晶格中的间隙位置，构成一种较为简单的结构形式，通常是较小的溶质原子填充于较大的溶剂原子所形成的空隙之中。在无机非金属材料中，间隙型固溶体多发生在由阴离子或阴离子团构成的间隙中。这种基于溶质原子在溶剂晶格中位置的分类方法，能够较为准确地反映固溶体的本质特征，因此成为最常用的分类方式。

（2）按溶质原子在溶剂晶体中的溶解度分类

按溶质原子在溶剂晶体中的溶解度，固溶体可以分为连续固溶体和有限固溶体两类。

连续固溶体指的是溶质与溶剂能够以任意比例相互固溶。因此，在连续固溶体中，溶剂与溶质的概念是相对的。在二元系统中，连续固溶体的相平衡图呈现为一条连续的曲线。

有限固溶体则表明溶质在溶剂中的溶解度存在上限，一旦超过这一上限，便会出现第二相。例如，MgO 和 CaO 形成的有限固溶体在 2000 ℃时，约有 3% CaO（重量百分比）溶入 MgO 中。超过这一限量，便出现第二相——氧化钙固溶体。溶质的溶解度与温度有关，温度升高，溶解度增加。

3. 固溶体的性质

固溶体作为一种含有杂质原子的特殊晶体结构，其内部杂质原子的融入不仅维持了溶剂原有的晶体架构，还因溶质与溶剂原子尺寸的差异引发了晶格畸变，进而导致点阵常数、物理特性以及化学性质的显著变化。这些变化不仅深化了人们对材料科学的认知，同时也为新型材料的研发开辟了广阔的天地。

（1）点阵常数

在置换固溶体中，点阵常数的变化直接反映了溶质原子半径与溶剂（基质）原子半径差异。当溶质原子的半径大于溶剂原子时，溶质原子周围的晶格会发生显著的膨胀，导致平均点阵常数增大；反之，若溶质原子半径较小，则会引起晶格的收缩，使平均点阵常数减小。这种点阵常数的动态调整，不仅揭示了固溶体内部结构的微小变化，也为通过调整溶质原子种类和含量来优化材料性能提供了可能。对于间隙固溶体而言，溶质原子的融入总是导致点阵常数的增大，且这种影响往往比置换固溶体更为显著，进一步体现了间隙固溶体在结构上的特殊性。

（2）固溶强化机制

固溶强化是固溶体相较于纯金属的一个显著优势。当溶质原子融入基质晶体后，会造成晶格畸变，从而增加位错运动的阻力，使滑移过程更为困难。这种晶格畸变不仅提高了固溶体的强度和硬度，还降低了其韧性和塑性。固溶强化的效果与多种因素有关，包括溶质原子的原子分数、原子半径差异、价电子数目以及固溶体的类型等。通常，溶质原子的原子分数越高、与基质原子半径差异越大、价电子数目相差越显著，固溶强化的效果越明显。此外，间隙型溶质原子相较于置换型原子具有更大的固溶强化效果，但由于其固溶度有限，因此在实际应用中需要综合考虑多种因素来优化固溶体的性能。

（3）物理性质的连续变化与性能

固溶体的电学、热学、磁学等物理性质随成分的变化而呈现出连续但非线性的关系。这种连续变化不仅深化了我们对固溶体性质的理解，还为通过物理性质研究来判断固溶体组成变化提供了新的途径。例如，通过测定固溶体的密度、折射率等性质的变化，可以推断出固溶体的形成及其各组元间的相对含量。在电学性能方面，随着固溶度的增加，晶格畸变加剧，导致固溶体合金的电阻升高，而电阻温度系数降低。这些物理性质的连续变化不仅为我们提供了更多关于固溶体性质的信息，也为材料的性能优化和实际应用提供了有力的支持。同时，这些性质的变化也为新型材料的研发提供了宝贵的启示，推动了材料科学的不断进步。

二、无机材料的性能

无机材料以其独特的物理和化学性质，在各自的应用领域中发挥着不可替代的作用。无机材料的性能，尤其是其力学性能、热学性能和电学性能，是决定其应用价值的关键因素。

（一）无机材料的力学性能

力学性能描述的是材料在受到机械力（涵盖静态与动态载荷）作用时，其形变或断裂过程中所展现的特性。这些特性涵盖弹性、韧性、断裂韧性、蠕变性、抗疲劳性以及抗冲击性等关键方面。对于众多无机材料，特别是那些主要用于结构支撑、需充分利用其力学性能的无机材料而言，力学性能是工程应用中首要考量的要素之一。因此，深入理解力学性能的特点及其背后的影响因素，对于新材料的优化设计、新型产品的研发以及后续的广泛应用具有重要意义。

1. 弹性形变

（1）弹性模量的概念、物理意义及特性

无机材料在弹性形变阶段的应力-应变关系可用胡克定律来描述。在拉伸变形时，应力 σ 与应变 ε 成正比：

$$\sigma = E\varepsilon \qquad (11\text{-}1)$$

其中比例系数 E 称为拉伸弹性模量，又称弹性刚度或杨氏模量。由上式可知，弹性模量是材料发生单位应变时的应力，它表征材料抵抗形变能力（刚度）的大小。E 越大，材料越不易变形，表示其刚度越大。对于各向同性体，E 是一个常数。由于应变 ε 是一个无量纲的物理量，弹性模量的单位和应力相同，也是 Pa。在实际应用中多采用 GPa 作为材料弹性模量的单位。

在剪切变形时，剪切应力 τ 与剪切应变 γ 成正比：

$$\tau = G\gamma \qquad (11\text{-}2)$$

G 为剪切弹性模量或刚性模量，反映材料抵抗剪切应变的能力。当试样在张力作用下伸长时，伴随厚度的减小，厚度减小与长度增加之比为泊松比：

$$\mu = \frac{\frac{\Delta d}{d}}{\frac{\Delta l}{l}} \qquad (11\text{-}3)$$

对于塑性流动、黏滞流动及蠕变，体积保持不变，所以 $\mu=0.5$；而对于弹性形变，泊松比通常在 0.2～0.3，大多数材料为 0.2～0.25。泊松比与弹性模量和刚性模量之间有如下关系：

$$\mu = \frac{E}{2G} - 1 \tag{11-4}$$

此关系只适用于各向同性物体，其弹性常数值仅有一个，与方向无关。通常单晶不符合这一条件，但对玻璃和大多数多晶陶瓷材料是良好的近似。

在各向同性压力条件下，作用压力 P 等于在每个主方向上作用一个 $-P$ 的压力，每个主方向上产生的应变为：

$$\varepsilon = -\frac{P}{E} + \mu\frac{P}{E} + \mu\frac{P}{E} = \frac{P}{E}(2\mu - 1) \tag{11-5}$$

相应的体积变化为：

$$\frac{\Delta V}{V} = 3\varepsilon = \frac{3P}{E}(2\mu - 1) \tag{11-6}$$

体积模量 K 定义为各向同性压力除以相应的体积变化，即：

$$K = -\frac{P}{\frac{\Delta V}{V}} = \frac{E}{3(1-2\mu)} \tag{11-7}$$

对于各向同性材料，剪切弹性模量 G 和体积弹性模量 K 与拉伸弹性模量 E 之间存在如下关系：

$$G = \frac{E}{2(1+\mu)} \tag{11-8}$$

$$K = \frac{E}{3(1-2\mu)} \tag{11-9}$$

式中，μ，E，G 和 K 均为表征材料弹性性质的重要特征参数。

材料的弹性模量主要取决于结合键的本性和原子间的结合力，而材料的成分和组织对其影响较小。因此，弹性模量是一个对组织不敏感的性能指标，这是弹性模量在性能上的主要特点。从大的范围来说，材料的弹性模量首先取决于结合键的类型。共价键结合的材料弹性模量最高，如 SiC、Si_3N_4 陶瓷和碳纤维的复合材料具有很高的弹性模量；主要依靠分子键结合的高分子，由于分子键力弱，其弹性模量很低。金属键有较强的键力，其弹性模量适中。

（2）弹性模量与其他物理性能的关系

第一，弹性模量与原子间距离的关系。弹性模量与原子间距之间存在着密切的关系。从宏观角度看，弹性模量衡量了材料在受到外力作用时抵抗弹性变形的能力；而从微观层面解析，它实际上是原子结合强度的一个直观体现，反映了在原子间距发生微小变化时所需施加外力的大小。原子间的结合力越强，如共价键和离子键材料中的情况，其对应的弹性模量通常较大；相反，在原子间结合力较弱的分子键型材料中，弹性模量则相对较小。此外，原子间距的变化也会直接影响弹性模量的大小——当原子间距因压应力而减小时，曲线上该受力点处的斜率增大，导致弹性模量增加；反之，若原子间距因张应力而增大，则弹性模量会相应降低。因此，弹性模量与原子间结合力及原子间距的变化密切相关。

第二，弹性模量与熔点和原子体积的关系。物质熔点的高低反映了其原子间结合力的大小，这与弹性模量反映原子间结合力的大小相似。因此，弹性模量与熔点通常呈正比例关系。

第三，弹性模量与温度的关系。由于原子间距及结合力随温度的变化而变化，所以弹性模量对温度的变化较为敏感，固体材料的弹性模量一般均随温度的升高而降低。然而，少数材料如石墨和C/C复合材料却例外，尤其是C/C复合材料，弹性模量在500 ℃~1400 ℃时大幅度增大，之后增幅减小，到1700 ℃左右达到峰值，到2800 ℃时，其模量仍较室温时的要高。

（3）多相材料的弹性模量

弹性模量主要取决于原子间的结合力，即与原子种类和化学键类型有关，因此弹性模量对晶粒组织的粗细并不敏感。但对于由不同组元构成的多相材料来说，因各组元弹性模量差异较大，所以多相材料的弹性模量将随组元的种类及其含量的不同而改变。多相材料的弹性模量可以看成组成该材料的各相弹性模量的加权平均值，多相材料的弹性模量一般总是介于高弹性模量成分与低弹性模量成分的数值之间。为了获得多相材料弹性模量的估计值，可采用不同的加权方法。最简单的加权方法是假定材料中存在均匀应变或均匀应力。例如，**Voigt**模型假定组成材料的两相具有相同的泊松比，在外力作用下两相的应变相同。根据力的平衡条件，可得到以下公式：

$$E_U = E_1 V_1 + E_2 V_2 \qquad (11\text{-}10)$$

式中：E_1 和 E_2——第一相和第二相成分的弹性模量；
$\qquad\ \ \ $$V_1$ 和 V_2——第一相和第二相成分的体积分数。

由此计算的 E_U 为两相系统弹性模量的最高值,因此也称为上限模量。上式用来近似估算金属陶瓷、玻璃纤维、增强塑料,以及在玻璃质基体中含有晶体的半透明材料的弹性模量,可以得到比较满意的结果。对于单向连续纤维增强复合材料沿纤维轴向的上限模量计算也可采用上式。

Reuss 模型假定两相所受的应力相同,即沿垂直于层面拉伸的情况,则可得到两相系统弹性模量的最低值 E_L,又称下限模量:

$$\frac{1}{E_L} = \frac{V_2}{E_2} + \frac{V_1}{E_1} \quad (11\text{-}11)$$

在上述两个模型中,等应变和等应力假设条件与实际多相材料的情况并不完全相符,所以混合定律不能准确描述多相材料的弹性模量。实际多相材料的弹性模量处于两种情况之间。

若材料中含有气孔,则气孔也可作为第二相进行处理,但气孔的弹性模量为零。在这种情况下,研究人员导出了气孔率约达 50% 的总弹性模量。对于典型的泊松比($\mu=0.3$)、连续基质中存在球形密闭气孔的情况,弹性模量的变化可表示为:

$$E = E_0(1 - 1.9P + 0.9P^2) \quad (11\text{-}12)$$

式中:E_0——材料完全致密时的弹性模量;
$\quad\quad\ P$——材料气孔率。

如果多孔材料中的气孔相是连续的,且气孔能压缩使固体颗粒得以相互移动,则气孔对弹性模量的影响比这些关系所描述的更大。

气孔对材料弹性模量的影响在很大程度上还取决于气孔的形状。在考虑了气孔形状的影响后,材料气孔率 P 与弹性模量 E 之间关系的最佳拟合形式为:

$$E = E_0(1 - bP) \quad (11\text{-}13)$$

式中:b——随材料变化的经验常数,表征气孔的特征,其中包括气孔的形状。

(4)弹性模量的测定

无机材料的弹性模量通常可以采用静态法和动态法两种方法进行测试。

静态法采用常规的三点弯曲加载方式,通过测定试样的应力 - 应变曲线(实际操作中多测定试样的跨中挠度随荷载的变化关系),在线弹性范围内确定材料的弹性模量。为了保证测试的精度，通常需要在正式测读应力-应变关系之前，先在低荷载范围内对试样进行几次反复的加载、卸载，以消除实验初期可能出现的各种非线性变形，如试样与加载系统支点间的虚接触等。之后，一般采用试验机的活动横梁（位移速率为 0.5 mm/min）对试样加载，记录相应的应力-应变曲线。在线弹性范围内，测得的应力-应变曲线应该为一条较为理想的直线，在该直线上任意选取两点计算出其斜率，即为弹性模量值。

在采用静态法测得材料的弹性模量时，所使用的试样高度应为跨距的 15～20 倍，以保证试样在承载过程中严格处于纯弯曲状态，避免弯曲梁受剪切应力的影响。常用的试样尺寸一般为高 3 mm、宽 4 mm、跨距 50～60 mm。

测定无机材料弹性模量的动态方法亦被称为谐振法。在三点弯曲受力模式下，由无机材料制成的杆件会因外加荷载的周期性变化而按特定模式振动。当荷载降低时，杆件处于纯弹性变形状态，其形变及内部各点的应变不仅随荷载大小而变化，还与荷载周期性变化的频率密切相关。当荷载频率与杆件自身的固有频率相匹配时，将产生谐振现象，导致杆件的形变及其内部应变急剧增加。杆件的谐振频率与材料的弹性模量、密度、几何形状以及支撑条件等因素有关。通过测量杆件弯曲振动模式的谐振频率，可以求出材料的弹性模量；通过测量杆件扭曲振动模式的谐振频率，则可以求出剪切模量。

谐振法测定所使用的试件尺寸一般为宽 15～20 mm，厚 1～2 mm，长 60～70 mm，试件的重量应在 5g 以上，以避免耦合效应。试件相对面的不平行度应在 0.02 mm 以内，各棱角严格为 90°。

由动态法和静态法测得的材料弹性模量值之间通常存在一些偏差，一般情况下，动态法的测试结果往往偏高。主要是因为，动态法中的高频交变载荷使材料主要呈现出与试件整体变形相关的弹性形变，忽略了其他非弹性因素。相比之下，静态法由于加载速率保持恒定，测得的应力与应变之间很难实现绝对同步，特别是在试件的高跨比不够大时，可能引入剪切应变，从而导致测得的弹性模量值存在较大误差。

2. 塑性形变

塑性形变是指作用力移除后不能恢复的形变，材料经受这种变形而不被破坏的能力称为塑性或延展性。这种性能对材料的加工和使用都有很大的影响，是一种重要的力学性能。无机材料的塑性变形能力远不如金属材料，这是由两者的化学键合特性（离子键或共价键与金属键的区别）决定。绝大多数无机材料在室温下很难产生塑性变形，但随温度升高，原子的活动能力逐渐增强，滑移系统逐渐开动，从而表现出一定的塑性变形能力。

在无机材料中，只有少数的几种离子晶体在外力作用下表现出较为显著的塑性形变行为，如 AgCl 离子晶体可以冷轧变薄，MgO、KCl 和 KBr 单晶也可以弯曲而不断裂，LiF 单晶、高温下的 Al_2O_3 材料的应力-应变曲线和金属类似，也有上下屈服点。

（1）塑性形变的影响因素

第一，微观组织结构。无机材料的塑性形变能力受到多种因素的共同影响，其中微观组织结构是决定其塑性变形能力和特征的关键因素之一。具体来说，材料的化学键和晶体结构类型对其塑性形变具有重要影响。不同的化学键和晶体结构会导致材料在外力作用下表现出不同的变形行为和特性。此外，晶体缺陷和组织缺陷（包括表面缺陷）也会显著影响材料的塑性形变。这些缺陷会改变材料的内部应力分布和变形机制，从而影响其塑性变形能力。同时，固溶强化和沉淀强化等微观组织结构因素也会对无机材料的塑性形变产生影响。固溶强化是通过在材料中加入溶质原子来提高材料的强度和硬度，但会降低其塑性变形能力。沉淀强化则是通过在材料中形成弥散分布的沉淀相来增强材料的强度，其对塑性形变的影响取决于沉淀相的形状、大小和分布等因素。

第二，外部环境。无机材料的塑性形变不仅受其微观组织结构的制约，还显著受到外部环境因素的影响。其中，变形温度是一个至关重要的外部条件。当变形温度升高时，无机材料内部的晶格振动会加剧，导致原子之间的结合力减弱，晶格趋于软化。这种软化现象减小了阻碍位错运动的障碍，使滑移变形变得更容易进行，进而降低了材料的屈服强度。换句话说，随着温度的升高，无机材料在外力作用下更容易发生塑性形变。

此外，无机材料的塑性变形行为对应变速率也表现出显著的敏感性。特别是陶瓷材料，在发生塑性变形时对应变速率的敏感性要远高于金属材料。以 Al_2O_3 单晶为例，其变形行为随着温度和应变速率的变化而呈现出明显的差异。在同一应变速率条件下，随着温度的升高，Al_2O_3 单晶的屈服应力显著降低，上下屈服点越来越接近；而在同一温度下，随着应变速率的降低，屈服应力同样呈现显著下降的趋势，上下屈服点也逐渐接近。

（2）无机材料的超塑性及其影响因素

具有适当组织结构的材料在特定变形条件下会展现出极大的延展性。当延伸率超过100%时，即被称为超塑性。与金属材料相似，陶瓷材料要实现超塑性也需要具备适当的组织结构和变形条件。然而，陶瓷材料展现出超塑性的温度要远高于金属材料。在实际工程中，可以通过热处理或选用超细粉体作为原料进行烧结，以获得具有超塑性的组织结构，进而进行超塑成型。这对于难以进行机械加工的陶瓷材料成型而言，无疑具有重要意义。

超塑性可分为相变超塑性和组织超塑性两类。前者是由于温度变化经过相变点或材料具有明显的热膨胀各向异性而产生的超塑性行为，这类超塑性形变通常具有牛顿型流体的特征。后者则是在晶粒具有等轴形状且均匀分布的细晶材料中产生的，通常具有非牛顿型流体的特征。在陶瓷材料中，细晶粒组织超塑性是研究较多的类型。有关陶瓷超塑性的报道绝大多数都是在细晶粒（<1 μm）的组织上获得的。一般来说，陶瓷获得超塑性的临界晶粒尺寸在200～500 nm之间，因此这种组织超塑性也被称为细晶粒超塑性。

影响无机材料超塑性的主要内在因素是晶粒尺寸和晶界性质。晶粒尺寸越小，晶界相越多，越容易产生晶界滑移，延展性越好。对于晶粒尺寸小的材料，只需施加很小的应力就可以实现较大的变形；而随着晶粒尺寸的增大，材料抵抗变形的能力增强，断裂点处的变形量显著减小。

影响无机材料超塑性的主要外部因素为变形温度和应变速率。流变应力随温度的升高而降低，但并非温度越高延伸率越大，而是在某一温度达到最大值。流变应力随应变速率的增加而上升，同样，延伸率也并非随应变速率的降低而单调增加，而是在某一特定应变速率时达到最大值。

变形温度与变形速率二者相互制约，在不同温度下有不同的最佳变形速率，同时在不同的变形速率下，也有最佳变形温度。

3. 蠕变

材料在恒定载荷的持续作用下，会随着时间的推移不断发生塑性变形，这种现象被称为蠕变。在常温下，无机材料通常表现出脆性，几乎不发生蠕变；而在高温环境下，无机材料会展现出不同程度的蠕变行为。因此，在高温条件下使用无机材料时，必须充分考虑蠕变问题。无机材料在高温环境中的应用极具吸引力，特别是在高温结构件领域，如汽轮机转子、叶片以及航天飞行器的防热结构件等。所以，研究无机材料的蠕变问题具有重要的理论和工程应用价值。

(1)蠕变机理

关于无机材料高温蠕变的机理，存在多种理论解释。由于材料种类、微观结构以及蠕变条件的差异，其主要作用机理也会有所不同。在众多理论中，位错攀移和扩散蠕变是两种被广泛提及的、控制无机材料高温形变速率的机制。此外，在某些特定条件下，晶界滑动也可能成为影响无机材料高温蠕变的重要机理。

第一，位错攀移蠕变机理。位错攀移是指位错运动到滑移面以外，实际上是离子扩散的过程。位错线以上的一个原子跳入位错，等价于位错滑移面上升了一个晶面间距，正如体积扩散等价于空位迁移一样。当空位向右侧迁移两个原子间距时（相当于空位右侧的2个原子向左逐次跳跃1个原子间距），位错向上攀升了一个原子面，从而绕过原来原子面右侧的障碍物，使位错的运动更容易实现。热运动有助于位错从障碍中解放出来，并加速位错运动。当受阻碍较小时，容易运动的位错解放出来完成蠕变后，蠕变速率降低，这解释了蠕变减速阶段的特点。如果继续升高温度或延长时间，受阻碍较大的位错也能进一步解放出来，引起最后的加速蠕变。攀移过程取决于晶格空位的扩散，且形变速率受扩散控制，小应力下稳定态应变速率由下式给出：

$$\dot{\varepsilon} \approx \frac{\pi^2 D \sigma^{4.5}}{b^{0.5} G^{3.5} N^{0.5} kT} \quad (11\text{-}14)$$

式中：D——物质的扩散系数；
G——剪切模量；
b——伯格斯矢量；
N——位错源密度；
σ——应力；
k——常数；
T——时间。

常温高应力下的金属蠕变多半由位错运动所致。在位错攀移机制蠕变的条件下，如果增加应力，变形机制会向位错滑移机制转移。对于多晶陶瓷，如果能抑制其断裂，在充分高的压力下满足变形所需的滑移条件，则可以发生只由位错滑移导致的塑性变形。与蠕变相比，这种塑性变形对时间的依赖性较小。

通过吸收空位，位错可攀移到使其滑动不受阻的原子面上。

第二，扩散蠕变机理。扩散蠕变对无机材料来说是一种重要的蠕变机制，因为在无机材料中的扩散运动比在金属中的扩散运动困难得多。这种理论认为高温下的蠕变现象和晶体中的扩散现象类似，并将蠕变过程看成是外力作用下沿应力作用方向扩散的一种形式。当试样受拉时，受拉晶界的空位浓度 c' 增加，即：

$$c' = c_0 \exp\left(\frac{\sigma\Omega}{kT}\right) \quad (11\text{-}15)$$

式中：Ω——空位的体积；

c_0——平衡空位浓度；

σ——应力；

k——常数；

T——时间。

在受压晶界上，空位浓度 c'' 减小，即：

$$c'' = c_0 \exp\left(-\frac{\sigma\Omega}{kT}\right) \quad (11\text{-}16)$$

这样，受拉晶界与受压晶界产生了空位浓度梯度，受拉晶界的空位向受压晶界迁移，这种情况被称为应力诱发空位扩散。同时，原子朝相反方向扩散，导致沿受拉方向晶粒伸长，从而引发变形。

由于电荷平衡的要求以及阴、阳离子常以不同的速率扩散，无机材料中的扩散过程较为复杂。在研究蠕变的控制机理时，必须考虑双极性扩散效应以及化学计量比和杂质的影响。

第三，晶界蠕变机理。晶界对蠕变速率有两种重要影响：①高温下晶界发生相对滑动，这使剪应力松弛，但增加晶粒内部滑动受限区域（特别是3个晶粒相遇的三重点）的应力；②晶界本身可能是位错源或者位错壑，所以在离晶界约为一个障碍物间距的距离内，位错就会湮灭，而不会对应变硬化有贡献。在晶粒尺寸减小到与障碍物间距相当时，稳定蠕变速率显著增加。

大角度晶界是晶格匹配差的区域，作为一级近似，可以认为是晶粒之间的非晶态结构区域。在剪应力作用下，晶界表现出黏滞性。但由于各个晶粒的形状变化，蠕变速率仍然有限。如果这种形状变化受滑移限制，则只有在晶粒内部应力增加的情况下蠕变速率才会增加。事实上，如果蠕变是由扩散过程产生的，为了保持晶粒聚在一起，就要求晶界滑动；反之，如果蠕变起因于晶界滑动，就要求通过扩散过程来调整。

（2）蠕变断裂

无论是晶格蠕变还是晶界蠕变，蠕变的最终结果大多都将是断裂。也就是说，当蠕变变形量达到一定程度之后，材料就会发生蠕变断裂。

对于晶格蠕变，位错的运动在晶粒表面附近受阻，或者点缺陷的扩散使点缺陷在晶粒表面附近富集，其结果就是在晶粒表面附近形成一个较大的缺陷。随着承载时间的延续，蠕变变形量的增大，晶粒表面处聚集的缺陷逐渐发育。当缺陷尺寸达到某一临界值时，在外力作用下将发生灾难性扩展，导致材料断裂。晶格蠕变引发的断裂主要表现为穿晶断裂。

对于晶界蠕变，情况基本相似。晶界的滑移会在晶界的一些薄弱点尤其是三交晶界处形成类裂纹，这些类裂纹在蠕变过程逐渐发育长大到临界尺寸后，发生失稳扩展，导致材料断裂。晶界蠕变引发的断裂主要表现为沿晶断裂。

（二）无机材料的热学性能

无机材料的热学性能包括热容、热膨胀等。材料的各种热学性能的物理本质均与晶格热振动有关。热学性能是许多工程应用中需要首先考虑的问题，如耐火和保温材料、高导热集成电路基片、高温结构件和航天防热构件等，因此具有重要的工程应用价值。

1. 热容

热容是使材料温度升高所需能量的量度。从另一个观点来说，它是温度每升高一度所增加的能量。通常在定压力下测定定压热容 c_p，但是在理论计算中常用定容热容 c_V 来表示：

$$c_\mathrm{p} = \left(\frac{\partial Q}{\partial T}\right)_\mathrm{p} = \left(\frac{\partial H}{\partial T}\right)_\mathrm{p} \mathrm{J \cdot K^{-1} \cdot mol^{-1}} \qquad (11\text{-}17)$$

$$c_\mathrm{V} = \left(\frac{\partial Q}{\partial T}\right)_\mathrm{V} = \left(\frac{\partial E}{\partial T}\right)_\mathrm{V} \mathrm{J \cdot K^{-1} \cdot mol^{-1}} \qquad (11\text{-}18)$$

$$c_\mathrm{p} - c_\mathrm{V} = \frac{\alpha^2 V_0 T}{\beta} \qquad (11\text{-}19)$$

式中：Q——热量；

E——内能；

H——焓；

$\alpha = dV/(VdT)$——体积膨胀系数；

$\beta = -dV/(VdT)$——压缩系数；

V_0——摩尔体积；

T——时间。

通常，热容的值以比热容的形式给出，即每 1 g 物质每升高 1 K 所需的能量。对于凝聚相来说，在大多数情况下，c_p 和 c_V 的差别很小，可以忽略不计，但在高温时，这一差别可能变得非常显著。

热容的测量通常有量热计法和撒克司法。

（1）量热计法

量热计法是测定材料比热容的经典方法。要确定温度为 T 时材料的比热容，先将试样加热到该温度保温，然后放入装有水或其他液体的量热计中。根据试样的温度 T 和量热计最终的温度 T_f，由试样转移到量热计介质中的热量 Q 和试样的质量 m，可计算出比热容：

$$c_p = \frac{Q}{T - T_f} \times \frac{1}{m} \quad (11\text{-}20)$$

在低温区和中温区，最方便的方法是电加热法。将试样放在电阻为 R 的螺旋管中，螺旋管的电阻丝通入电流 I，若加热时间为 t，将质量为 m 的试样从温度 T_1 加热到 T_2，忽略散入空气中的热损失，则比热容为：

$$c_p = \frac{I^2 Rt}{m(T_2 - T_1)} \quad (11\text{-}21)$$

这样得到的是平均热容，在物体得到的热量和温度变化都很小时，c_p 可以接近真实热容。

（2）撒克司法

撒克司（Sykes）法是在高温下测量固体热容的方法。测量装置如图 11-2（a）所示，包括试样 1、箱子 2、电阻丝 3、测量箱子温度的热电偶以及测量试样与箱子间温差的示差热电偶。

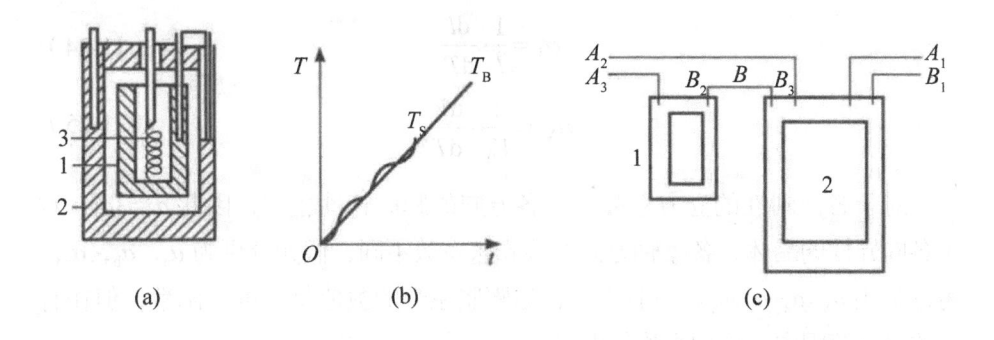

图 11-2 撒克司法测量热容原理图

根据测量和加热温度的关系得：

$$c_p = \frac{\dfrac{dQ}{dt}}{m\dfrac{dT_S}{dt}} \quad (11\text{-}22)$$

式中：$\dfrac{dQ}{dt}$——电阻丝的加热功率，可用安培计和伏特计测出；

m——试样的质量；

$\dfrac{dT_S}{dt}$——试样的温度变化速率。

若试样的温度 T_S 与箱子的温度 T_B 相等，即可由上式求出热容。

为了保证 $T_S=T_B$，在试样中加进一个螺旋状的电阻丝，电阻丝交替通电和断开，使 T_S 在 T_B 上下很小的范围内波动，如图 11-2（b）所示。因此，$\dfrac{dT_S}{dt}$ 可写成：

$$\frac{dT_S}{dt} = \frac{dT_B}{dt} + \frac{d(T_S - T_B)}{dt} \quad (11\text{-}23)$$

等式右侧第一项用接近 A_1B_1 的热电偶测量，第二项用接近 A_2B_2 的示差热电偶测量，如图 11-2（c）所示。

2. 热膨胀

物体的体积或长度随温度的升高而增大的现象称为热膨胀，也就是所谓的热胀冷缩现象。在任一特定温度下，线膨胀系数 α_l 和体积膨胀系数 α_V 可以定义为：

$$\alpha_1 = \frac{1}{l} \cdot \frac{dl}{dT} \quad (11\text{-}24)$$

$$\alpha_V = \frac{1}{V_0} \cdot \frac{dV}{dT} \quad (11\text{-}25)$$

对于各向同性的立方系晶体，各方向的膨胀特性相同，因此 $\alpha_V \approx 3\alpha_1$；对于各向异性的晶体，各晶轴方向的线膨胀系数不同，假如分别为 α_a、α_b、α_c，可以证明 $\alpha_V \approx \alpha_a + \alpha_b + \alpha_c$。一般来说，热膨胀系数的数值是温度的函数，但在有限的温度范围内，采用平均值即可：

$$\overline{\alpha_1} = \frac{\Delta l}{l} \cdot \frac{1}{\Delta T} \quad (11\text{-}26)$$

$$\overline{\alpha_V} = \frac{\Delta V}{V} \cdot \frac{1}{\Delta T} \quad (11\text{-}27)$$

无机材料的线膨胀系数通常较小，多在 $10^{-5} \sim 10^{-6}$ K^{-1} 数量级。热膨胀系数是重要的性能参数。例如，在玻璃陶瓷与金属之间的封接工艺上，由于电真空的要求，需要在低温和高温下两种材料的 α_1 值均相近。所以高温钠蒸灯所用的透明 Al_2O_3 灯管的 α_1 为 8×10^{-6} K^{-1}，选用的封接导电金属铌的 α_1 为 7.8×10^{-6} K^{-1}，二者非常接近。

材料的热膨胀系数大小直接与热稳定性有关。一般 α_1 越小，其热稳定性就好。例如，Si_3N_4 的 α_1 为 2.7×10^{-6} K^{-1}，在陶瓷材料中偏低，因此热稳定性也较好。

（三）无机材料的电学性能

在材料的许多应用中，电导性是非常重要的。由于电导性能的差异，材料被应用在不同的领域。例如，半导体材料已作为电子元件广泛应用于电子领域，成为现代电子学的一个重要部分。

1. 多晶多相固体材料的电导

陶瓷材料通常为多晶多相材料，其显微结构主要由晶相、玻璃相和气孔相三部分构成。三者的含量大小及其相互间的关系，决定了陶瓷材料电导率的大小。

微晶相和玻璃相的电导率较高，原因是玻璃相结构松弛，而微晶相中缺陷较多，因此活化能较低。由于玻璃相几乎填充了坯体的晶粒间隙，并形成连续网络，所以含有玻璃相陶瓷的电导率在很大程度上取决于玻璃相。含有大量碱性氧化物的无定形相陶瓷材料的电导率也较高。例如，作为绝缘用的电瓷含有大量碱金属氧化物，因此电导率较大；而刚玉瓷（Al_2O_3）含玻璃相较少，所以电导率较小。

固溶体与均匀混合体的导电机制较为复杂，包括电子电导和离子电导。此时，杂质与缺陷是影响导电性的主要内在因素。对于多价型阳离子的固溶体，当非金属原子过剩时，形成空穴半导体；当金属原子过剩时，则形成电子半导体。

除薄膜及超细颗粒外，晶界的散射效应比晶格小得多（这与离子及电子运动的自由程有关），因此均匀材料的晶粒尺寸对电导率的影响较小。相反，在半导体材料急剧冷却时，晶界在低温下已达平衡状态，导致晶界的电阻率高于晶粒内部。由于晶界包围着晶粒，所以整个材料具有很高的直流电阻。例如，在 SiC 电热元件中，二氧化硅会在半导体颗粒间形成，晶界中 SiO_2 越多，电阻越大。

对于含有少量气孔分散相的陶瓷材料，随着气孔率的增加，电导率减少。这是由于一般气孔相的电导率通常较低。如果气孔量很大，并形成连续相，那么电导将主要受气相控制。这些气孔形成通道，使环境中的潮气、杂质等很容易进入，从而对电导率产生显著影响。因此，提高材料的密度至关重要。

材料的电导在很大程度上取决于电子电导。这是由于与弱束缚离子相比，杂质半束缚电子的离解能较小，容易被激发，因而载流子的浓度随温度升高剧增。另外，电子和空穴的迁移率比离子迁移率大许多数量级。例如，对于岩盐中钠离子活化能为 1.75 eV，而半导体硅的活化能仅为 0.04 eV，相差 44 倍。二者的迁移率相差更大。TiO_2 中电子迁移率约为 0.2 $cm^2/(s^{-1} \cdot V^{-1})$，而铝硅酸盐陶瓷中离子迁移率只有 $10^{-9} \sim 10^{-12}$ $cm^2/(s^{-1} \cdot V^{-1})$，因此材料中电子载流子只需到离子载流子的 $10^{-9} \sim 10^{-12}$ 倍，就可以实现相同的电导数值。因此，对于绝缘材料的生产，严格控制烧成气氛以减少电子电导是关键工艺。

2. 次级现象

（1）空间电荷效应

在测量陶瓷电阻时，经常可以发现，加上直流电压后，电阻需要经过一定的时间才能稳定；切断电源并将电极短路后，会发现类似的反向放电电流，并随时间减小到零。随时间变化的这部分电流称为吸收电流，而最后恒定的电流称为漏导电流，这种现象称为电流吸收现象。

电流吸收现象是在外电场作用下，电介质（如瓷体）内自由电荷重新分布的结果。当不加电场时，因热扩散，正负离子在瓷体内均匀分布，各点的密度、能级大致一致。当施加电场时，正负离子分别向负、正极移动，引起介质内各点离子密度变化，并保持在高势垒状态。在介质内部，离子减少，而在电极附近，离子增加或在某地方积聚，形成自由电荷的积累，称空间电荷（或容积电荷）。空间电荷的形成和电位分布改变了外电场在瓷体内的电位分布，从而引起电流变化。

空间电荷形成主要是因为陶瓷内部具有微观不均匀结构，导致各部分的电导率不同。例如，运动的离子被杂质、晶格畸变、晶界阻挡，致使电荷聚集在结构不均匀处；在直流电场中，离子电导的结果是在电极附近生成大量的新物质，形成宏观绝缘电阻不同的两层或多层介质；介质内的气泡、夹层等宏观不均匀性也会在分界面上积聚电荷，形成电荷极化。这些都可导致吸收电流产生。

电流吸收现象主要发生在离子电导为主的陶瓷材料中。而以电子电导为主的陶瓷材料，因电子迁移率很高，所以不存在空间电荷吸收电流现象。

（2）电化学老化现象

电化学老化是指在电场作用下，由于化学变化引起材料电性能不可逆的恶化。电化学老化的主要原因是离子在电极附近发生氧化还原反应，具体包括以下几种情况。

第一，阳离子-阳离子电导：参加导电的为阳离子，晶相和玻璃相中的一价正离子活动能力强，迁移率大；同时电极的 Ag^+ 也能参与漏导。最终两种离子在阴极处都被电子中和，形成新物质。

第二，阴离子-阳离子电导：参加导电的既有正离子，也有负离子，它们分别在阴极、阳极被中和，形成新物质。

第三，电子-阳离子电导：参加导电的为一种阳离子和电子，这种结构通常发生在具有变价阳离子的介质中。例如，含钛陶瓷，除纯电子电导外，阳离子 Ti^{4+} 发生电还原过程，成为 Ti^{3+}。

第四，电子-阴离子电导：参加导电的为一种阴离子和电子。例如，TiO_2 在高温缺氧条件下，阳极氧离子放出氧气和电子，阴极 Ti^{4+} 被还原成 Ti^{3+}。

由此可见，陶瓷电化学老化的必要条件是介质中至少有一种离子参加电导。如果电导纯属电子电导，则电化学老化不会发生。

金红石瓷、钙钛矿瓷的离子电导虽比电子电导小得多，但在高温和使用银电极的情况下，银电极容易发生 Ag⁺ 扩散进入介质，经过一定时间后足以使材料老化。含钛陶瓷、滑石瓷等在高温和银电极情况下老化现象十分严重，因此不宜在高温下运行。对于使用严格的场合，除选用无钛陶瓷外，还可以使用铂（金）电极或钯银电极，以避免老化过程。

第二节　无机材料的合成及制备技术

近年来，各种合成材料不断涌现，既包括自然界存在的金刚石、水晶和宝石，也涵盖自然界中不存在的新型功能陶瓷材料以及高性能结构陶瓷材料，如锆钛酸铅压电陶瓷和氧化锆增韧陶瓷等。目前，无机化学合成已成为推动无机化学及相关学科发展的重要基础，亦是发展新型无机材料和现代高新技术的关键之一。

一、微波合成技术

微波合成技术作为一种新兴的材料合成手段，近年来受到了广泛关注，尤其在无机材料的合成中展现了独特的优势。该技术通过将合适的原料置于微波场中，利用原料对微波的吸收转化为热能，使反应体系均匀加热并在固相条件下进行合成反应，从而获得所需的无机产物。与传统的外部热源加热相比，微波加热具有显著的优势，如加热速度快、温度分布均匀、能量利用效率高等。

微波合成的核心优势在于其能够显著提高反应速率。在微波加热条件下，许多化学反应能够在比传统方法低得多的温度下迅速完成。例如，在 ZnO 和 Al_2O_3 的体系中，微波加热可以在 800℃时迅速合成 $ZnAl_2O_4$，反应速度远超常规加热方式[1]。这种反应速度的提升不仅有效节省了能源，还显著缩短了合成时间，降低了操作成本。因此，微波合成在材料合成的效率和成本方面表现出色，尤其适用于对时间和能量要求较高的工业生产。

---

[1] 赵丽敏，高聪丽，张雪静. 无机化学基础理论及无机材料性能研究 [M]. 北京：中国原子能出版社，2020：119.

此外，微波合成技术还具有优异的温度控制能力。在传统的加热方法中，反应过程中的温度通常呈现较大的梯度，而微波加热由于具备整体加热特性，能量能在材料内部均匀分布，因此温度分布较为均匀。具体来说，微波能够直接作用于反应物的分子，使反应物内部温度逐渐升高，而不依赖于外部加热，避免了传统加热方式中可能出现的过热或温度不均匀的问题。这种均匀加热特性对于合成过程中要求精确温控的反应具有重要意义，能够确保反应过程的稳定性和产品的质量。

在合成过程中，微波不仅提高了反应效率，还在某些情况下改善了最终产品的性能。例如，使用微波合成的材料往往具备较高的纯度和更好的晶体结构。在微波加热下，反应产物的结晶度通常较高，且粒度均匀，能够有效避免传统合成方法中可能出现的颗粒团聚现象。这些特性使微波合成技术在纳米材料的制备和功能化材料的合成中表现出独特的优势，尤其是在超导材料、电子陶瓷等高性能材料的合成中，能够获得较高的产率和更优的物理化学性能。

传统的合成方法通常需要较高的温度和较长的反应时间，这不仅消耗大量能源，还可能产生污染物。而微波合成通过较低的温度和较短的反应时间实现高效合成，能够有效减少能源消耗并降低有害排放。更重要的是，微波加热的精准性和高效性减少了反应物在反应过程中的损失，尤其是在对化学计量比要求较高的合成反应中，能够确保反应物的充分利用，从而避免传统方法中材料浪费的问题。

二、仿生合成技术

仿生合成技术通过模仿自然界生物体中的合成与结构形成过程，利用先进的科学手段，尤其是纳米技术和分子设计方法，合成出具有特殊性质的无机材料。随着生物学、物理学、化学和材料科学等多学科的交叉融合，仿生合成已经成为材料科学研究的重要方向，特别是在合成高性能材料、功能化材料以及纳米材料等方面展现出巨大的潜力。

生物矿化是仿生合成技术中的核心领域之一，它模拟生物体内矿物的合成过程，以获得具有高度有序结构和特殊功能的无机材料。自然界中的生物矿化已有超过 35 亿年的历史，各种生物体通过特殊的有机 - 无机相互作用，在其体内形成了多种具有特殊功能的矿物。例如，无脊椎动物的外骨骼主要由碳酸钙组成，脊椎动物的骨骼和牙齿则由磷酸钙构成，硅氧化物在植物体内也有广泛应用。通过研究这些自然矿物的合成机制，仿生合成技术可以开发出更多功能性和多样性的新型无机材料。

仿生矿化的独特之处在于，它不仅通过有机分子和无机离子在界面处的相互作用来控制矿物的析出过程，还利用有机基质和无机矿物的协同作用，生成多级结构的无机材料。这些结构在形态、尺寸和排列上表现出高度的规律性，能够实现特定的功能。例如，在生物矿化过程中，有机基质作为模板，引导无机矿物的沉积，形成不同形态的晶体。这种自组装过程使无机矿物材料具有不同于自然矿物的优异性能，如更高的强度、更好的热稳定性或特殊的光学性质。

仿生合成的一个重要环节是选择合适的表面活性剂和溶剂，使其能够形成稳定的胶束、微乳、液晶等结构，从而作为无机物沉积的模板。例如，在碳酸钙的仿生合成研究中，采用了特定的表面活性剂和溶剂，通过自组装过程成功构建了具有高度有序的碳酸钙晶体结构。这一过程模拟了生物体内碳酸钙的沉积过程，其中有机基质不仅提供了沉积的表面，还通过化学作用控制晶体的形态和尺寸。通过这一技术，研究人员能够在温和的条件下合成不同形态和尺寸的碳酸钙材料，为新型材料的开发提供了新的思路。

近年来，碳酸钙的仿生合成研究成为该领域的热点。碳酸钙作为自然界中最常见的矿物之一，广泛存在于如珍珠、贝壳、甲壳和蛋壳等生物矿化产物中。生物体内的碳酸钙通常与有机基质（如蛋白质、多糖等）结合，形成具有高度有序的结构和特殊功能的有机-无机复合材料。通过模仿这一自然过程，仿生合成技术不仅可以合成形态各异的碳酸钙晶体，如立方状、纺锤形、球形、针状和片状等，还可以精确调控其溶解度和稳定性，进而应用于各类工程技术领域，如催化剂、药物载体、涂层材料等。

仿生合成技术可以用于纳米材料的制备。纳米材料因其独特的物理和化学性质，如超高的表面积、高导电性和优异的光学性质，广泛应用于能源、电子、环境保护等领域。仿生合成技术通过模仿自然界中的纳米结构，如自然界中叶片的微观结构、贝壳的壳层结构等，设计出具有特定功能的纳米材料。例如，科学家通过仿生合成技术制备了具有独特纳米结构的二氧化硅材料，这些材料在催化、吸附和水处理等方面表现出优异的性能。

三、溶胶-凝胶技术

(一) 无机盐的溶胶-凝胶工艺

无机盐溶胶-凝胶工艺涉及氧化物或水合氧化物分散体系的制备，通常采用含水分散体系。通过无机盐的水解制备溶胶的反应式如下：

$$M^{n+} + nH_2O \longrightarrow M(OH)_n + nH^+$$

通过向溶液中加入碱液（如氨水），使水解反应不断向正方向进行，并逐渐形成 $M(OH)_n$ 沉淀。将沉淀物充分水洗、过滤，并分散于强酸溶液中，得到稳定的溶胶。经加热脱水凝胶化、干燥、焙烧后，形成金属氧化物粉体。

例如，制备 SnO_2 纳米微粒的溶胶时，先将金属锡溶于硝酸，得到亚锡酸 H_2SnO_3 沉淀。随后加入有机胺，如丁基胺（$C_4H_9NH_2$），得到溶胶。制备二氧化铟溶胶时，则先向硝酸铟中加入 NH_4OH 和 H_2O_2，仔细洗涤得到氢氧化铟沉淀，除去携带的电解质后，沉淀物经处理获得粒径约 8nm 的溶胶。将所获得的溶胶经过脱水处理得到凝胶，再经煅烧就得到氧化物粉末。

溶胶-凝胶工艺的优点在于它是一种获得高密度球形粉体的无尘工艺，煅烧温度较低，且在胶体尺度上进行混合，因此具有很好的化学均匀性。该工艺特别适用于制备氧化物薄膜，在制备粉体时则必须采用特殊的工艺步骤进行脱水、干燥等处理。

(二) 金属有机化合物的溶胶-凝胶工艺

金属有机化合物可以定义为其分子中有机基团通过氧与金属原子连接。这个定义包括甲酸盐、乙酸盐和乙酰丙酮盐，有关金属有机化合物的溶胶-凝胶工艺主要围绕金属醇盐展开。

金属醇盐具有通式 $M(OR)_z$，其中 z 为金属 M 的化合价，R 是一个烷基。金属醇盐的主要制备方法包括金属与醇的直接反应：

$$M + zROH \longrightarrow M(OR)_z + \frac{z}{2}H_2 \uparrow$$

如乙醇钠 $NaOC_2H_5$ 的制备：

$$Na + ROH \longrightarrow Na(OR) + \frac{1}{2}H_2 \uparrow$$

也可采用金属卤化物与醇或碱金属醇盐反应：

$$MCl_z + zROH \longrightarrow M(OR)_z + zHCl \uparrow$$

$$MCl_z + zNaOH \longrightarrow M(OR)_z + zNaCl \uparrow$$

金属醇盐制备方法的选择主要取决于金属元素的电负性。

金属醇盐具有多种性质，但对于溶胶-凝胶工艺而言，有两个性质是十分重要的：①挥发性，表明可以通过蒸馏获得高纯度醇盐；②水解性，构成了溶胶-凝胶工艺的基础。醇盐在醇溶液中的水解反应可表示为：

$$M(OR)_z + zH_2O \longrightarrow M(OH)_z + zROH$$

其中 $M(OR)_z$ 分子是不稳定的，要经历凝聚和聚合反应，才能形成胶体。胶体脱水后形成氧化物粒子：

$$M(OH)_z \longrightarrow MO_{\frac{z}{2}} + \frac{z}{2}H_2O$$

事实上，水解反应十分复杂，溶液聚合物的组成、结构、尺寸和形状受很多因素影响，如水含量、pH 和温度等。在低 pH 下，水解产生凝胶，煅烧后得到氧化物；在高 pH 下，可在溶液中直接水解成核，得到氧化物粉体。

金属醇盐溶胶-凝胶工艺具有一般胶体、溶胶-凝胶工艺的特点，但由于其在分子尺度而非胶体尺度上达到各组分的混合，因此化学均匀性更好。

（三）共沉淀制备技术

共沉淀的目标是通过形成中间沉淀物制备多组分陶瓷氧化物粉体，这些中间沉淀物通常是水合氧化物或草酸盐，在沉淀过程中形成均匀的多组分混合物，进而保证了煅烧时的化学均匀性。

共沉淀的基本工艺路线是在金属盐溶液中添加或生成沉淀剂，并使溶液挥发，再通过烘干、煅烧等处理，得到所需的粉末原料。

例如，采用草酸盐沉淀工艺制备 $BaTiO_3$ 粉体，在控制 pH、温度和反应物浓度的条件下，向氯化钡和氧氯化钛混合溶液中加入草酸，得到钡钛复合草酸盐沉淀。

$$BaCl_2 + TiOCl_2 + 2(COOH)_2 + 4H_2O \longrightarrow BaTiO(C_2O_4)_2 \cdot 4H_2O + 4HCl$$

在共沉淀过程中可以引入添加剂，如镧系元素，沉淀物经过滤、洗涤、干燥并煅烧，发生以下分解反应：

$$BaTiO(C_2O_4)_2 \cdot 4H_2O \longrightarrow BaTiO(C_2O_4)_2 + 4H_2O \quad (373 \sim 413K)$$

$$BaTiO(C_2O_4)_2 \longrightarrow 0.5BaTi_2O_5 + 0.5BaCO_3 + 2CO + 1.5CO_2 \quad (573 \sim 623K)$$

$$0.5BaTi_2O_5 + 0.5BaCO_3 \longrightarrow BaTiO_3 + 0.5CO_2 \quad (873 \sim 923K)$$

(四)水热合成制备技术

水热合成制备技术是一种在特定的高温高压条件下,以水(或水溶液)为反应介质进行化学反应的制备方法。这种方法能够创造出有利于晶体生长和化学反应的独特环境,从而制备出具有特殊结构和性能的无机材料。

水热反应是在高温高压下,水或其他流体介质中发生的化学反应的总称。通过这种反应,可以制备出超细粉末,其粒径甚至可以达到纳米级别,极大地拓展了无机材料的种类和应用领域。

水热法合成制备技术主要包括以下方法,

第一,水热氧化法制备金属氧化物:利用水热反应中的氧化作用,将金属或金属前驱体转化为金属氧化物。这种方法制备的金属氧化物通常具有较高的纯度和良好的结晶性。

第二,水热沉淀法制备化合物:通过调整反应介质的成分和条件,使某些物质在溶液中析出并形成所需的化合物沉淀。这种方法适用于制备硫化物、碳酸盐等多种无机化合物。

第三,水热合成法制备化合物粉体:在封闭的反应釜中,通过控制反应温度、压力和反应时间,使原料物质发生化学反应并生成所需的化合物粉体。这种方法制备的粉体通常具有均匀的粒径和较高的活性。

第四,水热还原法从金属氧化物制备金属:在高温高压下,利用还原剂将金属氧化物还原为金属单质。这种方法制备的金属通常具有较小的粒径和良好的分散性。

第五,水热分解反应制备氧化物:通过水热反应使某些化合物分解并生成所需的氧化物。这种方法适用于制备氧化铝、二氧化钛等多种氧化物。

第六,水热结晶法制备晶体:利用水热反应中的结晶作用,使原料物质在溶液中形成晶体。这种方法制备的晶体通常具有较高的纯度和良好的晶体形态,适用于制备各种无机晶体材料。

(五)乳胶法制备技术

一种或几种液体以液珠形式分散在另一不相混溶的液体之中构成的分散体系称为乳状液,例如牛奶,乳状液分油包水和水包油两种。

在庚烷中分散含钇、钡和铜的硝酸盐微米级液滴,形成乳胶,再加入伯胺使其凝胶化,可以制备 $YBa_2Cu_3O_{7-x}$ 超导粉体。

将硝酸钇在甲苯中形成的油包水乳胶加入与连续相成分相同的热液体中,

得到凝胶，经过滤、收集得到凝胶颗粒，并在 1123 K 下煅烧得到 1～2 μm 的无团聚 Y_2O_3 粉体。

铝和钠的硝酸盐水溶液在庚烷中分散成 100 nm 的微液滴，向乳胶中通入 NH_3 气使之凝胶化，随后通过喷雾干燥去除水分和庚烷，在 1273 K 下煅烧，得到单分散、100 nm 的无团聚 β 氧化铝粉体。

四、化学气相沉积技术

化学气相沉积是一种化学气相生长法，简称 CVD 技术。CVD 技术将含有构成薄膜元素的一种或几种化合物的单质气体供给基片，利用加热、等离子体、紫外光或激光等能源，通过气相作用或在基片表面的化学反应（如热分解或化学合成）生成所要求的薄膜。

CVD 技术可以用于制备多种物质薄膜，如各种单晶、多相或非晶态无机薄膜，在大规模集成电路（LSI）为中心的薄膜微电子学领域具有重要作用。近年来采用 CVD 技术制备金刚石薄膜、高温超导薄膜、透明导电薄膜以及某些敏感功能膜的技术受到重视。CVD 技术中薄膜的组成可任意控制，不仅可以制作金属薄膜、非金属薄膜，也可以按要求制作多成分合金薄膜。通过对多种气体原料的流量调节，有可能在很大范围内控制产物组成，制作混晶等组织结构复杂的晶体，还可以制取其他方法难以获得的 GaN、BP 优质薄膜。

化学气相沉积技术主要有以下类型：

开管化学传输技术作为 CVD 的基础类型，以其操作简便、设备结构清晰著称。在此技术体系下，原料的预处理、反应器的设计与尾气处理均经过精心设计，以确保反应过程的高效与可控。特别是其连续供气与排气的机制，以及惰性气体作为原料输运媒介的应用，为形成厚度均匀、质量稳定的薄膜提供了有力保障。此外，开管体系与闭管化学传输 CVD 形成鲜明对比，后者通过加热反应器壁，使反应物与生成物和外部环境有效隔离，尽管生长速率受限且成本较高，但在沉积高蒸气压物质或需真空条件时表现出显著优势。

低压化学气相沉积（LPCVD）作为 CVD 技术的新进展，通过大幅降低反应器内压力，显著提升了薄膜的均匀性与质量。压力降低导致的分子运动平均自由程增大，使气体扩散系数大幅提升，进而促进了反应速率的提高与薄膜厚度的均匀分布。此外，LPCVD 在降低反应温度、提高生产效率及改善杂质分布方面展现出显著成效，成为超大规模集成电路制造中的关键技术。

针对传统 CVD 高温引起的基板变形与材料性能下降问题，等离子体激活的化学气相沉积法（PECVD）与激光化学气相沉积法应运而生。PECVD利用辉光放电形成的等离子体，通过电子与离子的能量差异，实现了在较低温度下激活化学反应的目的。这一技术不仅降低了沉积温度，还提高了薄膜均匀性与基板结合力，成为多种薄膜制备中的优选方法。

有机金属化学气相沉积法（MOCVD）则以其独特的原料选择与反应机制，在化合物半导体气相生长领域占据重要地位。MOCVD通过有机金属化合物的热分解反应，实现了低温下高质量薄膜的制备。其低沉积温度、高纯度薄膜及广泛的适用性，使其成为超晶格结构、高速器件及量子阱激光器等高端设备技术的基石。尽管存在原料毒性与易燃性问题，但MOCVD仍以其显著的技术优势，成为半导体材料研究的热点。

光CVD技术则利用光能量激活气体分子，促进化学反应的进行。这一技术通过精确控制光源波长与反应气体吸收谱相匹配，实现了特定化学键的断裂与沉积膜层的生成。光CVD在室温下即可进行薄膜制备，且光源选择的多样性，为其在不同材料体系中的应用提供了广阔空间。

电子回旋共振（ECR）等离子CVD技术的开发，进一步降低了CVD的成膜温度，并在高质量薄膜制备方面展现出独特优势。通过微波与磁场的共同作用，ECR技术实现了在极低真空条件下的高效放电，为半导体基板上的导电薄膜、绝缘介质薄膜及高温氧化物超导薄膜的制备提供了有力支持。

第三节 新型无机材料的特性及创新应用

一、新型无机材料的特性

（一）机械性能优越

新型无机材料凭借其显著的机械性能优势，在材料科学领域中备受关注。这些性能主要体现在其高强度与高硬度，以及优异的耐磨性。这些特性不仅为新型无机材料在诸多工业领域应用奠定了坚实基础，也为现代工程技术的发展提供了可靠的支持。高强度、高硬度和优异耐磨性的结合，使新型无机材料在机械性能方面展现出明显的综合优势。这些性能不仅提升了材料本身的适应性，也为高负荷、高频率的工程环境提供了可靠的选择。同时，材料的机械性能与其他性能（如化学稳定性、热学特性）相互协同，进一步扩大了其应用范围。新型无机材料中的高强度与高硬度材料，如金刚石、刚玉、碳化硅以及特种陶瓷等，凭借其卓越的物理性能，在多个领域展现出广阔的应用前景和重要的科研价值。

通过不断优化制备工艺和材料配方，新型无机材料的机械性能得到了进一步提升。这种改进不仅体现在强度和硬度的增加上，还表现在耐磨性的多样化和精确化上，使其能够针对特定工业需求提供更具针对性的解决方案。这一领域的研究和开发持续推动了机械技术的革新，为多行业的高效运行提供了坚实的材料基础。

1. 高强度与高硬度

高强度与高硬度是新型无机材料最显著的机械性能特征之一。这类材料具有复杂的结构和功能属性，其强度通常表现为在承受外力作用时，结构不易发生永久变形或断裂的能力。例如，特种陶瓷材料展现出高强度与高硬度的特性，能够在极端条件下承受较大的载荷而不发生结构破坏，使它们在建筑、航空航天、能源等领域的应用成为可能。

高硬度是指材料对局部变形或表面划痕的抵抗能力。这种性能通常由材料的内部原子结构决定，如原子之间的结合能越强，材料的硬度也越高。无机材料的硬度普遍高于许多有机材料，其分子排列的紧密程度以及晶体结构的稳定性是主要原因。这种高硬度性能使无机材料在切削、研磨和加工过程中表现出良好的抗磨损能力，同时提高了其抗刮擦性能，在机械制造领域中尤为重要。高强度与高硬度特性使高强度材料能够在恶劣环境中发挥重要作用，尤其是在需要承受极大机械压力的领域，如建筑结构、航空航天及能源设施等。材料的强度与其微观结构密切相关，通过增强晶体结构中的原子键合强度，可以显著提升其抗变形和抗断裂的能力。

新型无机材料的高强度与高硬度特性通常还伴随着其优良的抗疲劳性能。在长期承受交变载荷或振动的情况下，这类材料能够保持结构稳定，不易发生疲劳破坏。这一特性显著提高了材料在关键部件中的使用寿命，从而降低了设备维护和更换的频率。

2. 优异的耐磨性

耐磨性是衡量材料在长期摩擦或接触过程中维持其表面完整性和功能的重要指标。新型无机材料在这一方面展现了优异的性能，这一特性与其表面硬度、致密性及内部结构的稳定性密切相关。由于无机材料的硬度通常较高，其表面能有效抵御外界的机械磨损，从而显著延长材料的使用寿命。在摩擦过程中，材料表面的致密结构和较强的原子间结合力有助于减少局部损伤，维持其结构稳定性和外观完整性。正是这些因素使无机材料在各种高摩擦、高频率的应用场景中能够保持卓越的耐磨性能。

高耐磨材料的分类多样，包括金属耐磨材料、陶瓷耐磨材料、高分子耐磨材料和复合材料等。金属耐磨材料，如高锰钢、合金钢、镍基合金等，具有良好的韧性和一定的耐磨性，适用于矿山设备中的破碎机颚板、板锤、球磨机衬板等部件。陶瓷耐磨材料，如氧化铝陶瓷、氮化硅陶瓷等，硬度极高，耐磨性能出色，但脆性较大，通常用于制作耐磨衬板、磨球等。高分子耐磨材料，如聚乙烯、聚氨酯等，具有良好的耐磨性和自润滑性，适用于制作输送带、管道等。复合材料则结合了多种材料的优点，如金属基复合材料、陶瓷基复合材料等，能够在不同工况下提供优异的耐磨性能。例如，在矿山开采过程中，采用高耐磨材料制成的机械部件能够显著提高设备的抗磨损能力，减少因磨损导致的停机和维修，从而提升生产效率。

优异的耐磨性对于工业生产及设备运维具有重要影响，尤其在高磨损条件下的应用中，能够显著提高设备的稳定性和运行效率。在金属加工、矿山开采、交通运输等领域，材料的耐磨性能直接关系设备的使用寿命及经济效益。新型无机材料的应用能够有效降低设备的磨损率，减少设备停机时间，从而降低维护和更换的频率，进一步降低整体运营成本。

（二）热学特性突出

新型无机材料凭借其显著的热学特性，在应对极端温度条件以及优化热管理方面展现了广泛的应用潜力。其热学特性主要体现在材料的高耐热性与低热膨胀性，以及优良的热导率上。这些特性优势在诸多高要求领域表现尤为突出。无论是高耐热性、低热膨胀性还是优良的热导率，这些特性共同作用，为材料在高温工业、电子散热、能源转化等领域的应用奠定了坚实的基础。同时，这些热学特性与其他物理性能（如力学性能、化学稳定性）形成了良好的耦合关系，进一步扩展了材料的应用边界。

随着材料科学的不断发展，新型无机材料的热学特性将通过改性技术和复合工艺得到进一步提升。这不仅有助于满足更多极端环境的需求，也为推动相关产业的技术升级提供了更加可靠的材料支持。

1. 高耐热性与低热膨胀性

高耐热性是新型无机材料的一项核心特性，表现为材料在高温条件下能够保持物理结构和化学性质的稳定性。无机材料的耐热性通常由其分子结构和化学键能决定。许多新型无机材料具有强大的共价键或离子键，使其在高温环境中难以分解或熔化。此外，某些材料具有高熔点，即便处于极端温度条件下，依然能够保持良好的力学性能和表面完整性。例如，聚酰亚胺是一种高分子新型无机材料，具有最高的阻燃等级，良好的电气绝缘性能、机械性能、化学稳定性、耐老化性能、耐辐照性能和低介电损耗等特点，广泛应用于航空航天、电子等领域。

低热膨胀性是无机材料的另一项重要热学特性。热膨胀系数低意味着材料在受热时尺寸变化较小，从而避免了因热应力引起的结构变形或损坏。在涉及频繁温度变化的应用环境中，如航空航天、精密仪器制造等领域，低热膨胀性尤为重要。这一特性能够有效提升材料的尺寸稳定性，确保其在复杂温度条件下的可靠性。

高耐热性与低热膨胀性之间的协同作用，使新型无机材料能够在高温和热冲击环境中长期稳定运行。例如，在高温热加工设备中，材料的高耐热性可以防止热裂纹的产生，而低热膨胀性则能够减少热胀冷缩引发的机械应力问题，从而延长设备的使用寿命。

2. 优良的热导率

优良的热导率是指材料能够高效传递热量的能力。这种特性对于需要快速散热或高效热能传输的场景至关重要。无机材料的高热导率主要得益于其高度有序性的内部结构和晶体内原子间的强键合。原子的规则排列和晶格振动的高效传递，显著提升了材料的导热性能。

优良的热导率对于热管理系统的优化具有重要意义。例如，在电子元件的散热中，高热导率材料可以有效将工作过程中产生的热量快速传导至散热器，从而避免因过热导致的性能下降或元件失效。此外，在能源转换设备中，高热导率有助于提升热能利用效率，降低能量损失，为实现能源的高效利用提供了支持。

不同类型的新型无机材料在热导率方面展现了多样化的表现。例如，一些无机非金属材料在具备高热导率的同时，仍保持较低的密度和良好的电绝缘性能，使其在轻量化热管理解决方案中占据了重要地位。而其他一些复合无机材料则通过优化热导性能和其他特性的协同作用，为复杂热环境提供了更为全面的解决方案。

（三）化学稳定性强

化学稳定性是新型无机材料的一项关键特性，主要表现为材料在复杂化学环境中抵御腐蚀和保持性能的能力。这一特性使材料在多种极端环境中具有广泛应用价值，尤其在化工、航空航天、深海探测等领域具有不可替代的作用。新型无机材料的化学稳定性主要体现在耐腐蚀性和极端环境下的稳定性两方面。

1. 耐腐蚀性

耐腐蚀性是化学稳定性的核心表现，材料在接触腐蚀性介质时，能够抵御化学或电化学反应对其结构或性能的破坏能力。无机材料的耐腐蚀性能通常优于有机材料，主要得益于其内部化学键的稳定性以及表面钝化层的保护作用。

新型无机材料在多种化学环境中均表现出优异的耐腐蚀性能。例如，在酸性环境下，这些材料可以通过形成致密的表面氧化物层，阻止腐蚀性离子侵入基体，从而有效降低腐蚀速率。在碱性或盐溶液中，某些无机材料由于自身特殊的化学性质，能有效抵御氢氧根离子或盐离子的侵蚀，保持结构的完整性。这种性能在石油化工设备、海洋工程设施以及医用器械中具有重要意义。

耐腐蚀性的提升可以通过材料的成分优化和表面处理工艺来实现。例如，通过在材料中引入稀有元素或使用复合材料，可以进一步增强其抵御特定介质腐蚀的能力。同时，通过表面涂层、离子注入或化学气相沉积等技术，能够在材料表面形成更加致密的保护层，进一步提升耐腐蚀性能。

2. 在极端环境下的稳定性

新型无机材料的化学稳定性不仅表现在常规环境中，还能够在极端条件下保持卓越的稳定性。这些极端环境包括高温、高压、强辐射、真空、深海高盐度等条件，这些环境对材料的化学稳定性提出了更高要求。

在高温环境下，新型无机材料能够保持结构的完整性和性能的稳定性，不易发生热氧化或分解反应。部分材料，如陶瓷和某些氧化物，即使在数千摄氏度的高温下，仍能保持良好的化学稳定性。这一特性使其在高温燃烧室、喷气发动机部件等领域得到了广泛应用。

在强辐射环境中，如核反应堆或航天探测中，新型无机材料表现出良好的抗辐射能力。其内部的化学键具有较高的辐射耐受性，能够避免因辐射导致的化学键断裂或材料性能退化。此外，这些材料通常能够有效吸收或反射辐射能量，从而保护设备或其他敏感部件。例如高温合金和陶瓷材料在真空环境下表现出优异的性能，在深海环境中，由于高压和高盐度的存在，对材料的化学稳定性提出了更为苛刻的要求。新型无机材料在这种条件下，仍然能够通过其优越的化学惰性和抗压性能，保持长时间的稳定性，适用于海洋设备、深海传感器外壳等场景。

（四）光学特性独特

新型无机材料以其独特的光学特性在现代技术领域占据重要地位。这些特性主要包括高透明度以及对特定波段光的吸收与反射能力，不仅赋予材料广泛的应用潜力，还使其在光学器件、能源技术以及信息传输等领域展现了不可替代的价值。

1.高透明度

高透明度是部分新型无机材料重要的光学特性，表现为材料在一定波长范围内对光的透过率较高。相比传统玻璃或聚合物透明材料，新型无机材料（如光学陶瓷）展现出优越的透明性能，这主要得益于其高密度、低光散射以及均匀的微观结构。

光学陶瓷以其卓越的透明度成为高端光学器件的核心材料。其高透明性来源于特定的晶体结构，这种结构通过高度规整的原子排列减少了对光的散射和吸收。尤其在高功率激光系统和光学窗口中展现出在宽波段范围内的高透过率，显著提升了系统的能量利用效率。

通过先进的制备技术，如热等静压烧结、透明陶瓷粉末处理等，可以进一步优化光学陶瓷的透明度。这些技术能够减少材料内部的孔隙率，确保晶粒间的完美结合，进而降低光在材料内传播时的损耗。得益于这些工艺的改进，光学陶瓷不仅在可见光范围内具备极高的透过率，在紫外线和近红外波段也表现出出色的透明性能。

高透明度的新型无机材料在高端光学透镜、保护窗口、激光增益介质等领域得到广泛应用。在这些应用中，材料的高透明度不仅提高了设备的性能，还延长了其使用寿命。

2.特定波段的吸收与反射能力

新型无机材料的另一独特光学特性体现在其对特定波段光的吸收与反射能力。这一特性源于材料内部独特的电子结构和能带结构，使其能够选择性地与特定波长的光相互作用。通过对吸收与反射特性的精确调控，这些材料在光学滤波器、光热转换和光信息存储等领域具有重要应用价值。

（1）吸收能力

新型无机材料能够对特定波长的光进行高效吸收，这与其内部电子跃迁机制密切相关。某些材料由于其适中的能带宽度，可以有效吸收紫外光、可见光或红外光，从而实现对光能的高效利用。例如，在光热转换领域，新型无机材料利用其对太阳光特定波段的高吸收特性，将光能转化为热能。这种高效的吸收能力使其成为太阳能热利用装置的重要组成部分。

吸收能力还可以通过材料的掺杂和表面处理技术进一步优化。例如，掺杂稀土元素或过渡金属离子可以调控材料的吸收光谱范围，使其更适合特定应用场景。而表面涂层技术则能够增强材料的表面吸收效率，同时提高其抗氧化性和稳定性。

（2）反射能力

除吸收特性外，新型无机材料还展现出对特定波段光的高反射能力。通过设计特殊的表面结构或调控材料的折射率梯度，可以实现对目标波段光的高效反射。这一特性在光学反射镜、能量反射涂层以及红外隐身技术中有着重要作用。

新型无机材料的反射性能同样可以通过微结构设计和表面处理加以优化。例如，通过多层膜沉积工艺在材料表面形成干涉膜层，可以进一步提升反射效率并增强对目标波段的选择性反射。与此同时，这种优化还可以显著降低能量损耗，提高设备整体的光学效率。

（五）电学与磁学特性

新型无机材料因其优异的电学与磁学特性在多个技术领域中占据重要地位。这些材料在电导性、半导体特性以及磁性性能方面展现了显著的优势，为电子、能源、通信等行业提供了技术支撑。

1. 高电导性与半导体特性

新型无机材料的电导性和半导体特性，使其在电子器件中表现出卓越的功能性。高电导性材料在电流传导中能量损耗较低，而半导体特性则赋予材料调控电荷载流子行为的能力，为现代电子技术的发展奠定了基础。

（1）高电导性

高电导性的新型无机材料具有低电阻率和优异的电流传输能力。这类材料的高电导性来源于其特定的晶体结构和原子排列，使自由电子能够以较少的散射损耗进行移动。例如，某些无机导电材料在电导率上超越传统金属材料，特别是在高温和极端环境下仍能保持稳定的性能。这类材料在输电线路、高效电机以及高频电子器件中展现了重要应用价值。例如，在输电系统中使用高电导性材料，可以显著降低输电损耗，提高能源利用效率。通过先进的加工技术，可以进一步减少材料的微观缺陷，从而优化其导电性能。

（2）半导体特性

半导体特性是新型无机材料的另一重要方面。这些材料能够通过掺杂工艺调控电荷载流子的浓度和迁移率，实现对电性能的精确调节。通过掺入不同的元素或调整材料的晶体结构，可以使其具备特定的导电性或开关行为，从而满足多样化的应用需求。与传统半导体材料相比，新型无机半导体材料在带隙宽度、热稳定性和电子迁移率等方面表现出显著优势。例如，某些宽带隙半导体材料能够承受更高的电场和功率，因此被广泛应用于功率电子器件和高频通信设备中。此外，这些材料的高热导率可以有效散热，确保器件在高功率条件下的可靠运行。

2. 特定磁性材料的优点

新型无机材料在磁性领域也具有显著优势，具体表现为卓越的磁性调控能力、低能量损耗以及良好的环境适应性。这些磁性材料广泛应用于存储器件、能源转换以及医学成像等领域，推动了相关技术的创新与进步。

（1）磁性调控能力

某些新型无机磁性材料具有出色的磁性调控能力，能够在外加磁场的作用下实现磁化强度的可逆变化。这些材料主要分为铁磁性、反铁磁性和顺磁性等类型，其磁性能与微观结构密切相关。例如，铁氧体材料凭借其高磁导率和低涡流损耗，在磁性核心元件和感应器件中具有广泛应用价值。铁氧体材料通过优化晶体结构和颗粒尺寸，从而进一步提高材料的磁性性能。例如，在纳米尺度下，材料的表面效应和量子尺寸效应使其表现出与传统宏观材料不同的磁性特征，这种特性在高密度磁存储器中具有重要意义。

（2）能量损耗与环境适应性

新型无机磁性材料的低能量损耗特性使其在电磁转换设备中表现优异。这种材料通常具有低矫顽力和高磁导率，能够在交变磁场中减少磁滞损耗，从而提高设备的能源利用效率。此外，材料的环境适应性也得到了显著提升，即使在高温、强辐射或强腐蚀性环境下，其磁性能仍然保持稳定。这种特性使磁性材料成为现代能源技术的重要组成部分，如在风力发电机和电动车电机中，用以提高能源转换效率并延长设备寿命。

（六）环境友好性与可持续性

新型无机材料凭借其环境友好性和可持续发展特性，在当今倡导绿色经济和可持续发展的背景下具有重要意义。这类材料不仅在生产和使用过程中体现了对生态环境的低影响，同时也在资源利用和循环经济中展现出独特的优势。

1. 低毒性或无毒性

低毒性或无毒性是新型无机材料环境友好特性的核心体现。通过材料的化学成分优化和结构设计，避免了有害物质的使用或产生，确保了其在生产、使用和废弃阶段对环境和人体健康的影响降至最低。

低毒性或无毒性材料的广泛使用显著降低了工业生产中危险化学品的使用量，从源头上减少了对生态系统的威胁。例如，在建筑、电子和能源等领域，这些材料的应用能够有效减少有害物质的排放，如重金属离子、挥发性有机化合物等。同时，由于材料本身不含有或仅含有微量对人体有害的成分，其在使用过程中的安全性显著提高，尤其适用于对健康要求较高的应用场景。例如，介孔二氧化硅是一种新型的无机纳米材料，具有独特的网状孔道结构，孔道规整，孔径连续可调，比表面积和比孔容较大，表面易功能化，毒性低，具有良好的生物相容性和稳定性。这些特性使其在药物递送、生物传感和组织工程等领域展现出重要应用潜力。

低毒性无机材料的生产过程中，通常采用绿色化工艺。例如，水基合成法、低能耗烧结法等工艺不仅减少了传统生产方式中有害化学试剂的使用，还能显著降低温室气体的排放量。此外，这些材料在使用过程中的化学惰性确保了它们不会与周围环境发生不良反应，从而避免二次污染问题。

2. 易回收与再利用

易回收与再利用是新型无机材料可持续性的重要表现形式。这一特性不仅体现了对自然资源的高效利用，还符合现代工业对循环经济的要求，有助于减少资源浪费并实现长期经济效益。

新型无机材料的物理和化学稳定性，使其在使用寿命结束后，仍然能够通过简单的物理或化学方法进行回收利用。这些材料在回收过程中通常表现出较低的能量消耗，如通过机械粉碎、熔融重铸或化学分离等工艺，可以将废弃材料转化为新的原材料，不仅减少了对初级资源的依赖，也降低了废弃物处理的环境负担。此外，某些无机材料具有自修复或再生特性，即使在功能性下降或损耗后，也能通过特定的处理方法恢复性能。这种特性进一步提高了材料的利用效率，延长了其使用周期。

循环经济的核心理念在于资源的高效利用和废弃物的再生价值。新型无机材料的易回收特性使其在这一框架下具有重要应用。例如，废弃的无机材料可以通过物理分离技术提取有用成分，并重新投入生产系统，实现资源的闭环利用。这种模式不仅减少了对自然资源的消耗，还降低了废弃物管理的成本。

新型无机材料在回收利用后，其废弃物体积和对环境的潜在威胁显著降低。同时，材料回收过程中产生的副产物可以通过进一步处理转化为有用的二次产品，从而最大限度地减少生产废弃物。这种可持续的资源利用方式，推动了工业体系向低碳、高效、清洁方向发展。

二、新型无机材料的创新应用

（一）新型无机材料在能源领域的创新应用

新型无机材料凭借其卓越的物理化学特性，如高热稳定性、良好的导电性、优异的机械性能等，广泛应用于能源领域，尤其在光伏技术、电池与储能技术、能源转换与储存等方面具有巨大的应用潜力。

1. 光伏技术中的应用

新型光伏技术的发展依赖于材料的不断创新，尤其是无机材料在提高光伏转换效率、降低成本、增强系统稳定性等方面发挥了重要作用。光伏技术通过将光能转化为电能，为全球能源供应和可持续发展提供了重要的解决方案。随着材料科学的进步，光伏技术正在经历从传统硅基材料到新型无机材料的转变，其中新型无机材料在提升光伏系统性能方面展现了显著的潜力。

无机光伏材料的核心优势在于其优异的光吸收能力、稳定的化学性质以及较长的使用寿命。相较于传统硅基光伏材料，新型无机材料具有更高的光电转换效率和更低的生产成本，使光伏技术的商业化应用更加具有可行性。新型无机材料通过优化光吸收层和电荷传输层的设计，能够更好地捕获太阳光，减少能量损失，提高整体能效。此外，其带隙可调特性使其能够在不同光照条件下实现更为高效的能量转化。

在新型光伏材料的研发中，钙钛矿材料无疑是一个重要的突破。钙钛矿材料具有较高的光电转换效率，并且制造过程简单、成本较低，已成为光伏领域的研究热点。由于钙钛矿材料的光吸收特性与硅材料相比较为匹配，因此其在提升光伏技术的效率方面具有巨大的潜力。钙钛矿材料的结构可调性和可扩展性也使其在规模化生产中具有较大的优势。尽管在稳定性和长周期使用方面仍需进一步改进，但其独特的优势使其在光伏领域的应用前景广阔。

新型光伏材料的创新不仅限于钙钛矿材料，量子点材料、超导材料等无机材料的研发也为光伏技术的提升提供了有力支持。量子点材料由于其在光电转换过程中的高效性以及带隙可调性，成为新一代光伏材料的理想选择。这些材料能够实现对光谱的精确控制，并且能够在多种环境下保持稳定的光电性能，从而增强光伏系统的整体效能。

随着新型无机材料的不断发展和优化，光伏技术的前景更加广阔。新型无机材料的应用不仅有助于提高光伏设备的性能，还能推动光伏产业的规模化与商业化进程，降低成本并扩大应用范围。这些技术进步为实现可再生能源的大规模利用提供了强有力的支撑，并有望在全球范围内促进能源结构的转型和优化，推动绿色能源的可持续发展。

2. 电池与储能技术

随着可再生能源的快速发展和智能电网技术的不断完善，电池与储能技术在保障能源供应、调节能源波动、提高能源使用效率等方面发挥着至关重要的作用。新型电池技术和储能材料的不断创新，为提高能源存储容量、延长使用寿命以及降低成本等目标提供了新的解决方案。

新型电池技术的发展推动了能源存储系统性能的提升，其中无机材料的应用尤为突出。随着研究的深入，钠离子电池、锂硫电池等新型电池技术逐渐崭露头角。这些电池在能量密度、循环稳定性和成本效益等方面展示了较传统锂离子电池更为优越的特性。无机材料在电池的正负极材料、固态电解质以及催化剂中的广泛应用，进一步提升了电池的整体性能，推动了电池技术向更高效、更安全的方向发展。

新型储能材料的出现，使能源的存储与释放过程更加高效、稳定。例如，固态电池技术的推进，通过替代传统的液态电解质，显著改善了电池的安全性和能量密度。固态电池在提升储能系统的可靠性和安全性的同时，还能有效延长电池的使用寿命，为大规模储能应用提供了更具可行性的解决方案。

电池与储能技术的创新不仅体现在新型材料的应用，还体现在储能系统的综合优化和智能化管理方面。随着智能电网技术的不断进步，储能系统的优化调度和智能控制成为提高储能效率和降低储能成本的重要途径。新型电池技术与智能储能系统的结合，有助于实现能源的高效调配和储存，在可再生能源的并网过程中发挥着越来越重要的作用。

新型电池与储能技术的发展正在推动能源结构的转型与升级。随着储能技术的不断突破，其在电力系统中的应用场景不断拓展，从家庭储能系统到大规模电网储能系统，都有效促进了可再生能源的利用率提升。储能技术不仅为能源生产和消费领域提供了灵活的解决方案，还为实现能源的可持续利用、降低温室气体排放、减少化石能源依赖提供了重要保障。

3. 能源转换与储存

能源转换技术的目标是将原始能源（如太阳能、风能等）高效地转化为可利用的电能、热能或其他形式的能量。随着材料科学的发展，尤其是无机材料在能源转换过程中的创新应用，相关技术逐步实现了从传统燃烧发电向更为绿色、低碳的能源转换方式的转变。新型材料的开发不仅大幅度提高了能量转换效率，还降低了成本，同时提升了系统的稳定性和可靠性。能量转换技术的优化，尤其是在光电、热电和催化反应等领域，展现出了较为显著的潜力，为能源系统的高效运作提供了重要支持。

能源储存技术在应对能源供应不稳定性、提高能源利用率方面同样具有举足轻重的作用。随着可再生能源占比的增加，储能技术能够平衡能源生产与需求之间的差异，为能源系统提供灵活的调节能力。新型储能技术的发展通过提升储能效率、延长储能周期和降低成本，极大地推动了大规模储能系统的应用。无机材料在储能系统中的应用，尤其是在固态电池、液流电池等领域，带来了显著的性能提升。与传统储能技术相比，这些新型技术能够提供更高的能量密度和更长的使用寿命，从而增强了储能系统的整体性能。

在能源转换与储存过程中，技术的集成性与互操作性是实现高效能源管理和灵活调度的关键。现代能源系统在逐步向智能化方向发展，通过先进的控制与监测技术，能够实现对能源流动的实时调节和优化。储能系统的智能化管理不仅提高了能源的存储和释放效率，也优化了能源在不同时间段和使用场景下的调度策略，促进了能源的高效使用和可再生能源的广泛应用。

（二）新型无机材料在环境保护领域的应用

新型无机材料在环境保护领域的应用日益广泛，成为解决当今环境问题的重要技术手段。随着全球生态环境的日益恶化，如何有效处理垃圾、净化水质、减少空气污染等问题，已经成为各国面临的紧迫任务。无机材料凭借其独特的物理化学性质，在多种环境保护技术中展现出强大的潜力，尤其在垃圾处理、水处理、催化降解污染物、空气净化等方面的应用，取得了显著的效果并展现出广阔的前景。

1. 垃圾处理与水处理

随着全球城市化进程的加快，垃圾产生量持续增加，传统的垃圾处理方法面临资源浪费和环境污染等问题。新型无机材料的引入为垃圾处理提供了更加高效和可持续的解决方案。无机材料的高稳定性、耐腐蚀性以及强大的吸附和反应能力，使其在垃圾处理过程中发挥着至关重要的作用。例如，多孔材料、活性炭、膨润土等无机材料，能够有效地吸附有害物质，减少垃圾中有毒有害成分的扩散，从而避免对环境造成二次污染。

在水处理领域，新型无机材料的应用同样具有重要意义。水污染是全球面临的严重问题，传统的水处理方法往往存在效率低、能耗大、成本高等缺点。功能化无机纳米材料的使用显著提高了水处理过程中污染物的去除效率。例如，利用无机纳米粒子，能够有效去除水中的重金属离子、有机污染物、病原微生物等。此外，无机膜材料在水处理中的应用，凭借其优异的分离性能，能够大幅度提升水质净化效果，同时降低处理成本。无机材料的高效水处理能力不仅提高了水资源的利用效率，还为解决饮用水安全问题提供了技术支持，推动了全球水资源的可持续管理。

2. 环保催化剂

随着工业化进程的加快，污染物的排放量持续增加，尤其是汽车尾气、工业废气等大气污染问题，严重威胁着人类健康和生态环境。环保催化剂作为一种能够加速化学反应并促进污染物降解的材料，在减少有害气体排放、降低环境污染方面发挥着重要作用。新型无机催化剂具有结构稳定、催化活性高、耐高温等优良特性，广泛应用于气体净化、废水处理等领域，成为环境保护技术的核心之一。

无机催化剂在汽车尾气处理、废气净化以及工业废水处理等方面具有广泛的应用。传统催化剂往往存在活性降低、寿命短等问题，而新型无机材料通过优化材料结构和提升催化活性，显著提高了催化反应的效率。例如，一些金属氧化物和贵金属掺杂的无机材料在催化降解污染物方面表现出良好的性能，能够有效地将有害气体（如一氧化碳、氮氧化物等）转化为无害物质，从而减少空气污染。此外，环保催化剂在废水处理中的应用也同样重要，许多无机催化剂能够促进有机污染物的分解和降解，从而改善水质。

结束语

无机化学作为一门基础科学，其研究和应用领域正日益被拓宽。从新型无机材料的研究到生物无机化学的进展，从环境污染治理到绿色能源的探索，无机化学的应用在各行各业中都展现出巨大潜力。尤其在材料科学、药物开发、环境保护等领域，无机化学的发展不仅推动了技术革新，也为解决全球性挑战提供了新的解决方案。随着科技的不断进步和全球化进程的加速，无机化学将继续发挥其独特的基础性作用，在跨学科的研究中扮演愈加重要的角色。

本书系统地阐述了无机化学的基本原理与应用，涵盖化学反应理论、酸碱平衡、氧化还原反应以及配位化合物在药物和生物学中的应用等重要领域。每章内容不仅紧密结合无机化学的核心理论，还深入探讨其在现代科技和社会发展中的广泛应用。通过本书的学习，读者可以全面了解无机化学的基本概念及其应用前景，为进一步的学术研究与实践探索奠定扎实的理论基础。

展望未来，无机化学的研究将进一步加强与其他学科的交叉与融合，尤其是与纳米技术、量子化学、绿色化学等前沿领域的结合，必将为无机化学的理论与应用发展开辟更加广阔的空间。同时，随着环保、健康、能源等社会需求的不断变化，如何利用无机化学的原理与技术应对这些挑战，推动可持续发展，仍将是科学家和工程技术人员亟须解决的重大课题。

参考文献

[1] 白艳红，武转玲．无机化学基础反应及元素应用研究 [M]．哈尔滨：东北林业大学出版社，2022．

[2] 付煜荣，罗孟君，卢庆祥．无机化学 [M]．武汉：华中科技大学出版社，2016．

[3] 刘君，张爱平．无机化学 [M]．2 版．北京：中国医药科学技术出版社，2021．

[4] 刘云霞．无机化学 [M]．成都：西南交通大学出版社，2018．

[5] 任庆云，代智慧，袁金云．无机化学反应原理及其发展研究 [M]．北京：中国原子能出版社，2022．

[6] 罗孟君，左丽．无机化学 [M]．武汉：华中科技大学出版社，2022．

[7] 王德平，姚爱华，叶松，等．无机材料结构与性能 [M]．上海：同济大学出版社，2015．

[8] 王国清．无机化学 [M]．北京：中国医药科技出版社，2015．

[9] 阎芳，韦柳娅．无机化学 [M]．济南：山东人民出版社，2021．

[10] 杨频，高飞．生物无机化学原理 [M]．北京：科学出版社，2002．

[11] 赵丽敏，高聪丽，张雪静．无机化学基础理论及无机材料性能研究 [M]．北京：中国原子能出版社，2021．

[12] 蔡佳琳，陈艺哲，容忠言，等．微波合成碳载铂用于氧还原电催化 [J]．储能科学与技术，2022，11（12）：3800-3807．

[13] 曹盼盼．化学平衡常数的概念及应用 [J]．数理化解题研究，2024（34）：118-120．

[14] 董拥军．基于学科本原，探究"化学反应的方向"的两种不同解读 [J]．教学考试，2023（14）：21-25．

[15] 段桂娟．我国生物无机化学的发展 [J]．化工设计通讯，2017，43（8）：148．

[16] 高倩, 张柳杰, 张辉, 等. 微波合成 Zr-MOF-NH$_2$ 及 Nafion 复合质子交换膜的制备与性能 [J]. 复合材料学报, 2024, 41（10）: 5468-5477.

[17] 李波, 马义兵, 史奕. 植物毒性评价终点的生物配体模型比较研究 [J]. 环境科学与技术, 2016, 39（10）: 20-25+98.

[18] 李海燕. 铂类抗癌药物作用靶点及耐药机制的研究进展 [J]. 天津药学, 2018, 30（5）: 62-66.

[19] 李秋立, 杨蔚, 刘宇, 等. 离子探针微区分析技术及其在地球科学中的应用进展 [J]. 矿物岩石地球化学通报, 2013, 32（3）: 311.

[20] 李松. 热力学第一定律对气体的应用 [J]. 科学技术创新, 2020（6）: 34.

[21] 李晓敏, 黄益宗, 胡莹, 等. 农田土壤重金属污染的陆地生物配体模型研究进展 [J]. 生态学杂志, 2016, 35（12）: 3421-3427.

[22] 李子祥, 奕栋, 姜水琴, 等. 氧化还原电位在微生物发酵中的应用 [J]. 中国酿造, 2024, 43（5）: 25.

[23] 刘静文, 王留成, 王丹华, 等. 微波在分子筛合成中的应用进展 [J]. 应用化工, 2023, 52（7）: 2102-2106.

[24] 刘蕊, 李松, 罗璇, 等. 功能化生物炭吸附水中无机污染物的研究进展 [J]. 科学技术与工程, 2021, 21（27）: 11455-11462.

[25] 刘岩, 沈启慧, 杨莹丽, 等. 微波技术在合成无机纳米材料领域的应用 [J]. 辽宁石油化工大学学报, 2006（4）: 67-69+72.

[26] 刘燕. 对原电池工作原理的探讨 [J]. 科技创新导报, 2020, 17（18）: 52+54.

[27] 刘志明. 化学反应速率变化的几种影响因素浅析 [J]. 高中数理化, 2019（24）: 60.

[28] 彭思艳, 张文广, 曾常根. 元素周期表（律）知识体系教学策略的思考 [J]. 上饶师范学院学报, 2022, 42（3）: 40-45.

[29] 齐长林. 关于环境生物无机化学分析 [J]. 化工管理, 2014（24）: 210.

[30] 沈晶晶. 现代化学在人类社会发展中的作用 [J]. 科技信息, 2010（23）: 628+719.

[31] 王超飞, 邹淑君. 配位化合物在医药领域的研究与应用 [J]. 黑龙江医学, 2023; 47（11）: 1402-1405.

[32] 王春艳，陈浩，安立会，等.BLM预测水中重金属生物有效性研究进展[J].环境科学与技术，2011，34（8）：75-80.

[33] 王晖，王毓明.配位化合物浅议[J].大学化学，2018，33（10）：97-104.

[34] 王振全，陈家军.地下水主要无机污染物快速检测方法研究进展[J].环境化学，2022，41（10）：3167-3181.

[35] 徐公卿.地下水饮用水源氟化物污染探究[J].清洗世界，2024，40（8）：112-114.

[36] 徐淑静，张续杰，丁当，等.抗病毒药物研究中的生物无机化学策略[J].药学学报，2022，57（3）：576-592.

[37] 徐新华，张国刚，王林，等.金属类抗癌药物的研究进展[J].大连医科大学学报，2012，34（5）：511-514.

[38] 闫加辉，刘毅.微波合成沸石膜最新研究进展[J].膜科学与技术，2021，41（1）：134-143.

[39] 杨光，朱琳.基于生物配体模型的中国水质基准探讨[J].水资源与水工程学报，2012，23（6）：23-26+31.

[40] 余跃东.两种推求杂化轨道的方法[J].贵州教育学院学报（自然科学），2003（2）：74-76.

[41] 张栋，刘兴元，赵红挺.生物质炭对土壤无机污染物迁移行为影响研究进展[J].浙江大学学报（农业与生命科学版），2016，42（4）：451-459.

[42] 赵文玉，甘润杰，陈文文，等.水环境中汞污染现状与形态分析方法研究进展[J].农业环境科学学报，2024，43（10）：2200-2219.

[43] 周公度.化学是社会发展的推动者[J].自然杂志，2011，33（4）：202-207.